简明工程力学

（第三版）

主　编　　胡文绩　　邱清水

副主编　　彭俊文　　唐学彬　　曹吉星

参　编　　袁前胜　　罗云蓉　　袁　权

　　　　　高红霞　　严志忠

西南交通大学出版社

·成都·

内容简介

本书是按照 64 学时的教学要求编写的。全书分为 2 篇，共 16 章。第一篇（共 5 章）为静力学，包括静力学基本概念与物体的受力分析、平面汇交力系、力矩与平面力偶理论、平面一般力系及空间力系；第二篇（共 11 章）为材料力学，包括材料力学概述、拉伸与压缩、连接件的实用计算、扭转、弯曲内力、弯曲应力、弯曲变形、应力状态分析与强度理论、组合变形、压杆稳定及动载荷。本书注重基本概念的阐述，尽量避免过多的理论推导和烦琐的数学运算，适当降低难度。另外，本书注重工程概念的介绍并增加了工程实例。全书设置了数字化内容（通过二维码扫描），书末附有附录及习题参考答案。

本书可供普通高等院校本、专科等各专业的中、少学时工程力学课程使用，也可供自学者使用。

图书在版编目（CIP）数据

简明工程力学 / 胡文绩，邱清水主编. -- 3 版.--
成都：西南交通大学出版社，2024.1
ISBN 978-7-5643-9680-0

Ⅰ.①简… Ⅱ.①胡…②邱… Ⅲ.①工程力学 – 教材 Ⅳ.①TB12

中国国家版本馆 CIP 数据核字（2024）第 008898 号

Jianming Gongcheng Lixue

简明工程力学

（第三版）

主编　胡文绩　邱清水

*

责任编辑　韩洪黎
封面设计　墨创文化
西南交通大学出版社出版发行
四川省成都市二环路北一段 111 号西南交通大学创新大厦 21 楼
邮政编码：610031　营销部电话：028-87600564
http://www.xnjdcbs.com
成都中永印务有限责任公司印刷

*

成品尺寸：185 mm × 260 mm　　　印张：18.75
字数：460 千
2009 年 8 月第 1 版　　2015 年 8 月第 2 版
2024 年 1 月第 3 版　　2024 年 1 月第 8 次印刷
ISBN 978-7-5643-9680-0
定价：42.00 元

课件咨询电话：028-81435775
图书如有印装质量问题　本社负责退换
版权所有　盗版必究　举报电话：028-87600562

第三版前言

本书于 2009 年首次出版，2015 年再版。当前，我国的高等教育已经步入了一个新的时期，工程教育认证、卓越工程师教育培养计划不断深入推进，对工程力学的教学实践提出了新的要求。在此情况之下，本教材已达到修订的要求。

本次修订，仍然坚持突出力学基本概念、工程概念及工程实例的介绍，力求内容简洁、易懂。考虑到具体情况，本书在内容上有部分增加。例如：增加了第十四章组合变形（邱清水编写），以满足不同层次的学生需求；增加了第十五章压杆稳定中折减系数法一节内容（唐学彬编写），这是为了满足相应专业的学生需求；某些章节增加了部分习题，使习题设置更加全面、合理。此外，本次修订对数字化内容进行了全面升级。通过扫描二维码，可以看到每章的学习要求、重难点分析、思考题答案及典型习题详解，更加有利于学生对知识的掌握。

修订后的教材，结构更加合理，内容更加丰富，符合时代发展的需求。

在这里，要感谢对教材提出意见和建议的教师。第三版工作除了原先第一、二版的编写教师参加之外，西华大学曹吉星老师作为副主编参与了本书数字化内容的编写工作，西华大学高红霞老师作为参编参与了书本的勘误等工作。

限于编者水平，修订后的教材难免有欠妥之处，还望广大教师和读者指正。

编　者
2023 年 9 月

第二版前言

本书第一版于 2009 年 8 月出版，到目前已经 6 年。

随着我国高等教育的发展和普通高校教育改革的不断深入，特别是近年来高校数字化资源的应用，为改革提供了多种有效的手段。本次教材修改是基于教学实践的经验和广大教师的意见和建议，除了查漏补缺，结构和内容基本上没有变化。修改的思路是力图创新，修改的重点是将数字化资源与传统教材两者优势相结合。编者将大量补充的资源放在网络上，读者只需扫描书上的二维码，便可获取增加的内容，如知识点、重点、难点、例题和习题等。进一步的工作是根据需要逐渐增加动态内容，如老师的微课、动态工程实例等，使书本的生动性加强。特别值得一提的是，这些数字化资源可以随时更新、补充、修改，与时俱进。

本次再版力求将教材做成基于移动互联网的立体化教材，也适用于翻转课堂的教材，目前是一种教材的创新。教材力求做到书本变薄，内容增加，形象生动，便于学习。

在这里，要感谢对教材提出意见和建议的教师。这次再版工作除了原先编写教师参加之外，西华大学严志忠、袁权和曹吉星老师也参加了教材的改编。

限于编者水平，修订后的教材恐仍有不足之处，还望广大教师和读者指正。

编　者

2015 年 7 月

第一版前言

　　本书是为满足普通高等院校本、专科等各专业的中、少学时工程力学课程教学需要而编写的，其内容包括理论力学的静力学部分和材料力学的基本内容。

　　目前多学时的理论力学、材料力学教材较多，适合重点大学的工程力学教材也有不少，但是，适合普通院校的中、少学时工程力学教材不多，选择余地不大。因此，我们编写了这本教材。本书以进一步推动高等教育教学改革、不断提高人才培养质量为前提，以教育部颁布的《工程力学教学基本要求》以及教育部高等学校力学教学指导委员会力学基础课程教学指导分委员会编制的理工科非力学专业《力学基础课程教学基本要求（试行）》（2008年版）为依据，再结合普通高等院校的特点，对只需中、少学时工程力学课程学习的各专业，以够用为主，不求大而全，内容精简，并适当降低难度，同时，工程概念有所加强。

　　本书例题较多，方便读者参考。各章附有小结、思考题和习题，带有"*"的部分习题读者可以选作。带有"*"的部分章节按各专业需求可自己取舍。教材附有习题参考答案。

　　参加本书编写的有：西华大学胡文绩（第一、第七、第十五章），西华大学邱清水（第四、第五、第六、第九章），西昌学院袁前胜（第二、第三、第八章），西华大学彭俊文（第十、第十一章），西华大学唐学彬（第十二、第十四章），四川理工学院罗云蓉（第十三章），西华大学高红霞（附录及习题参考答案）。全书由胡文绩统稿并任主编，邱清水、彭俊文、袁前胜、唐学彬任副主编。

　　限于编者的水平，本书恐仍有不少疏漏和欠妥之处，恳请读者指正。

编　者
2009 年 7 月

目　录

静　力　学

材料力学

静力学

静力学研究物体平衡的一般规律。

静力学主要研究三方面的问题：物体的受力分析、力系的简化和力系的平衡条件。

第一章　静力学基本概念和物体的受力分析

本章包括静力学基本概念、公理及物体的受力分析等基本内容，是研究静力学的基础。首先介绍刚体、力、平衡的概念以及作为静力学基础的几个公理，然后阐述工程中常见的约束和约束力，最后介绍物体的受力分析及如何作受力图。

第一节　静力学基本概念

一、刚体的概念

所谓刚体，就是在任何情况下永远不变形的物体。这一点表现为在力的作用下刚体内任意两点的距离始终保持不变。永远不变形的物体是不存在的，刚体只是一个为了研究方便而把实际物体抽象化后得到的理想化力学模型。当物体在受力后变形很小，对研究物体的平衡问题不起主要作用时，其变形可忽略不计，这样可使问题的研究大为简化。

在静力学中研究的对象主要是刚体，因此有时静力学又称为**刚体静力学**。

二、力的概念

力的概念是人们在长期的生活和生产实践中从感性到理性逐步形成的。**力是物体间相互的机械作用，其作用效应是使物体的机械运动状态发生改变或形状发生改变**。物体间相互的机械作用可以分为两类：一类是物体间的直接接触的相互作用；另一类是场和物体间的相互作用。不论是第一类还是第二类，它们所产生的作用效应都是一样的。把力使物体的机械运动状态发生改变的效应称为力的**外效应**或**运动效应**；把力使物体的形状发生改变的效应称为力的**内效应**或**变形效应**。

实践表明，力对物体的作用效应取决于三方面：**大小、方向和作用点**。通常称为**力的三要素**。由此可见，**力是矢量，且为定位矢量**。用一个矢量来表示力的三要素的图示如图 1.1 所示。矢量的长度表示力的大小（按一定的比例尺），矢量的方位和箭头的指向表示力的方向，矢量的起点或终点表示力的作用点，而与矢量重合的直线表示力的作用线。我们通常用黑体字母 F 表示力的矢量，而用普通字母 F 表示力的大小。

图 1.1

两个物体间相互接触时总占有一定的面积，力总是分布于接触面上各点的，当接触面面积很小时，可以近似将微小面积抽象为一个点，这个点称为**力的**

作用点，该作用力称为**集中力**；反之，当接触面面积不可忽略时，力在整个作用面上分布作用，此时的作用力称为**分布力**。

力的单位在国际单位制（SI）中是牛顿（N），常用千牛（kN），1 kN = 1 000 N。

作用于物体上的一群力称为力系。力系可分为平面力系和空间力系，各包括汇交力系、力偶系、平行力系和任意力系。

若力系的作用结果是使物体保持平衡或运动状态不变，则这种力系称为**平衡力系**。

当一个力与一个力系等效时，则称该力为该力系的合力，而该力系中每一个力称为分力。把各分力代换成合力的过程，称为力系的合成；反之，则为力的分解。

三、平衡的概念

平衡是物体机械运动的一种特殊形式。所谓**物体的平衡，是指物体相对于惯性参考系（如地面）保持其静止或作匀速直线运动**。需要注意，运动是绝对的，平衡只是暂时的或相对的。在工程问题中，房屋、桥梁、作匀速直线运动的汽车车厢等，都处于平衡状态。

第二节　静力学公理

公理是人们经过长期观察和经验积累而得到的结论，经过实践反复验证，无需证明而被大家公认。

公理 1　二力平衡公理

作用于刚体上的两个力，使刚体保持平衡的必要和充分条件是：这两个力大小相等、方向相反且作用于同一直线上，如图 1.2 所示。

$$F_A = -F_B$$

公理 1 揭示了作用于物体上最简单的力系平衡时所必须满足的条件。对于刚体，这个条件是必要而充分的；若是变形体，仅为必要条件。

由公理 1 可知，平衡力系中的任何力的作用线均与其他力的合力的作用线在同一直线上。

工程上常遇到只受两个力作用而平衡的构件，称**二力构件**或**二力杆**，如图 1.3 所示。

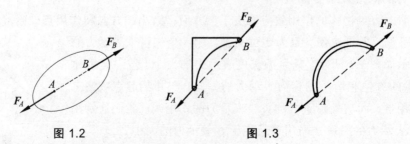

图 1.2　　　　　　　　　　　　图 1.3

公理 2　加减平衡力系公理

在作用于刚体的任意力系上添加或取去任意平衡力系，不改变原力系对刚体的效应。即平衡力系可变大也可变小，这有利于力系的简化，是研究力系等效替换的重要依据。

推论　力的可传性原理

作用于刚体上某点的力，可以沿着它的作用线移至刚体内任意一点，不会改变该力对刚体的作用。

证明：设力 F 作用于刚体上的 A 点，如图 1.4（a）所示。沿其作用线任选一点 B，欲使力 F 从 A 点移至 B 点，根据加减平衡力系公理，可在 B 点添加上一对平衡力 F_1 和 F_2，使 $F_2 = -F_1 = F$，如图 1.4（b）所示。由于力 F 和 F_1 也是一个平衡力系，故可除去。这样只剩下一个力 F_2 作用于 B 点，如图 1.4（c）所示，显然它与原来作用于 A 点的力等效，即原来的力 F 从刚体上的 A 点沿着它的作用线移至 B 点。

力的这种性质称为**力的可传性**，由此可见，**力是滑动矢量**。

应该注意，力不能从一个刚体沿其作用线移至另一个刚体上。

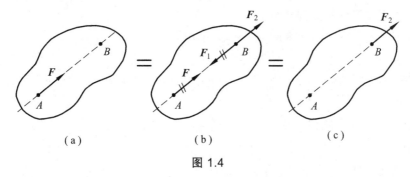

图 1.4

公理 3　力的平行四边形法则

作用于物体某一点的两个力的合力，也作用于同一点上，其大小和方向可由这两个力所组成的平行四边形的对角线来表示。

设有力 F_1 和 F_2 作用于刚体上的 A 点，如图 1.5（a）所示，则其合力用矢量式表示为

$$F_R = F_1 + F_2$$

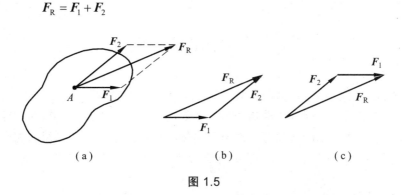

图 1.5

即合力等于两个分力的矢量和（或几何和）。此式反映了力的方向性特征，应区别矢量相加与数量相加的不同，合力必须用平行四边形法则确定。

合力也可用作力三角形的方法确定，如图 1.5（b）、（c）所示。力三角形的两个边分别为力 F_1 和 F_2，第三边即代表合力 F_R，而合力的作用点仍在 A 点。

公理 3 是复杂力系简化的重要基础。

推论　三力平衡汇交定理

作用于刚体上三个相互平衡的力，若其中两个力的作用线汇交于一点，则此三个力必在同一平面内，且第三个力的作用线通过汇交点。

证明：如图 1.6 所示，在刚体 A、B、C 三点上作用有互相平衡的力 $\boldsymbol{F}_A$、$\boldsymbol{F}_B$、$\boldsymbol{F}_C$。按刚体上力的可传性，将 $\boldsymbol{F}_A$ 和 $\boldsymbol{F}_B$ 移至汇交点 O，由力的平行四边形法则求得其合力 $\boldsymbol{F}_R$，则力 $\boldsymbol{F}_C$ 必与 $\boldsymbol{F}_R$ 平衡。再由二力平衡条件可知，力 $\boldsymbol{F}_C$ 的作用线必与合力 $\boldsymbol{F}_R$ 的作用线重合。因此，力 $\boldsymbol{F}_C$ 的作用线也在力 $\boldsymbol{F}_A$ 和 $\boldsymbol{F}_B$ 所组成的平行四边形平面里。于是定理得证。

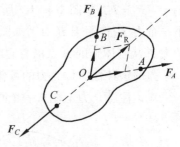

图 1.6

有时用此定理来确定第三个力作用线的方位较为方便。

公理 4　作用和反作用定律

两物体间相互作用的力总是同时存在，大小相等、方向相反、沿同一直线，分别作用于两个物体上。这个公理概括了物体间相互作用的关系，表明作用力和反作用力总是成对出现的。已知作用力就可知反作用力。

公理 4 是分析物体和物体系统时必须遵循的原则。需要强调的是，作用力和反作用力不是一对平衡力。

公理 5　刚化原理

变形体在某一力系作用下平衡，若将它刚化成刚体，其平衡状态保持不变。

这个公理提供了把变形体看作刚体模型的必要条件。也就是说，处于平衡状态的变形体，我们总可以把它视为刚体来研究；而处于平衡的刚体，变成变形体后就不一定能平衡。

当我们的研究对象里有变形体时（如柔性体约束），常常用到公理 5。

第三节　约束和约束力

当物体的位移在空间不受任何限制时，这个物体称为**自由体**，如飞行器。而有些物体的位移在空间受到一定限制，则称为**非自由体**。例如沿钢轨行驶的火车、转动的钟的指针、吊起的货物、机床上直线运动的车刀等。**对非自由体的位移起某些限制作用的周围物体称为约束（或约束体）**。例如钢轨对于火车、钟轴对于指针、吊车对于货物、机床对于车刀等，都是约束。

约束阻碍物体的运动，改变了物体的运动状态，因此约束必然承受物体的作用力，同时给予物体以反作用力，这种阻碍物体运动的反作用力称为**约束力**。约束力的方向必与该约束所能够阻碍的位移方向相反。应用这个准则，可以确定约束力的方位或作用线的位置。约束力属于被动力，而一些促使物体运动或有运动趋势的力称为主动力，如物体上受到的各种载荷（重力、风力、切削力、顶板压力等）。在静力学中，主动力一般已知，主动力和约束力组成平衡力系，然后利用平衡条件求约束力。

下面介绍几种工程上常用的简单的约束类型和确定约束力方向的方法。

一、柔性体约束

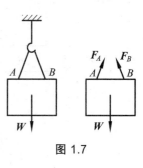

将绳束、胶带、链条等物体忽略刚性，不计重量，视为绝对柔软，便可归类为柔性体约束。柔性体约束的特点是只能承受拉力，不能承受压力和抗弯，故**它给物体的约束力也是拉力，作用在接触点，方向沿着柔软体轴线背离物体**，如图 1.7 所示。符号通常用 F 或 F_T 表示。

图 1.7

二、光滑接触面约束

当物体间表面的摩擦对问题的研究不起主要作用时，可认为接触表面为理想光滑，约束为光滑接触面约束。限制滑块运动的滑槽、机床中的导轨对工作台、相互啮合的一个齿轮对另一个齿轮等，当忽略摩擦时，都属于这种约束。

这类约束的特点是只能承受压力，即限制物体沿接触面公法线并向约束体内部的位移，故它给物体的约束力是压力，作用在接触点，方向沿着公法线而指向物体。约束力的符号一般用 F 或 F_N 表示，如图 1.8 中 F_{NA} 或 F_{NB} 等。

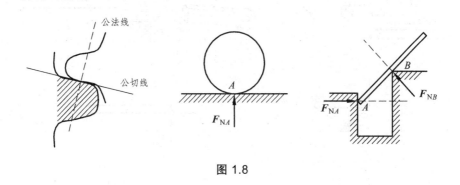

图 1.8

三、光滑铰链约束

主要介绍光滑圆柱铰链、固定铰支座、滚动支座及链杆约束。

1. 光滑圆柱铰链

光滑圆柱铰链简称铰链，由一个圆柱形销钉插入两个物体的圆孔中构成，如图 1.9（a）所示。其特点是可使具有同样孔径的两个构件绕销钉轴线相互转动，也可以一起移动，但不可相互脱离。在图 1.9（b）中，构件 A、B 绕销钉 C 轴线相互转动，共同移动；图（c）为曲柄连杆机构，C 处为铰链。考虑铰孔内光滑，并忽略空隙，则约束力为压力，作用在垂直于圆柱销的平面内，过销中心，指向不定，为了方便计算，常将其分解，如图 1.9（d）所示。

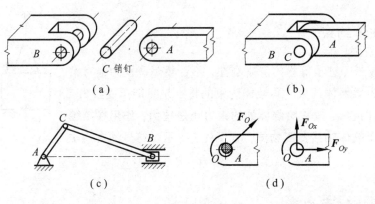

图 1.9

2. 固定铰支座

如果光滑圆柱铰链与底座连接，固定在地面或支架上，则称为固定铰链支座，简称铰支座，如图 1.10（a）、（c）所示。其特点是物体只能绕铰链轴线转动，不能在垂直于铰链轴线的平面内任意移动，故约束力在垂直于铰链轴线的平面内，过销钉中心，方向不定。一般情况下，可假设为正交的两个力 F_{Ax}、F_{Ay}，如图 1.10（d）所示。

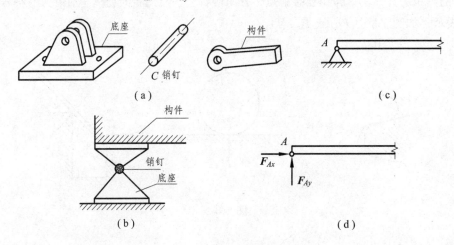

图 1.10

3. 滚动支座

在桥梁、屋架等结构中经常采用滚动支座约束。这种支座是在支座与光滑支承面之间，装了几个辊轴（滚柱），故又称辊轴支座，如图 1.11（a）所示，简图如图 1.11（b）所示。滚动支座的特点是与固定铰链支座相比，可以让构件沿支承面有微小移动，以满足构件由于温度变化而产生的热胀冷缩，故约束力在垂直于铰链轴线的平面内，过销钉中心，方位垂直于支承面，指向不定，受力图如图 1.11（c）所示。

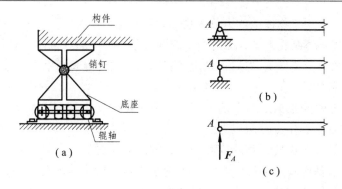

图 1.11

4. 链杆约束

链杆是指两端用光滑铰链与其他构件连接且不考虑自重的刚杆，如图 1.12（a）所示。链杆常用来作为拉杆或撑杆。由于只在两端受力，故为二力杆，既能受拉又能受压。约束力的作用点在铰链孔处，方位沿两端连线，指向不定，如图 1.12（b）所示。

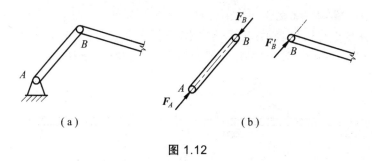

图 1.12

有时，固定铰链支座和辊轴支座用几根链杆来表示：固定铰链支座用两根不平行的链杆来表示，如图 1.13（a）所示；辊轴支座用一根垂直于支承面的链杆来表示，如图 1.13（b）所示。

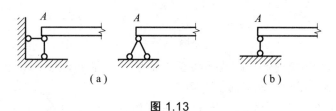

图 1.13

第四节　物体的受力分析及受力图

静力学的主要研究任务之一是求约束力，这就需要对物体进行受力分析，然后根据平衡条件求解。**物体的受力分析就是确定物体受了几个力，每个力的作用位置、方向的整个分析过程。**

前面已经提到，作用于物体上的力分为主动力和约束力两类，主动力一般已知。为了便于求出约束力，应隔离物体画受力图，即把需研究的对象与周围的约束体分离开来，单独画出它的简图（取研究对象或分离体），然后再画上所有的力（主动力和约束力），这种**表示物体受力的简明图示**，称为受力图。

作受力图时，有时要根据二力平衡公理、三力平衡汇交定理等平衡条件确定某些约束力的指向或作用线的方位。作受力图应先画主动力，后画约束力。如果研究对象是物体系统，应该注意到内力总是成对出现，其效应和为零，故内力不画。

画受力图是一项基本功的训练，不仅事关约束力是否能正确求解，而且关系到整个平衡问题的分析、动力学问题的分析，应引起足够的重视。

【例 1.1】　水平梁 AB 两端用铰支座和辊轴支座支承，如图 1.14（a）所示，在 C 处作用一集中载荷 P，梁重不计，画出 AB 的受力图。

解：

（1）取梁 AB 为研究对象，除去 A、B 处约束并画出其简图 1.14（b）。

（2）画主动力 P。

（3）画约束力。B 端辊轴支座的约束力垂直于支承面向上，用 F_B 表示，A 端是固定铰链支座，约束力在这里可有两种表示：一种是根据三力平衡汇交定理，将 F_A 作用线汇交于另二力的汇交点 D，得图 1.14（c）；一种是分解为相互垂直的两个分力 F_{Ax}、F_{Ay}，如图 1.14（d）所示。

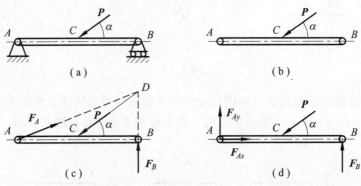

图 1.14

【例 1.2】　用力 F 拉动碾子以压平路面，重为 P 的碾子受到一石块的阻碍，如图 1.15（a）所示。不计摩擦，试画出碾子的受力图。

解：取碾子为研究对象，解除其上 A、B 处的约束。P 作为主动力先画出，然后再根据光滑接触面约束的性质画上约束力 F_{NA}、F_{NB}，如图 1.15（b）所示。

【例 1.3】　如图 1.16（a）所示屋架，A 处为固定铰链支座，B 处为辊轴支座，搁在光滑的水平面上。已知屋架自重 P，在屋架的 AC 边上承受了垂直于它的均匀分布的风力，单位长度上承受的力为 q。试画出屋架的受力图。

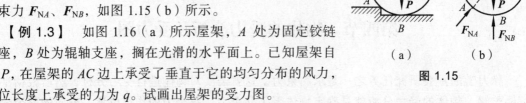

图 1.15

解：先取屋架为研究对象，把它看成一个整体，解除其上 A、B 处的约束。风力载荷作为主动力先画出，然后再根据约束的性质画上约束力，如图 1.16（b）所示。

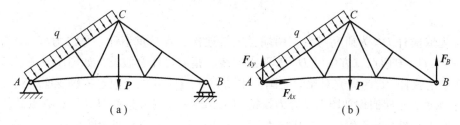

图 1.16

【例 1.4】　重为 P 的细直杆 AB 搁在台阶上，与地面上 A、D 两点接触，在 E 点用绳索 EF 与墙壁相连，如图 1.17（a）所示。略去摩擦，试作直杆的受力图。

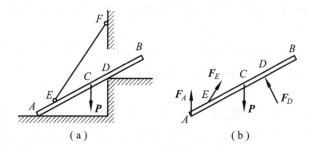

图 1.17

解：

（1）取直杆为研究对象，除去 A、D、E 处约束。

（2）画上主动力 P。

（3）根据光滑接触的约束性质，画上 A、D 两处约束力。约束力 F_A 和 F_D 应分别垂直于地面与直杆；绳索作用于直杆的约束力 F_E 是沿着绳索中心线的拉力，如图 1.17（b）所示。

【例 1.5】　如图 1.18（a）所示为由上弦杆 AC、BC 和横杆 DE 组成的简单屋架。C、D 和 E 处都是铰链连接，屋架的支承情况和所受载荷 P、Q 如图所示。不计各杆自重，试分别画出横杆 DE、上弦杆 AC 和 BC 以及整个屋架的受力图。

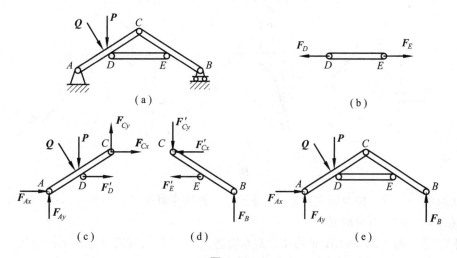

图 1.18

解：

（1）先取横杆 DE 为研究对象，两端是铰链连接，且自重不计，是二力杆，约束力 $\boldsymbol{F}_D$ 和 $\boldsymbol{F}_E$ 作用于 D、E 两点，方位沿 D、E 两点连线，指向可任意假设，如图 1.18（b）所示。

（2）取上弦杆 AC 为研究对象。先画上主动力 $\boldsymbol{P}$、$\boldsymbol{Q}$；A 处为固定铰链支座，约束力可用 $\boldsymbol{F}_{Ax}$、$\boldsymbol{F}_{Ay}$ 表示，指向假设如图；C 处为铰链约束，约束力的分析类似 A 点；D 点处的约束力 $\boldsymbol{F}_D'$ 与 $\boldsymbol{F}_D$（（b）图上）是作用与反作用力，二者方向相反。受力图如图 1.18（c）所示。

（3）取上弦杆 BC 为研究对象。B 处为辊轴支座，约束力垂直于支承面；其他分析与 AC 杆类似。受力图如图 1.18（d）所示。

（4）取整个屋架为研究对象。画简图时只去掉 A、B 处约束，故只画上 A、B 两处的约束力，注意应与上弦杆 AC、BC 的 A、B 处约束力一致。内力成对出现，不画。受力图如图 1.18（e）所示。

【例 1.6】　如图 1.19（a）所示的三铰拱桥，由左、右两拱铰接而成。设各拱自重不计，在拱 AC 上作用有载荷 P。试分别画出 AC 和 CB 的受力图及整个三铰拱桥的受力图。

解：

（1）先分析拱 BC 的受力。拱 BC 自重不计，只在 B、C 两处受铰链约束，为二力构件，故约束力 $\boldsymbol{F}_B$ 和 $\boldsymbol{F}_C$ 作用于 B、C 两点，方位沿 B、C 连线，指向假设如图 1.19（b）所示。

（2）取拱 AC 为研究对象。先画上主动力 $\boldsymbol{P}$，C 处约束力 $\boldsymbol{F}_C'$ 与拱 BC 的 C 处约束力 $\boldsymbol{F}_C$ 是作用力和反作用力，有 $\boldsymbol{F}_C' = -\boldsymbol{F}_C$。A 处约束力有两种表示法：一是直接表示为互相垂直的两个分量 $\boldsymbol{F}_{Ax}$、$\boldsymbol{F}_{Ay}$，如图 1.19（c）所示；二是将主动力 $\boldsymbol{P}$ 和 C 处约束力 $\boldsymbol{F}_C'$ 的作用线汇交于一点 D，根据三力平衡汇交定理，将 $\boldsymbol{F}_A$ 作用线汇交于另二力的汇交点 D，得图 1.19（d）。

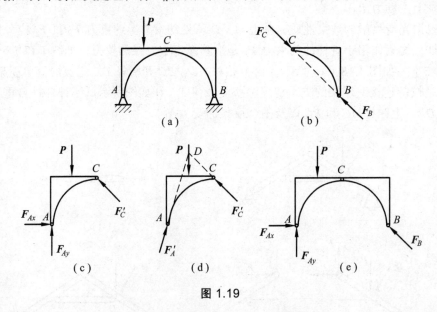

图 1.19

（3）取整个三铰拱桥为研究对象。去掉 A、B 处约束画简图，再在 A、B 铰链处画上约束力，得图 1.19（e）（可只取其一）。

【例 1.7】　图 1.20（a）所示构架，E 为铰链，B、D 均为铰链支座。不计各构件的重量。试画出滑轮 A、F（包括重物 P）和杆 AB、CD 的受力图。

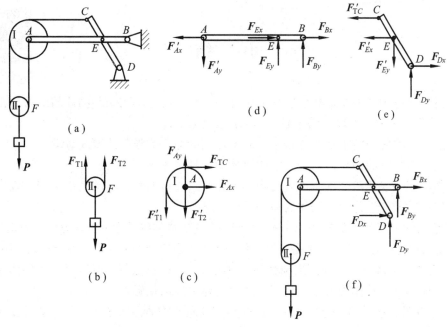

图 1.20

解：

（1）先取滑轮Ⅱ和重物 P 为研究对象。滑轮Ⅱ的两边为柔性体约束，约束力作用在轮两边，为拉力 F_{T1}、F_{T2}，如图 1.20（b）所示。

（2）取滑轮Ⅰ（包括销钉 A）为研究对象。滑轮Ⅰ与销钉 A 的作用力与反作用力是内力，可不画。在销钉 A 处，将解除两种约束：一是与 AB 杆的铰链约束；二是与滑轮Ⅱ之间的柔性体约束。代之以约束力 F'_{T1}、F'_{T2}、F_{TC}、F_{Ax}、F_{Ay}，如图 1.20（c）所示。

取 AB 杆为研究对象。E 处为铰链约束，B 处为固定铰链支座，约束力均可分解为互相垂直的分力，A 处约束力 F'_{Ax}、F'_{Ay} 与 F_{Ax}、F_{Ay} 是作用力与反作用力，即 $F_{Ax} = -F'_{Ax}$，$F_{Ay} = -F'_{Ay}$，受力图如图 1.20（d）所示。

（3）取 CD 杆为研究对象。D 处为固定铰链支座，约束力分解为 F_{Dx}、F_{Dy}，E、C 处的约束力与 AB 杆 E 点、滑轮 A 的上端存在作用力与反作用力的关系，如图 1.20（e）所示。

（4）取整体为研究对象。只需解除 B、D 处约束画约束力，受力图如图 1.20（f）所示。

由上述例题可知，画受力图的步骤可归纳如下：

（1）明确研究对象。根据需要，研究对象可以是单个物体，也可以是几个物体组成的物体系统，研究对象不同，受力图不同。切记，在明确研究对象之后，要将它与相联系的其他物体隔离开来，解除全部约束，单独画出其简图。

（2）在简图上先画上主动力，然后根据约束的类型及特性画上约束力。一定要明确约束力是哪个施力物体施加的，绝不可凭空产生。凡是研究对象与外界接触的地方，一定存在约束力。

（3）分别画两个相互作用物体的受力图时，要特别注意作用力与反作用力的关系，作用力一经假设，则反作用力的方向必须与之相反；在画某一物体的受力图时，不要把它对周围物体的力画上去。如研究对象是几个物体组成的系统，则物体与物体之间的力是内力，它成对出现，组成平衡力系，故不必画出。

小　结

拓展学习 1

本章讨论了静力学的基本概念、静力学公理、约束的基本类型和物体的受力分析。

1.1　平衡、刚体、力以及约束是静力学的基本概念。

在一般工程实际中，平衡通常是指相对于地面的静止或作匀速直线运动。

刚体是指不变形的物体，它是力学中物体的一种抽象化模型。

力是物体间相互的机械作用。力对物体的作用效应有两种：运动效应和变形效应，理论力学只研究运动效应。作用于刚体的力是滑动矢量。

1.2　静力学公理是研究静力学的理论基础。在讨论物体的受力分析、力系的简化和平衡等问题时都要用到这些公理。二力平衡条件、加减平衡力系原理和力的可传性原理只适用于刚体。

1.3　约束是阻碍物体运动的周围物体。约束力的方向总是与它所能阻止的物体的运动或运动趋势方向相反。其作用点就是约束和约束物体之间的接触点。

1.4　受力图表示物体的受力情况。画受力图要隔离物体。由于主动力一般是已知的，故主要是画好约束力，弄清它的作用位置和方向。取分离体，并对其正确地进行受力分析，画出受力图，是成功地解决力学问题的关键步骤。

思 考 题

1.1　说明下列式子的意义和区别：

（1）$F_1 = F_2$；（2）$\boldsymbol{F}_1 = \boldsymbol{F}_2$；（3）力 $\boldsymbol{F}_1$ 等效于力 $\boldsymbol{F}_2$。

1.2　区别 $\boldsymbol{F}_R = \boldsymbol{F}_1 + \boldsymbol{F}_2$ 和 $F_R = F_1 + F_2$ 两个等式的意义。

1.3　说明二力平衡公理、加减平衡力系公理、力的可传性原理等的适用条件。

1.4　如图 1.21 所示，可否将力从 A 点沿其作用线移至 B 点？

1.5　什么叫二力构件？二力构件所受力与构件的形状有关吗？

1.6　图 1.22 中各物体的受力图是否有错误？如何改正？

图 1.21

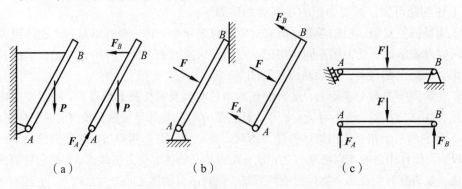

（a）　　　　　　　　　（b）　　　　　　　　　（c）

图 1.22

习　题

1.1　画出下列各图中各物体的受力图。未画重力的各物体的自重不计，假设各接触处均为光滑。

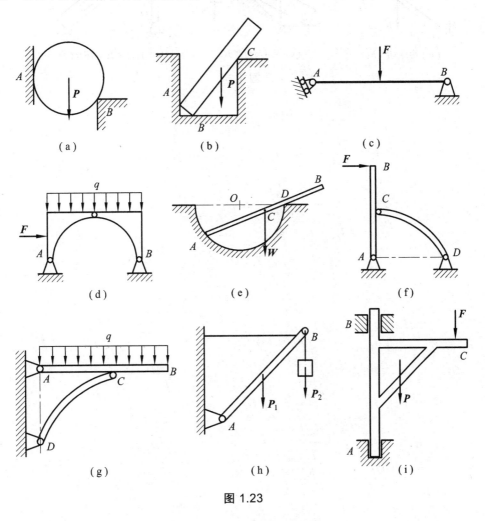

图 1.23

1.2　画出下列各物系中指定物体的受力图。题图中未画重力的各物体的自重不计，所有接触处均为光滑接触。

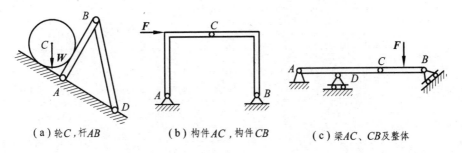

（a）轮C，杆AB　　　（b）构件AC，构件CB　　　（c）梁AC、CB及整体

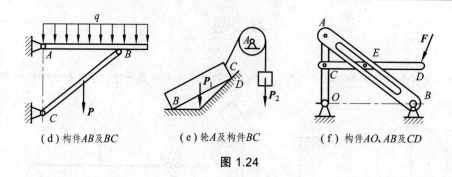

（d）构件AB及BC　　　　（e）轮A及构件BC　　　　（f）构件AO、AB及CD

图 1.24

第二章　平面汇交力系

从本章开始，将研究作用于刚体上的力系的简化（或合成）和平衡条件。

如图 2.1 所示起重机起吊重物时，吊钩上受到各绳索的拉力 F_1、F_2 和 F 都在同一平面内，且汇交于 C 点。这类作用于物体上各力的作用线都在同一平面内，且各力的作用线汇交于一点的力系称为**平面汇交力系**。本章将分别用几何法和解析法研究平面汇交力系的合成与平衡问题。

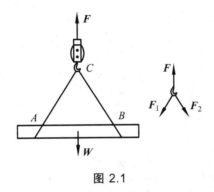

图 2.1

第一节　平面汇交力系合成与平衡的几何法

根据力的可传性原理和力的平行四边形法则，容易证明平面汇交力系可以合成为一个力，该力的作用线通过力系的汇交点。

一、平面汇交力系合成的几何法

1. 平面上二力合成的力三角形法则

根据静力学基本公理，任意两个汇交力 F_1、F_2 的合力 F 的大小和方向可由力的平行四边形法则确定（图 2.2（a））。由于平行四边形对边平行且相等，因此可将作图过程简化为用相应的三角形代替平行四边形来确定合力的大小和方向，即二力合成的**三角形法则**。如图 2.2（b）所示（可参考图 1.5），在平面上以首尾相连的方式顺次画出力 F_1、F_2，则连接 F_1 首端和 F_2 末端的矢量表示出合力 F 的大小和方向。值得注意的是，力三角形仅仅表示出各力的大小和方向，并不能表示出各力的作用线位置；合力的作用线仍然通过汇交点。显然，F_1、F_2 的先后顺序并不影响合力结果。

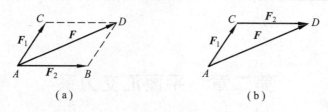

图 2.2

2. 平面汇交力系合成的力多边形法则

在实际工程中,通常有在物体的 O 点作用一平面汇交力系 F_1、F_2、F_3、F_4(图 2.3(a)),需求此力系的合力。可连续应用力的三角形法则将各力依次合成,先将 F_1、F_2 合成力 F_{R1},再将力 F_{R1} 与力 F_3 合成得到力 F_{R2},最后将力 F_{R2} 与 F_4 合成得到力 F_R(图 2.3(b))。力 F_R 就是汇交力系 F_1、F_2、F_3、F_4 的合力,其作用点在力系的汇交点 O。

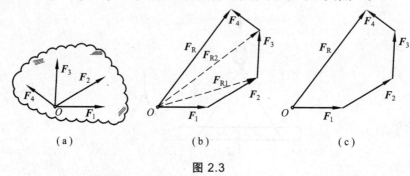

图 2.3

实际上,在作图过程中不需要画出力 F_{R1} 和 F_{R2},可以直接将各力首尾相接(图 2.3(c)),即连接第一个力的始端和最后一个力的终端的矢量就是合力 F_R,所得到的多边形就称为力多边形,这种求合力的方法称为力多边形法则。

可以证明,任意改变力的合成先后顺序,虽然所得到的力的多边形形状不同,但合力 F_R 是完全相同的,即力多边形法则合成的合力与各分力合成的先后顺序无关;值得注意的是,各分力矢必须首尾相接。

由此可知,平面汇交力系合成的结果为一合力,它等于原力系中各力的矢量和,合力的作用线通过各力的汇交点。其矢量式为

$$F_R = F_1 + F_2 + F_3 + \cdots + F_n = \sum F_i \tag{2.1}$$

二、平面汇交力系平衡的几何条件

由力多边形法则知,平面汇交力系合成结果为一合力,则平面汇交力系平衡的充要条件是该力系的合力 F_R 等于零。用矢量式表示为

$$F_R = 0 \quad 或 \quad \sum F_i = 0 \tag{2.2}$$

由力的合成的几何法得知,平面汇交力系的合力 F_R 是由力多边形的封闭边来表示的,在平衡的情况下合力 F_R 为零,即力多边形中最后一个力的终点与第一个力的起点重合,此

时的力多边形称为封闭的力多边形。因此，容易得到以下结论：平面汇交力系平衡的充要条件是力多边形自行闭合。这就是**平面汇交力系平衡的几何条件**。

运用平面汇交力系平衡的几何条件求解问题时，可图解或应用几何关系求解，这种解题方法称为几何法。

【例 2.1】　图 2.4 所示为起重机起吊一预制构件，此时处于空中悬停状态。已知预制构件重 $W = 20$ kN，$\alpha = 45°$，不计吊索和吊钩的重量，求铅垂吊索和斜吊索 AC、BC 的拉力。

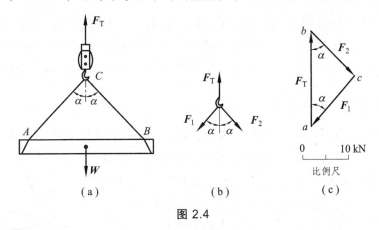

图 2.4

解：首先求铅垂吊索的拉力 F_T。取整体为研究对象，它只受到了 F_T 和 W 两个力的作用，受力图如图 2.4（a）所示。由二力平衡公理，显然有

$$F_T = W = 20 \text{ kN}$$

再求斜吊索 AC、BC 的拉力。取吊钩 C 为研究对象。吊钩上受到的力有斜吊索 AC 和 BC 的拉力 F_1 和 F_2，以及铅垂吊索的拉力 F_T。其受力图如图 2.4（b）所示。显然，这三个力构成了一个平面汇交力系。根据其平衡的几何条件，这三个力构成的力三角形应自行闭合。

首先按图示的比例尺绘出已知力 F_T，再从矢量 F_T 的始端和末端分别作线段平行于 F_1 和 F_2，得交点 c 和闭合的力三角形 abc（图 2.4（c））。F_1 和 F_2 的指向可根据各力矢必须首尾相接的原则得出。从图上用同一比例尺量得

$$F_1 = F_2 = 14.1 \text{ kN}$$

本题若用三角几何关系求解，对图 2.4（c）所示的力三角形 abc 应用正弦定理可得

$$\frac{F_T}{\sin(180° - 2\alpha)} = \frac{F_1}{\sin \alpha} = \frac{F_2}{\sin \alpha}$$

因此有
$$F_1 = F_2 = \frac{\sin \alpha}{\sin 2\alpha} F_T = \frac{F_T}{2\cos \alpha}$$

将 $F_T = 20$ kN、$\alpha = 45°$ 代入前式，得

$$F_1 = F_2 = 14.1 \text{ kN}$$

结果与图解法相同。

第二节　力的分解与力在坐标轴上的投影

一、力的分解

在实际工程中，通常需要将一已知力分解。根据力的平行四边形法则，两个共点力可以合成一个合力。反之亦然，一个已知力同样可以分解为在同一平面内的两个力。值得注意的是，由于以一个力的矢量为对角线的平行四边形有无数个，因此把一个已知力分解为两个分力同样存在无数个解。

若已知力分解时已经明确了分力方向，则只能有唯一解。

如图 2.5 所示，设有作用于 O 点的力 F，要求将此力沿直线 OM、ON 方向分解。根据力的平行四边形法则，在力 F 的末端 B 点作两直线分别平行于 OM、ON，并分别交 ON、OM 于 C 和 D 点，则矢量 $\overline{OC}$ 和 $\overline{OD}$ 即为所求的分力 F_1、F_2，其作用点就是原力 F 的作用点 O。

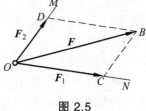

图 2.5

若已知两个分力的大小，或一个分力的大小和另一个分力的方向，或一个分力的大小和方向，则已知力分解的两个分力也是唯一解。

二、力在直角坐标轴上的投影

在平面直角坐标系中，通常用大写字母 F_x、F_y 表示力 F 在 x 轴上和 y 轴上的投影。假定力 F 与 x 轴和 y 轴正方向的夹角分别为 α、β（图 2.6），则

$$F_x = F \cos\alpha \qquad F_y = F \cos\beta \qquad\qquad (2.3)$$

通常习惯于用力 F 与 x 轴所夹锐角 α 来计算力在轴上的投影，即

$$F_x = \pm F \cos\alpha \qquad F_y = \pm F \sin\alpha \qquad\qquad (2.4)$$

上式中正负号可根据坐标轴判断，力 F 投影的指向与坐标轴正向相同则为正投影，反之为负投影。

应当注意的是，力的投影与力的分力是两个不同的概念，投影是代数量，而分力是矢量；投影与作用点无关，而分力有作用点。

如图 2.7 中力 F 在直角坐标轴上的投影分别为

$$F_x = F \cos\alpha = 10 \times \cos 30° = 8.66 \text{ kN}$$

$$F_y = F \sin\alpha = 10 \times \sin 30° = 5 \text{ kN}$$

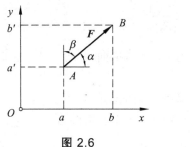

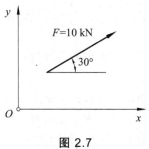

图 2.6　　　　　　　　　　　　　　图 2.7

从图 2.6 容易得出，如果将力沿两个互相垂直的坐标轴方向分解为两个分力，则分力的大小与该力在相应坐标轴上的投影的绝对值相等。

当已知力 F 的投影 F_x 和 F_y，则力 F 的大小和方向可以根据其几何关系确定。

$$F = \sqrt{F_x^{\,2} + F_y^{\,2}} \qquad \tan\alpha = \left|\frac{F_y}{F_x}\right| \tag{2.5}$$

式中，α 为 F 与 x 轴所夹锐角的大小，其具体方向由 F_x、F_y 的正负号确定。

三、合力投影定理

在平面直角坐标系中考察平面汇交力系的力多边形 $ABCDE$（图 2.8），从几何关系能得出合力的投影 ae 与各分力的投影 ab、bc、cd、de 之间的关系

$$ae = ab + bc + cd + de$$

即　　　　$$F_{Rx} = \sum F_{xi} \qquad F_{Ry} = \sum F_{yi} \tag{2.6}$$

由此可见，合力在任一轴上的投影，等于各分力在该轴上投影的代数和。这就是**合力投影定理**。

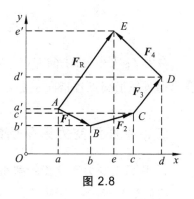

图 2.8

第三节　平面汇交力系合成及平衡的解析法

一、平面汇交力系合成的解析法

在平面直角坐标系中，分别求出各分力在坐标轴上的投影 F_{xi}、F_{yi}。根据合力投影定理，合力 F 在 x 轴上和 y 轴上投影分别为

$$F_{Rx} = \sum F_{xi} \qquad F_{Ry} = \sum F_{yi}$$

则，合力 F 的大小和方向为

$$F_R = \sqrt{F_{Rx}^2 + F_{Ry}^2} \qquad \tan\alpha = \left| \frac{F_{Ry}}{F_{Rx}} \right| \qquad\qquad (2.7)$$

式中，α 是合力 F_R 与 x 轴所夹的锐角。合力 F_R 具体指向由 F_{Rx}、F_{Ry} 的正负号判定，其作用线通过力系的汇交点。

【例 2.2】 如图 2.9 所示，一固定拉环受到三根绳索的拉力，其大小分别为 $F_1 = 10$ kN、$F_2 = 15$ kN、$F_3 = 26$ kN，各绳索的方向如图所示。试计算拉环所受到的合力。

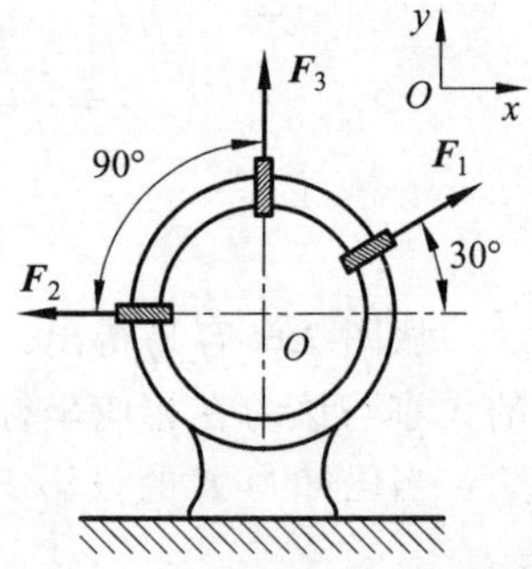

解：选定参考坐标系如图 2.9 所示。根据力的大小和方向求出各力的投影

$$F_{1x} = F_1 \cdot \cos 30° = 8.66 \text{ kN}, \quad F_{1y} = F_1 \cdot \sin 30° = 5 \text{ kN}$$
$$F_{2x} = -15 \text{ kN}, \quad F_{2y} = 0$$
$$F_{3x} = 0, \qquad\qquad F_{3y} = 26 \text{ kN}$$

图 2.9

由合力投影定理得

$$F_{Rx} = \sum F_{xi} = 8.66 - 15 + 0 = -6.34 \text{ kN}$$
$$F_{Ry} = \sum F_{yi} = 5 + 0 + 26 = 31 \text{ kN}$$
$$F_R = \sqrt{F_{Rx}^2 + F_{Ry}^2} = 31.64 \text{ kN} \qquad \alpha = \arctan\left| \frac{F_{Ry}}{F_{Rx}} \right| = 78.44°$$

合力 F_R 大小为 31.64 kN，其作用线与 x 轴所夹锐角为 78.44°，由 $F_{Rx} < 0$，$F_{Ry} > 0$ 可知合力通过原汇交点且指向左上方。

二、平面汇交力系平衡的解析条件及应用

1. 平面汇交力系平衡的解析条件

前面章节指出：平面汇交力系在直角坐标系中合力的投影等于各分力投影的代数和。而平面汇交力系平衡的充要条件是该力系合力为零，即合力 $F_R = 0$。由公式（2.7）可知，要使 $F_R = 0$，则

$$\begin{cases} \sum F_x = 0 \\ \sum F_y = 0 \end{cases} \qquad\qquad (2.8)$$

因此，在平面直角坐标系中，平面汇交力系平衡的充要条件是：**力系中各分力在两个坐标轴上的投影的代数和均为零**。式（2.8）称为平面汇交力系的**平衡方程**。

2. 平衡条件的应用

应用平面汇交力系的平衡条件可以求解两个未知量。解题时，未知力的指向可先假定，若计算结果为正值，则表示假设指向与力的实际指向相同；若为负值，则表示假设指向与力的实际指向相反。坐标系的选择以方便为原则，注意投影的正负和大小的计算。

【例 2.3】　　如图 2.10（a）所示，压榨机 ABC，在 A 铰处作用有水平力 F，B 处为固定铰支座，C 处为铰链。由于水平力 F 的推动作用，使 C 块压紧刚体 D。若 C 块与墙壁为光滑接触，求图示位置时刚体 D 受到的压力。

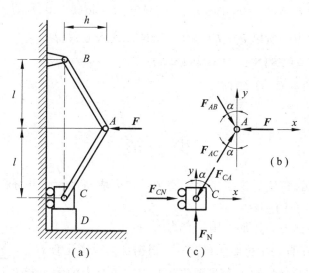

图 2.10

解：设 $\angle CBA = \alpha$，因为 $\triangle ABC$ 是等腰三角形，所以 $\angle BCA = \angle CBA = \alpha$。取 A 铰链为研究对象，受力如图 2.10（b）所示，选取如图坐标系，列出平衡方程

$$\sum F_x = 0, \quad -F + F_{AB}\sin\alpha + F_{AC}\sin\alpha = 0$$

$$\sum F_y = 0, \quad -F_{AB}\cdot\cos\alpha + F_{AC}\cdot\cos\alpha = 0$$

因此
$$F_{AB} = F_{AC} = \frac{F}{2\sin\alpha}$$

取 C 块为研究对象，受力如图 2.10（c）所示，选取如图坐标系，列出平衡方程

$$\sum F_y = 0, \quad F_N - F_{CA}\cdot\cos\alpha = 0$$

因此
$$F_N = F_{CA}\cdot\cos\alpha = \frac{F}{2\sin\alpha}\cdot\cos\alpha = \frac{F}{2}\cdot\cot\alpha = \frac{Fl}{2h}$$

【例 2.4】　　如图 2.11（a）所示，建筑工地使用简易起重机起吊重物，重物通过卷扬机绕过滑轮 B 的钢索起吊。杆件的 A 端铰链在固定架上，B 端通过钢索与固定架连接。重物重 $W = 20$ kN，不计杆和滑轮的重量、摩擦力以及滑轮大小。A、C、D 三处均为铰链约束。试计算钢索 BC 和杆件 AB 所受的力（此时物体作匀速运动）。

解：以滑轮 B 为研究对象。其受到的力有：钢索 BE 的拉力 F_1、钢索 BC 的拉力 F_2、钢索 BD 的拉力 F_3、杆件 AB 对滑轮的约束反力 F，各力方向假设如图 2.11（b）所示。

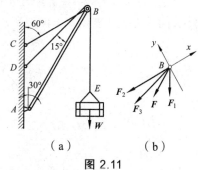

图 2.11

选取如图所示坐标系，根据平面汇交力系平衡解析条件列出平衡方程

$$\sum F_x = 0 , \quad -F_2 - F_3 \cdot \cos 15° - F \cdot \cos 30° - F_1 \cdot \cos 60° = 0$$

$$\sum F_y = 0 , \quad -F_3 \cdot \sin 15° - F \cdot \sin 30° - F_1 \cdot \sin 60° = 0$$

因为不计滑轮的摩擦力，所以 $F_3 = F_1 = W = 20\ \text{kN}$，代入方程得

$$F_2 = 9.65\ \text{kN} ; \quad F = -45\ \text{kN}$$

由于 $F = -45\ \text{kN}$，所以杆件 AB 受压。

小　结

拓展学习 2

本章用几何法和解析法讨论了平面汇交力系的合成与平衡，并分析了它们的应用。

2.1　平面汇交力系的合成。

（1）几何法：根据力多边形法则求合力。

（2）解析法：力在直角坐标轴上的投影，根据合力投影定理（$F_{Rx} = \sum F_{xi}$，$F_{Ry} = \sum F_{yi}$），利用各分力在平面直角坐标轴上的投影代数和，求出合力的大小和方向，合力作用线通过原各力的汇交点。

$$F_R = \sqrt{F_{Rx}^2 + F_{Ry}^2} \qquad \tan\alpha = \left| \frac{F_{Ry}}{F_{Rx}} \right|$$

2.2　平面汇交力系的平衡条件。

（1）几何条件：力多边形自行闭合，$F_R = 0$。

（2）解析条件：平面汇交力系的各分力在两个坐标轴上的投影代数和为零。

$$\sum F_{xi} = 0 \qquad \sum F_{yi} = 0$$

思 考 题

2.1　用解析法求平面汇交力系的合力时，若选取不同的直角坐标系，其所得的合力是否一定相同，为什么？

2.2　若选择在同一平面内既不平行又不垂直的两轴 x 和 y 作为坐标轴，如图 2.12 所示，且物体上的平面汇交力系满足方程：$\sum F_{xi} = 0$ 和 $\sum F_{yi} = 0$。能否说明该物体一定平衡，为什么？

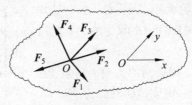

图 2.12

2.3　在平面汇交力系的平衡方程中，两个投影轴是否一定要相互垂直？

2.4 在什么情况下，力在轴上的投影等于力的大小？在什么情况下，力在轴上的投影等于零？同一个力在两个相互平行的轴上的投影有什么关系？

2.5 简单分析一下平面汇交力系的特殊情况：共线力系的平衡方程。

习 题

2.1 如图 2.13 所示支架中，A、B、C 处均为铰接，杆件自重不计，受到外力 $F_1 = 4\ kN$，$F_2 = 5\ kN$ 作用，试用几何法求 AB、BC 杆件所受的力。

2.2 如图 2.14 所示，重量为 $300\ kN$ 的重物通过格构式独铰桅杆吊起，试用几何法求缆风线 AB 的拉力以及桅杆 OB 所受的压力。（桅杆自重不计）

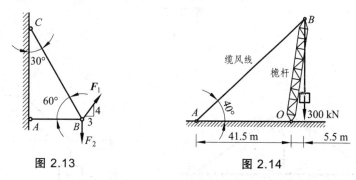

图 2.13   图 2.14

2.3 如图 2.15 所示，自重为 W 的圆柱搁置在倾斜的面板 AB 与墙面之间，且杆件 AB 与墙面成 30° 夹角。圆柱与板的接触点 D 是 AB 的中点，假定各接触点都是光滑的。请分析绳 BC 的拉力和铰 A 处的反力。

2.4 一重物重量 $W = 20\ kN$，用绳子挂在支架的滑轮 B 上，绳子的另一端连接绞车 D，如图 2.16 所示。转动绞车，物体开始上升。若滑轮的大小不计且所有接触点都是光滑的，A、B、C 三处均为铰链连接，当重物处于平衡状态时，求拉杆 AB 和支杆 BC 所受到的力。

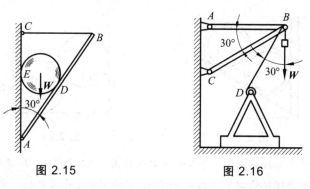

图 2.15   图 2.16

2.5 如图 2.17 所示四个支架，在销钉上作用有一竖直力 P。若各杆件自重不计，请分析 AB、AC 杆件所受的力，并请说明是拉力还是压力。

2.6 如图 2.18 所示，半径为 R、自重为 W 的圆柱通过拉紧的绳子 $ACDB$ 固定在水平面上。已知绳子的拉力为 F，$BE = AE = 3R$，求点 E 处圆柱对水平面的压力。

2.7 如图 2.19 所示，一组粗绳悬挂一重量为 1 kN 的重物 M，1、3 绳子水平，2、4 绳子分别与水平和竖直方向之间的夹角为 $\alpha = 45°$，$\beta = 30°$，求各段绳子的拉力。

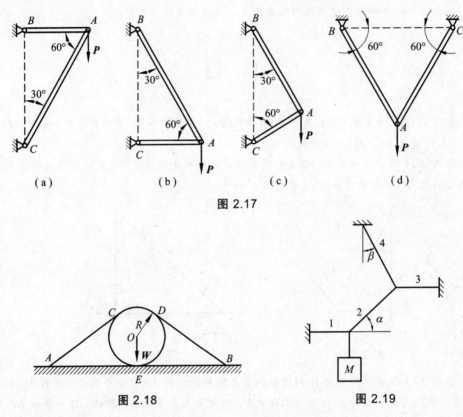

图 2.17

图 2.18　　　　　　图 2.19

2.8 相同的两根钢管 C、D 搁置在斜坡上，利用铅垂立柱支挡（图 2.20），假定每根管子的重量为 40 kN，求管子作用在立柱上的压力（假定各接触点都是光滑的）。

2.9 自重为 W 的两个光滑均质小球，其半径均为 r，放在光滑的槽内，求在图 2.21 所示位置平衡时，槽壁所受到的力。

图 2.20　　　　　　图 2.21

2.10 如图 2.22 所示三铰拱刚架，受水平力 P 的作用。求铰链支座 A、B 和铰链 C 的约束反力。

2.11 如图 2.23 所示铰接的四连杆机构 $ABCD$，其中 CD 边是固定的。在铰链 A 和 B 上分别作用有力 F_1、F_2，方向如图。不计各杆件自重和机构的摩擦力，此时机构处于平衡，请分析 F_1 和 F_2 之间的关系。

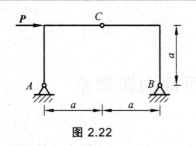

图 2.22

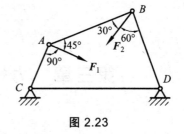

图 2.23

2.12　如图 2.24 所示，均质杆件 AB 放在半径为 R 的半球槽内，已知 $AB = l = 3R$，不计摩擦，求杆件在平衡位置时的角度 θ。

2.13　如图 2.25 所示，两定点 A、B 间的水平距离为 $a = 17.3\,\mathrm{m}$，铅垂距离 $h = 0.4\,\mathrm{m}$，在 A、B 两点间悬挂柔索 ACB，其长度 $l = 20\,\mathrm{m}$。重量为 P 的重物通过动滑轮 C 悬挂于绳子 ACB 上。不计摩擦，求柔索的拉力。

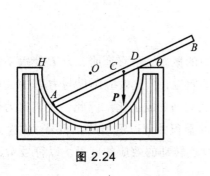

图 2.24

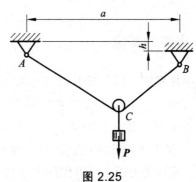

图 2.25

第三章　力矩与平面力偶理论

本章进一步讨论力的基本性质，研究力矩的概念与计算、力偶及其性质、平面力偶系的合成与平衡。

第一节　平面力对点之矩

一、力矩的概念

以扳手拧螺帽为例（图 3.1）来说明力对点之矩的概念。事实证明，力 F 使扳手和螺帽一起绕螺钉中心 O 转动，即力 F 使扳手产生了转动效应，且此效应不仅与力 F 的大小成正比，也与力 F 的作用线到 O 点的垂直距离（称为力臂 h）成正比。因此，我们将力作用面内任一点 O 到力 F 的作用线的距离 h 与力的大小的乘积并冠以适当的正负号，称为**力 F 对 O 点之矩**，简称为力矩。用以作为力 F 使物体绕 O 点转动的效应的度量。以符号 $M_O(F)$ 表示，则

$$M_O(F) = \pm Fh \qquad (3.1)$$

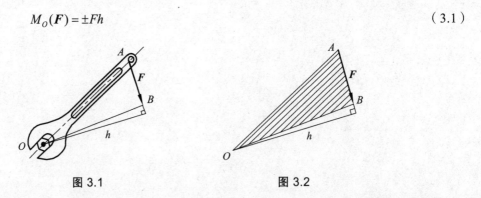

图 3.1　　　　　　　　　　图 3.2

点 O 称为力矩中心，简称矩心。通常规定力矢量绕矩心逆时针转动时力矩为正；顺时针转动时力矩为负。力矩是一个代数量，其单位是 N·m 或 kN·m。

由图 3.2 容易看出力矩的大小恰好与以矩心为顶点，以力矢量为底边的三角形面积的 2 倍相等。

$$|M_O(F)| = 2S_{\triangle AOB} \qquad (3.2)$$

式（3.1）和力矩的定义表明：

（1）当力 F 沿其作用线滑动时，并不改变力对某指定点之矩；

（2）当力的作用线通过矩心时，因为力臂为零，因此此力对该点之矩为零。

实践证明，力使物体绕一固定点转动的效应，取决于力对该点的矩的大小。如图 3.1 所示，用扳手拧螺栓，螺栓中心到力作用线的距离越大越省力。矩心的选择是任意的，它可以是物体上的固定点，也可以是物体上不固定的点，甚至可以根据需要选取研究对象之外的点作为矩心。

二、合力矩定理

平面汇交力系的合力对平面内任一点的矩等于各分力对该点的矩的代数和。这就是平面汇交力系的合力矩定理。

以二力合成的情形证明如下：

假定 F_1 和 F_2 是平面内任意指定的两个力。点 A 是二力的汇交点，F 是它们的合力。点 O 是平面内任意一点。连接 OA、OB、OC、OD，得到三角形 OAB、OAC、OAD。选点 A 为坐标原点，建立直角坐标系 xAy，如图 3.3 所示。

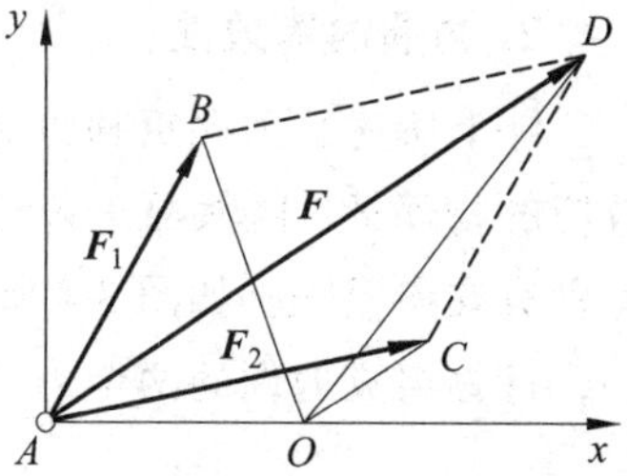

由式（3.2）有

$$M_O(F_1) = 2S_{\triangle OAB} = OA \cdot F_{1y}$$

同理　　　　$$M_O(F_2) = OA \cdot F_{2y}$$

$$M_O(F) = OA \cdot F_y$$

由合力投影定理可知 $F_y = F_{1y} + F_{2y}$，则

$$M_O(F) = M_O(F_1) + M_O(F_2)$$

图 3.3

上述证明可以推广到任意多个力组成的任意平面汇交力系的情况，即

$$M_O(F) = \sum M_O(F_i)$$

第二节　力偶和力偶矩·平面力偶系的合成与平衡

一、力偶和力偶矩

1. 力偶的概念

在静力学中，力偶也是一个非常重要的概念。在实际生活中，人们经常施加两个等值、反向、平行的力同时作用于物体，能使物体只转不移。例如：司机双手操纵方向盘、两个手指头开关自来水龙头等情况。

作用在同一物体上大小相等、方向相反、作用线不重合的两个平行力所组成的力系称为**力偶**，记为（F，F'）。

由于力与力偶的运动效应完全不同，因此，力偶不能用一个力来代替，即构成力偶的两个力不能合成一个力。同样，力偶也不能与一个力相平衡。所以力偶是一个最简单的特殊力系。**力偶与单个力一样是构成力系的基本元素。**

2. 力偶矩

实践表明，力偶使物体产生转动的效应既与组成力偶的力的大小成正比，也与力偶中两力作用线间的垂直距离（称为力偶臂 d）成正比。也就是说，力偶对物体的转动效应的强弱与力偶中力的大小和力偶臂的长度的乘积成正比。

组成力偶的力的大小 F 与力偶臂长度 d 的乘积，并冠以适当的正负号所取得的代数量，来表示力偶的转动效应，称之为**力偶矩**。以 $M(F, F')$ 或 M 表示力偶 (F, F') 之矩，则

$$M(F, F') = \pm Fd \tag{3.3}$$

对于力偶矩正负号的规定是：当力偶使物体逆时针方向转动时取正号，反之取负号。力偶矩的单位与力对点之矩的单位相同，都是 N·m 或 kN·m。

3. 力偶的等效性

综上所述，力偶矩和力对点之矩分别是度量力偶使物体转动效应和力使物体绕矩心转动效应的物理量。既然都是转动，二者显然有其相同之处。那么二者的差别有在哪里呢？如图 3.4 所示，在力偶所在平面任选一点 O 作为矩心，计算组成力偶的两个力对此矩心取矩的代数和，则有

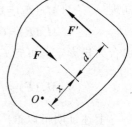

$$
\begin{aligned}
M_O(F) + M_O(F') &= -F \cdot x + F'(x + d) \\
&= +Fd = M(F, F')
\end{aligned}
$$

其中，x 是力 F 的作用线到矩心 O 的垂直距离。

这表明，力偶对其作用面内任一点之矩恒等于力偶矩而与矩心的位置无关。这就是力偶矩与力对点之矩（它与矩心的位置有关）的主要差别。

图 3.4

若同平面内两力偶的力偶矩大小相等、转向相同，则它们是互等力偶或称为等效力偶。这就是力偶的**等效性**。根据力偶的等效性，可以推出以下两个性质：

（1）当力偶矩保持不变时，力偶可以在其作用面内任意转移，不改变它对刚体的作用；

（2）当力偶矩保持不变时，可任意改变力偶中力的大小和相应地改变力偶臂的长度，而不改变它对刚体的转动效应。

由力偶的这些性质可以得出平面力偶的作用效应只与力偶矩的大小和转向有关，而组成力偶的两个力的具体情况并不重要。因此，在受力图中通常可以示意力偶转动方向的符号来表示平面力偶，只写出力偶矩的大小而不画出具体的力，如图 3.5 所示。

图 3.5

二、平面力偶系的合成与平衡

1. 平面力偶系的合成

如图 3.6 所示，两力偶 M_1 和 M_2 作用在物体的同一平面内。根据力偶的等效性质，M_1 可以与通过 A、B 两点的一对竖向力 $\boldsymbol{F}_1$、$\boldsymbol{F}_1'$ 等效，同样 M_2 可与通过 A、B 两点的一对竖向力 $\boldsymbol{F}_2$、$\boldsymbol{F}_2'$ 等效。若通过 A、B 两点的水平距离为 d，则 $F_1 d = M_1$，$F_2 d = M_2$。显然 $\boldsymbol{F}_1$、$\boldsymbol{F}_2$ 的合力 $\boldsymbol{F}$ 与其同向且通过 B 点，且有 $\boldsymbol{F} = \boldsymbol{F}_1 + \boldsymbol{F}_2$。同理有 $\boldsymbol{F}' = \boldsymbol{F}_1' + \boldsymbol{F}_2'$。$\boldsymbol{F}$ 和 $\boldsymbol{F}'$ 又构成一个新的力偶 M，M 就是原二力偶的合成结果。

$$M = Fd = (F_1 + F_2)d = M_1 + M_2$$

将上述情况推广到任意多个平面力偶合成情况，即任意个在同一平面内的力偶可以合成为一个力偶，合力偶的力偶矩等于各分力偶的力偶矩的代数和，即

$$M = \sum M_i \qquad\qquad (3.4)$$

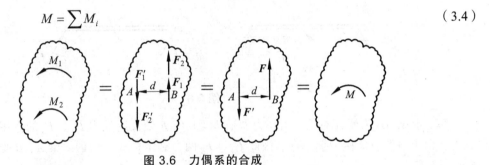

图 3.6　力偶系的合成

2. 平面力偶系的平衡条件

由于平面力偶系的合成结果是一个合力偶。因此，要平面力偶系平衡，则合力偶的矩必须为零。故，**平面力偶系平衡的充要条件是：力偶系中各力偶之矩的代数和为零**，即

$$\sum M_i = 0 \qquad\qquad (3.5)$$

式（3.5）就是平面力偶系的平衡方程。

【例 3.1】　如图 3.7（a）所示结构中各构件自重忽略不计，在构件 AB 上作用一力偶，其力偶矩为 $500\,\text{N} \cdot \text{m}$，求 A、C 点的约束反力。

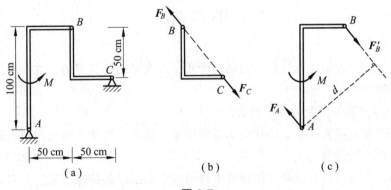

图 3.7

解：构件 BC 处于平衡状态，因此 BC 是二力构件，其受力如图 3.7（b）所示。

由于 AB 构件上有力偶矩 M，故 AB 构件在铰链 A、B 处的一对作用力 $\boldsymbol{F}_A$、$\boldsymbol{F}'_B$ 构成一力偶与 M 平衡。由平衡方程 $\sum M_i = 0$ 得

$$M - F_A \cdot d = 0$$

则有

$$F_A = F'_B = \frac{500}{\sqrt{1^2 + 0.5^2 - \left(\frac{\sqrt{2}}{4}\right)^2}} = 426.40 \text{ N}$$

而 $\boldsymbol{F}_B$ 与 $\boldsymbol{F}'_B$ 为一对作用力与反作用力，$\boldsymbol{F}_B$ 与 $\boldsymbol{F}_C$ 为一对平衡力，$F_B = F_C$，方向如图（b）所示。

【例 3.2】　如图 3.8（a）所示梁 AB 受一个力偶作用，其力偶矩 $M = 100$ kN·m，梁的跨度为 5 m，倾角 $\alpha = 30°$。若不考虑梁的自重，求 A、B 处的支座反力。

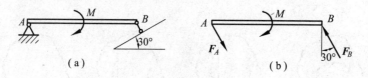

图 3.8

解：取梁 AB 为研究对象。梁在力偶矩 M 和 A、B 处支座反力 $\boldsymbol{F}_A$、$\boldsymbol{F}_B$ 的作用下处于平衡状态。由于力偶只能由力偶平衡，因此 $\boldsymbol{F}_A$、$\boldsymbol{F}_B$ 两力必定构成一力偶。梁 A、B 受力分析如图 3.8（b）所示。

由力偶系平衡方程有

$$\sum M_i = 0, \quad F_A \cdot 5 \cdot \cos 30° - M = 0$$

得

$$F_A = \frac{100}{5 \times \cos 30°} = 23.1 \text{ kN}$$

所以

$$F_A = F_B = 23.1 \text{ kN}$$

受力方向如图 3.8（b）所示。

小　结

拓展学习 3

本章讨论了力矩的概念与计算、力偶的性质，以及平面力偶系的合成与平衡条件，并举例说明了它们的应用。

3.1　力矩与力偶是两个独立的概念。

（1）力矩，是力使物体绕矩心转动效应的度量，其大小等于力的大小与力臂的乘积，而其方向一般与矩心的位置有关。

（2）力偶，是由等值、反向、作用线平行的两个力组成的特殊力系。力偶对物体只产生转动效应，用力偶矩来度量。

3.2 力偶的性质。

（1）力偶没有合力，力偶不能与一个力平衡，只能与另一个力偶平衡。

（2）力偶在任何坐标轴上的投影等于零。力偶对平面内任一点的矩为一常量，并等于力偶矩，且与矩心位置无关。

（3）在保持力偶矩的代数值不变的情况下，可任意改变组成力偶的力和力臂，也可在作用面内任意移动。

3.3 力偶的合成与平衡。

（1）平面力偶系可合成为一个合力偶，合力偶矩等于各分力偶矩的代数和。

（2）平面力偶系的平衡条件是各力偶矩的代数和为零。

思 考 题

3.1 用手拔钉子拔不出来，为什么用羊角锤一下子就能拔出来？手握钢丝钳，为什么只用不大的力就能把铁丝剪断？

3.2 请证明组成力偶的两个力在任一轴上的投影之和等于零。

3.3 司机操作方向盘驾驶汽车时，可用双手对方向盘施加一力偶，也可以单手对方向盘施加一个力。这两种方式能否得到同样的效果？若能得到同样的效果，这能否说明一个力与一个力偶等效？为什么？

3.4 同一圆盘上受图 3.9 所示四种情况的力的作用，问哪几种互为等效力系？

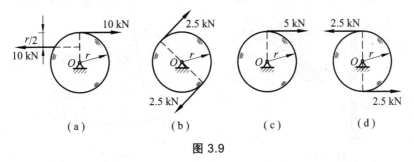

（a） （b） （c） （d）

图 3.9

3.5 在保持力偶矩大小、转向不变的条件下，可否将图 3.10（a）所示平面力偶从 E 处移动到 D 处？为什么？

3.6 如图 3.11 所示四连杆机构在力偶 $M_1 = M_2$ 的作用下，是否能保持平衡？为什么？

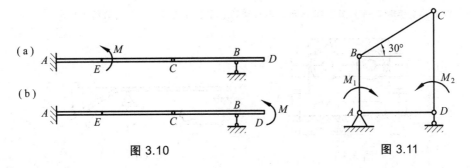

图 3.10 图 3.11

习 题

3.1 分别计算如图 3.12 所示各种情况下力对点 O 之矩。

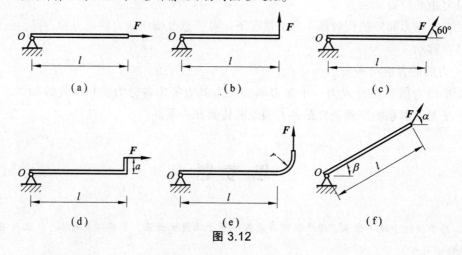

图 3.12

3.2 如图 3.13 所示的机构，在图示位置平衡。已知 $OA = 0.4\text{ m}$，$O_1B = 0.6\text{ m}$，$M_1 = 1\text{ kN·m}$。各杆件自重不计，求作用在杆件 O_1B 上的力偶 M_2 的大小以及杆件 AB 所受到的力。

3.3 如图 3.14 所示，已知挡土墙重 $G_1 = 70\text{ kN}$，垂直土压力 $G_2 = 115\text{ kN}$，水平土压力 $P = 85\text{ kN}$，请分别求此三力对前趾 A 点的矩，并判定哪些力矩有使墙绕 A 点倾覆的趋势，哪些力矩使墙趋于稳定？

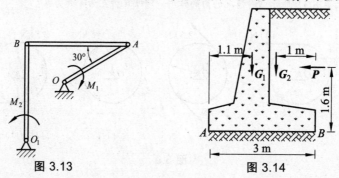

图 3.13   图 3.14

3.4 如图 3.15 所示，减速箱的两个外伸轴上分别作用有力偶，其力偶矩为 $M_1 = 2\text{ kN·m}$，$M_2 = 1\text{ kN·m}$，减速箱用两个相距 400 mm 的螺钉 A 和螺钉 B 固定在地面上。求螺钉 A 和螺钉 B 处的垂直约束力。

3.5 折梁的支承和载荷如图 3.16 所示，不计梁的自重，求支座 A、B 处的约束反力。

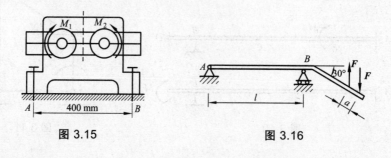

图 3.15   图 3.16

3.6　杆件 AC 和 BC 在 C 处光滑接触，它们分别受力偶 M_1 和 M_2 的作用，转向如图 3.17 所示。求比值 $\dfrac{M_1}{M_2}$ 为多大时，机构才能处于平衡状态。

3.7　如图 3.18 所示构架，已知 $F_1 = F_2 = 50\ \text{kN}$，杆件自重不计，求 A、C 处的约束反力。

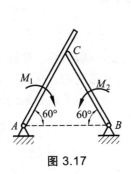

图 3.17

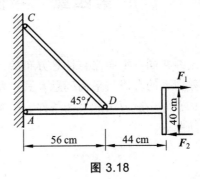

图 3.18

第四章　平面一般力系

　　各力的作用线在同一平面内且任意分布的力系，称为平面一般力系，简称平面力系。本章论述平面一般力系的合成与平衡问题。其主要内容有力线平移定理，平面一般力系的简化方法及其结果，平面一般力系的平衡条件、平衡方程及其应用，简单物体系的平衡，考虑滑动摩擦的平衡问题等。

第一节　平面一般力系向已知点的简化·主矢与主矩

　　力系向作用面内已知点的简化是一种较为简便并且具有普遍性的力系简化方法。此方法的理论基础是力线平移定理。

一、力线平移定理

　　定理：作用在刚体上点 A 的力 F 可以平行移到刚体内部任意一点 B，但必须同时附加一个力偶，这个力偶的矩等于原来的力 F 对新作用点 B 之矩。

　　证明：刚体上的 A 点作用有力 F（图 4.1（a））。在刚体上任意选取一点 B，并根据加减平衡力系公理在点 B 添加一对平衡力 F'、F''，并使得 $F' = -F'' = F$（图 4.1（b））。显然这三个力与原来的力 F 等效，这三个力又可视为一个作用在点 B 的力 F'（大小和方向与原来的力 F 相同）和一个力偶（F, F''），这力偶称为**附加力偶**（图 4.1（c））。显然这附加力偶的矩为：$M = Fd = M_B(F)$。于是定理得证。

　　应注意：① 按力线平移定理，在平面内的一个力和一个力偶，可以用一个力等效替换。② 在力线平移定理的证明中，并未假定刚体处于平衡状态。很显然力线平移定理不仅在静力学中适用，在动力学中同样适用。

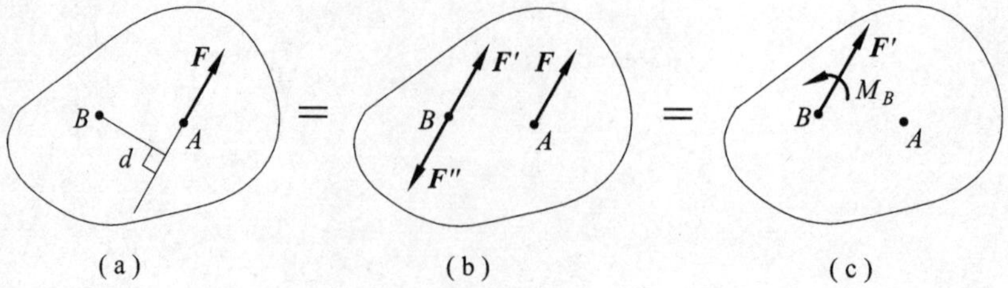

（a）　　　　　　　　　（b）　　　　　　　　　（c）

图 4.1

二、平面一般力系向作用面内已知点简化·主矢与主矩

设刚体上作用有由 $F_1,F_2,\cdots,F_n$ 组成的平面一般力系（图 4.2（a））。在力系的作用面内任意选取一点 O，称为**简化中心**。应用力线平移定理，把各力都平移到点 O，这样得到一作用于点 O 的平面汇交力系 $F_1',F_2',\cdots,F_n'$ 和一附加平面力偶系 $M_1,M_2,\cdots,M_n$（图 4.2（b））。这样平面一般力系就可根据前面章节所讨论的平面汇交力系和平面力偶系的合成方法进行合成。

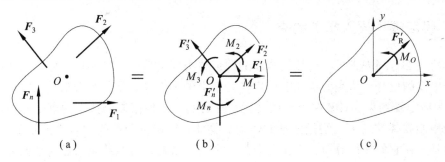

图 4.2

由前面章节可知，平面汇交力系可合成为一个力 F_R'，其作用线通过点 O（图 4.2（c））。因各力矢 $F_i'=F_i$（$i=1,2,\cdots,n$），故

$$F_R'=F_1'+F_2'+\cdots+F_n'=\sum F_i'=\sum F_i \tag{4.1}$$

合力矢 F_R' 称为该平面一般力系的**主矢**，它等于平面一般力系中原来各力的矢量和，不涉及作用点。

由前面章节可知，平面力偶系可以合成为一个力偶 M_O，它等于各附加力偶矩的代数和，即

$$M_O=M_1+M_2+\cdots+M_n=\sum M_O(F_i) \tag{4.2}$$

合力偶 M_O 称为该平面一般力系对于简化中心 O 的**主矩**，它又等于原来各力对简化中心 O 的矩的代数和。为了书写方便，式（4.1）和式（4.2）中等号右边的下标 i 可以省略不写。

平面一般力系的主矢 F_R' 完全取决于力系中各力的大小和方向，与简化中心的位置无关；而力系对于简化中心的主矩 M_O 在一般情况下与简化中心的位置有关。因为若选择不同位置的简化中心，则各力矩的力臂以及转向均将改变，因而主矩也将改变。

可见，在一般情形下，**平面一般力系向作用面内已知点 O 简化，可得一个力和一个力偶。这个力等于该力系的主矢，作用线通过简化中心 O，这个力偶的矩等于该力系对于点 O 的主矩。**

在点 O 建立直角坐标系 xOy（图 4.2（c）），则按合力投影定理有

$$F_{Rx}'=F_{1x}'+F_{2x}'+\cdots+F_{nx}'=F_{1x}+F_{2x}+\cdots+F_{nx}=\sum F_{ix}=\sum F_x$$
$$F_{Ry}'=F_{1y}'+F_{2y}'+\cdots+F_{ny}'=F_{1y}+F_{2y}+\cdots+F_{ny}=\sum F_{iy}=\sum F_y$$

因此主矢 F_R' 的大小及其与 x 轴正向间的夹角分别为

$$F_R' = \sqrt{(F_{Rx}')^2 + (F_{Ry}')^2} = \sqrt{\left(\sum F_x\right)^2 + \left(\sum F_y\right)^2}$$

$$\theta = \arctan \frac{F_{Ry}'}{F_{Rx}'} = \arctan \frac{\sum F_y}{\sum F_x}$$

（4.3）

下面应用力系简化理论说明固定端约束及其约束力的表示方法。

三、固定端（插入端）约束

物体的一部分固嵌于另一物体所构成的约束称为固定端约束。例如，公路两边指路牌的立柱、输电线的电杆、房屋的雨篷、固定在刀架上的车刀等所受的约束都是固定端约束。图4.3（a）为固定端约束在计算时所用的简图。这种约束不但限制物体在约束处沿任何方向的移动，也限制物体在约束处绕任意轴的转动。物体在固嵌部分所受力是比较复杂的（图4.3（b）），但是不管它们如何分布，当主动力为一平面力系时，这些约束力也为平面力系，根据力系简化理论，可将它们向 A 点简化得一力和一力偶（图4.3（c））。一般情形下这个力的大小和方向均为未知量，可用两个未知正交分力来代替。因此，在平面力系情形下，固定端 A 处的约束作用可简化为两个约束力 F_{Ax}、F_{Ay} 和一个矩为 M_A 的约束力偶（图4.3（d））。

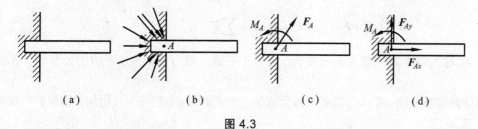

（a）　　　　　（b）　　　　　（c）　　　　　（d）

图4.3

四、平面一般力系简化结果分析

现进一步讨论平面一般力系（又称为平面任意力系）向作用面内一点简化的最后结果。

1. $F_R' = 0$，$M_O \neq 0$

即力系的主矢等于零，而主矩不等于零，则原力系合成为力偶。合力偶矩为 $M_O = \sum M_O(F)$，因为力偶对于作用面内任意一点的矩都相同，因此当力系合成为一个力偶时，主矩与简化中心位置的选择无关。

2. $F_R' \neq 0$，$M_O = 0$

即力系的主矩等于零，而主矢不等于零，此时附加力偶系互相平衡，只有一个与原力系等效的力 F_R'。显然 F_R' 就是原力系的合力，而合力的作用线恰好通过所选定的简化中心 O。

3. $F_R' \neq 0$，$M_O \neq 0$

即力系的主矢和主矩都不等于零，根据力线平移定理，可进一步将简化所得的作用于 O 点的力 F_R' 和矩为 M_O 的力偶合成为一个合力 F_R（图4.4），合力 F_R 的大小和方向与 F_R' 相同，

即 $F_R = F_R' = \sum F$，由简化中心至合力作用线的垂直距离为 $d = M_O/F_R$。至于合力 F_R 的作用线在原简化中心 O 的哪一侧，则取决于主矢 F_R' 的方向和主矩 M_O 的转向。若力偶转向为逆时针（$M_O > 0$）时，则合力 F_R 的作用线位于从 O 点沿主矢 F_R' 箭头方向的右侧；反之，则 F_R 的作用线位于从 O 点沿主矢 F_R' 箭头方向的左侧。

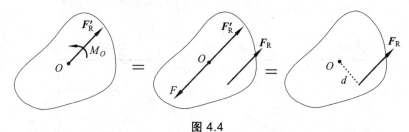

图 4.4

下面证明，平面一般力系的合力矩定理。由图 4.4 易见，合力 F_R 对点 O 的矩为

$$M_O(F_R) = F_R d = M_O$$

由式（4.2）有　　　$M_O = \sum M_O(F)$

于是得　　　$M_O(F_R) = \sum M_O(F)$　　　　　　　　　　　　　　　（4.4）

这就表明：**若平面一般力系可合成为一合力时，则其合力对于作用面内任意一点之矩等于力系中各力对于同一点之矩的代数和**。这就是平面一般力系情况下的合力矩定理。

应用合力矩定理可以导出力 F 对于坐标原点 O 之矩的解析表达式。如图 4.5 所示，设力 F 沿坐标轴方向分解为两个分力 F_x 和 F_y，根据合力矩定理有

$$M_O(F) = M_O(F_x) + M_O(F_y)$$

并且　　　$M_O(F_x) = -yF_x$，　$M_O(F_y) = xF_y$

其中，F_x、F_y 为力 F 在坐标轴上的投影；x、y 为力 F 作用线上任意一点的坐标。于是得力 F 对于 O 点之矩为

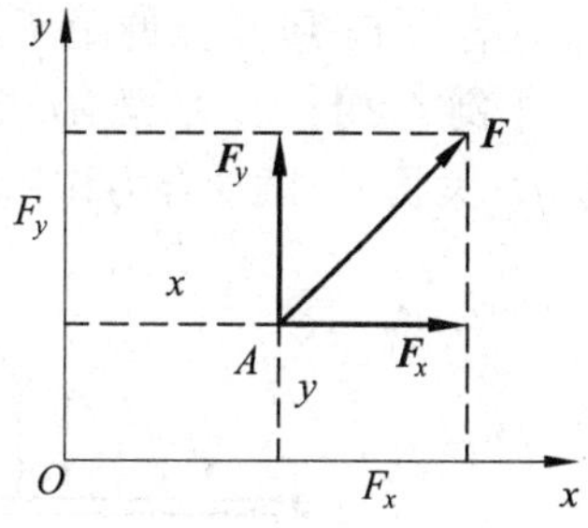

图 4.5

$$M_O(F) = xF_y - yF_x$$　　　　　　　　　　　　　　　　　　（4.5）

上式适用于任何象限。若力 F 为力系的合力，则上式也可表示合力作用线的直线方程。

4. $F_R' = 0$，$M_O = 0$

即力系的主矢和主矩均等于零，则原力系平衡，这种情形将在下节详细讨论。

【例 4.1】　在长方形平板的 O、A、B、C 点上分别作用着有四个力：$F_1 = 1\ \text{kN}$，$F_2 = 2\ \text{kN}$，$F_3 = F_4 = 3\ \text{kN}$（图 4.6（a）），试求以上四个力构成的力系对 O 点的简化结果，以及该力系的最后合成结果。

解：求向 O 点简化的结果。

（1）求主矢 F_R'，建立如图 4.6（a）所示坐标系

$$F_{Rx}' = \sum F_x = -F_2 \cos 60° + F_3 + F_4 \cos 30° = 4.60\ \text{kN}$$

$$F'_{Ry} = \sum F_y = F_1 - F_2 \sin 60° + F_4 \sin 30° = 0.768 \text{ kN}$$

所以，主矢的大小　　　$F'_R = \sqrt{F'^2_{Rx} + F'^2_{Ry}} = 4.66 \text{ kN}$

主矢的方向　　　　　$\cos(\boldsymbol{F}'_R, \boldsymbol{i}) = F'_{Rx} / F'_R = 0.987$ ，$\angle(\boldsymbol{F}'_R, \boldsymbol{i}) = 9.5°$

　　　　　　　　　　$\cos(\boldsymbol{F}'_R, \boldsymbol{j}) = F'_{Ry} / F'_R = 0.165$ ，$\angle(\boldsymbol{F}'_R, \boldsymbol{j}) = 80.5°$

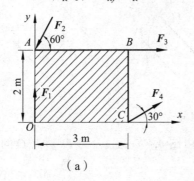 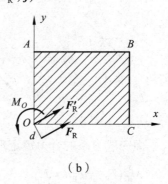

（a）　　　　　　　　　　　　　　（b）

图 4.6

（2）求主矩

$$M_O = \sum M_O(\boldsymbol{F}) = 2F_2 \cos 60° - 2F_3 + 3F_4 \sin 30° = 0.5 \text{ kN·m}$$

由于主矢和主矩都不为零，所以最后合成结果是一个合力 $\boldsymbol{F}_R$，如图 4.6（b）所示。$\boldsymbol{F}_R = \boldsymbol{F}'_R$，合力 $\boldsymbol{F}_R$ 到 O 点的距离为 $d = M_O / F'_R = 0.11 \text{ m}$。

【例 4.2】　水平梁 AB 受三角形分布的载荷作用，如图 4.7（a）所示。载荷的最大集度为 q，梁长 l。试求合力作用线的位置。

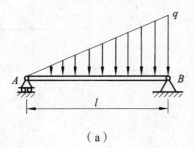 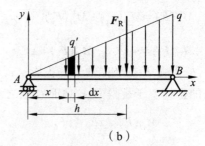

（a）　　　　　　　　　　　　　　（b）

图 4.7

解：建立图 4.7（b）坐标系，则在梁上距 A 端为 x 的微段 dx 上，作用力的大小为 $q'dx$，其中 q' 为该处的载荷集度，由相似三角形关系可知，$q' = \dfrac{qx}{l}$，因此分布载荷的合力大小

$$F_R = \int_0^l q'dx = \frac{1}{2}ql$$

设合力 $\boldsymbol{F}_R$ 的作用线距 A 端的距离为 h，根据合力矩定理，有

$$Fh = \int_0^l q'x dx$$

将 q' 和 F_R 的值代入上式，得 $h = \dfrac{2l}{3}$。

由此可得，三角形分布载荷的合力大小等于三角形的面积大小，其合力作用线通过三角形的几何中心且平行于分布力。对于其他形状的分布载荷也有类似的结论。

【**例 4.3**】 重力坝受力如图 4.8（a）所示。已知：坝中两部分自重分别为 $P_1 = 450$ kN，$P_2 = 200$ kN，左侧水压力 $F_1 = 300$ kN，右侧水压力 $F_2 = 70$ kN。求：（1）重力坝所受力系向 O 点简化的结果；（2）合力与基线 OA 的交点到点 O 的距离 x，以及合力作用线方程。

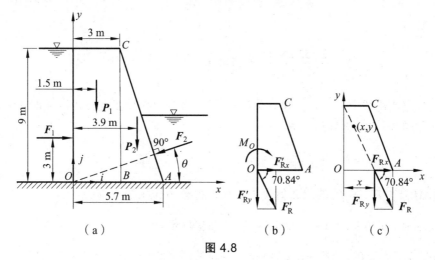

图 4.8

解：从坝体受力分析来看，这是一个平面一般力系的简化问题。

（1）以 O 点为简化中心，按平面一般力系的简化方法，求得其主矢 F_R' 和主矩 M_O（图 4.8（b））。由图 4.8（a）有

$$\theta = \angle ACB = \arctan \frac{AB}{CB} = 16.7°$$

主矢 F_R' 在 x，y 轴上的投影分别为

$$F_{Rx}' = \sum F_x = F_1 - F_2 \cos\theta = 232.9 \text{ kN}$$

$$F_{Ry}' = \sum F_y = -P_1 - P_2 - F_2 \sin\theta = -670.1 \text{ kN}$$

因此，主矢 F_R' 的大小为

$$F_R' = \sqrt{\left(\sum F_x\right)^2 + \left(\sum F_y\right)^2} = 709.4 \text{ kN}$$

主矢 F_R' 的方向余弦为

$$\cos(F_R', i) = \frac{\sum F_x}{F_R'} = 0.328\,3, \quad \cos(F_R', j) = \frac{\sum F_y}{F_R'} = -0.944\,6$$

则有

$$\angle(F_R', i) = \pm 70.84°, \quad \angle(F_R', j) = 180° \pm 19.16°$$

故主矢 F_R' 在第四象限内，与 x 轴的夹角为 $-70.84°$。

力系对点 O 的主矩

$$M_O = \sum M_O(\boldsymbol{F}_i) = -3F_1 - 1.5P_1 - 3.9P_2 = -2\,355\ \text{kN}\cdot\text{m}$$

（2）合力 $\boldsymbol{F}_\text{R}$ 的大小和方向与主矢 $\boldsymbol{F}_\text{R}'$ 相同。其作用线位置的 x 值可根据合力矩定理求得（图 4.8（c）），由于 $M_O(\boldsymbol{F}_{\text{R}x}) = 0$，故

$$M_O = M_O(\boldsymbol{F}_\text{R}) = M_O(\boldsymbol{F}_{\text{R}x}) + M_O(\boldsymbol{F}_{\text{R}y}) = F_{\text{R}y} \cdot x$$

代入数据，解得

$$x = \frac{M_O}{F_{\text{R}y}} = \frac{2\,355\ \text{kN}\cdot\text{m}}{670.1\ \text{kN}} = 3.514\ \text{m}$$

（3）设合力作用线上任一点的坐标为 (x, y)，将合力作用于此点（图 4.8（c）），则合力 $\boldsymbol{F}_\text{R}$ 对坐标原点的矩的解析表达式为

$$M_O = M_O(\boldsymbol{F}_\text{R}) = xF_{\text{R}y} - yF_{\text{R}x} = x\sum F_y - y\sum F_x$$

将已求得的 $M_O, \sum F_x, \sum F_y$ 的代数值代入上式，得合力作用线方程为

$$670.1\ \text{kN}\cdot x + 232.9\ \text{kN}\cdot y - 2\,355\ \text{kN}\cdot\text{m} = 0$$

上式中，若令 $y = 0$，可得 $x = 3.514\ \text{m}$，与前述结果相同。

第二节　平面一般力系的平衡条件和平衡方程

现在讨论静力学中最重要的情形，即平面一般力系的主矢和主矩都等于零的情形

$$F_\text{R}' = 0, \quad M_O = 0 \tag{4.6}$$

显然，主矢等于零，表明汇交于简化中心的力系互相平衡；主矩等于零，表明附加力偶系互相平衡，故原力系必为平衡力系。因此式（4.6）为平面一般力系平衡的充分条件。

由上节讨论得知，若平面一般力系的主矢和对于任意点的主矩不同时都为零时，则力系可合成为一力或一力偶，这样刚体是不能保持平衡的，因此欲使刚体在已知平面一般力系的作用下保持平衡，则该力系的主矢和对于任意点的主矩必须都等于零，因此式（4.6）是平面一般力系平衡的必要条件。

于是，**平面一般力系平衡的充分和必要条件是：力系的主矢和对于任意一点的主矩都等于零。**

平面一般力系的平衡条件可用解析式表示。将（4.2）和（4.3）代入（4.6），可得

$$\sum F_x = 0, \quad \sum F_y = 0, \quad \sum M_O(\boldsymbol{F}) = 0 \tag{4.7}$$

由此可得结论，**平面一般力系平衡的解析条件是：力系中所有力在作用面内任意两个直**

角坐标轴上投影的代数和分别等于零，以及各力对于作用面内任一点之矩的代数和也等于零。式（4.7）称为**平面一般力系的平衡方程**。它有两个投影式和一个力矩式，共有三个独立的方程，因此根据它们只能求出三个未知量。

应该指出，投影轴和矩心是可以任意选取的。在解决实际问题时适当选择矩心和投影轴可以简化计算。一般来说，矩心应该选多个力的交点，尤其是选未知力的交点，投影轴则尽可能选取与该力系中多数力的作用线平行或垂直。

平面一般力系的平衡方程除了由简化结果直接得出的式（4.7）所表示的基本形式外，还有两种形式。

（1）二力矩形式的平衡方程

$$\sum F_x = 0, \quad \sum M_A(\boldsymbol{F}) = 0, \quad \sum M_B(\boldsymbol{F}) = 0 \tag{4.8}$$

其中，A 和 B 是力系平面内的任意两点，但 A、B 两点连线不垂直于投影轴 x。

为什么式（4.8）形式的平衡方程也能满足平面一般力系平衡的充分和必要条件呢？这是因为平面力系向已知点简化只可能有三种结果：合力、力偶或平衡。力系如满足平衡方程 $\sum M_A(\boldsymbol{F}) = 0$，即力系对 A 点的主矩等于零，则表明力系不可能简化为一力偶，其简化结果只可能是作用线通过 A 点的一合力或者平衡。同理，力系如又满足方程 $\sum M_B(\boldsymbol{F}) = 0$，可以确定，该力系有一合力沿 A、B 两点的连线或者平衡。当力系又满足方程 $\sum F_x = 0$，那么力系如有合力，则此合力必与 x 轴垂直。式（4.8）的附加条件（A、B 两点连线不垂直于投影轴 x）完全排除了力系简化为一个合力的可能性。这就表明，只要适合以上三个方程及连线 AB 不垂直于投影轴的附加条件，则力系必平衡。

（2）三力矩形式的平衡方程

$$\sum M_A(\boldsymbol{F}) = 0, \quad \sum M_B(\boldsymbol{F}) = 0, \quad \sum M_C(\boldsymbol{F}) = 0 \tag{4.9}$$

其中，A、B、C 三点不共线。这一结论请读者自行证明。

以上讨论了平面一般力系的三种不同形式的平衡方程，在解决实际问题时可以根据具体条件选择某一种形式。

力系中各力的作用线在同一平面内且相互平行时力系称为**平面平行力系**。

设一物体受一平面平行力系 $\boldsymbol{F}_1, \boldsymbol{F}_2, \cdots, \boldsymbol{F}_n$ 的作用（图 4.9）。如选 xOy 坐标系的 y 轴与各力平行，则不论力系是否平衡，各力在 x 轴上的投影恒等于零，即 $\sum F_x = 0$。于是，平面平行力系的平衡的数目只有两个，即

$$\sum F_y = 0, \quad \sum M_O(\boldsymbol{F}) = 0 \tag{4.10}$$

或二力矩形式

$$\sum M_A(\boldsymbol{F}) = 0, \quad \sum M_B(\boldsymbol{F}) = 0 \tag{4.11}$$

其中，A、B 两点的连线不与各力的作用线平行。

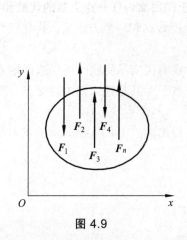

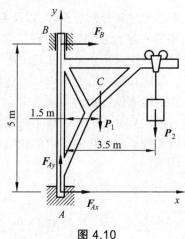

图 4.9　　　　　　　　　　　图 4.10

【例 4.4】　起重机重 $P_1 = 10$ kN，可绕铅垂轴 AB 转动；起重机的挂钩上挂一重为 $P_2 = 40$ kN 的重物，如图 4.10 所示。起重机的重心 C 到转动轴的距离为 1.5 m，其他尺寸如图所示。求在止推轴承 A 和轴承 B 处的约束力。

解：以起重机为研究对象，它所受的主动力有 P_1 和 P_2。由于对称性，约束力和主动力都位于同一平面内。止推轴承 A 处有两个约束力 F_{Ax} 和 F_{Ay}，轴承 B 处只有一个与转轴垂直的约束力 F_B，约束力的方向如图 4.10 所示。

取坐标系如图所示，列平面一般力系的平衡方程，即

$$\sum F_x = 0, \quad F_{Ax} + F_B = 0$$
$$\sum F_y = 0, \quad F_{Ay} - P_1 - P_2 = 0$$
$$\sum M_A(\boldsymbol{F}) = 0, \quad -F_B \cdot 5 - P_1 \cdot 1.5 - P_2 \cdot 3.5 = 0$$

解得　　　　　　$F_{Ax} = 31$ kN，$F_{Ay} = 50$ kN，$F_B = -31$ kN

F_B 为负值，说明它的真实方向与假设的方向相反，即应指向左。

【例 4.5】　图 4.11 所示为一水平横梁，梁的 A 端为固定铰支座，梁的 B 端为滚动铰支座。梁长为 $4a$，自重为 P，重心在梁的中点 C 处。已知梁 AC 段受均布载荷 q 作用，BC 段受一矩为 Pa 的力偶 M 作用。试求 A、B 两处的支座约束反力。

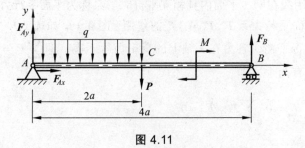

图 4.11

解：选 AB 梁为研究对象。梁所受的主动力有均布载荷 q、重力 P 和矩为 M 的力偶；梁所受的约束力有支座 A 的两个分力 F_{Ax} 和 F_{Ay}，支座 B 处沿铅直方向的约束力 F_B。选取坐标系如图 4.11 所示，列平面一般力系的平衡方程有

$$\sum F_x = 0, \quad F_{Ax} = 0$$

$$\sum F_y = 0, \quad F_{Ay} - q \cdot 2a - P + F_B = 0$$

$$\sum M_A(\boldsymbol{F}) = 0, \quad F_B \cdot 4a - M - P \cdot 2a - q \cdot 2a \cdot a = 0$$

联立求解得

$$F_{Ax} = 0, \quad F_{Ay} = \frac{1}{4}P + \frac{3}{2}qa, \quad F_B = \frac{3}{4}P + \frac{1}{2}qa$$

【例 4.6】　图 4.12（a）所示为一悬臂梁，所受载荷如图所示。其中，$M = 20\ \text{kN·m}$，$F = 10\ \text{kN}$，$q = 5\ \text{kN/m}$，$l = 2\ \text{m}$。试求固定端 A 处的约束力。

解：选悬臂梁为研究对象。解除约束后 AB 梁受力如图 4.12（b）所示，其上除受主动力外，还受有固定端 A 处的约束力 $\boldsymbol{F}_{Ax}$、$\boldsymbol{F}_{Ay}$ 和约束力偶 M_A。选取如图所示坐标，列平面一般力系平衡方程有

$$\sum F_x = 0, \quad F_{Ax} = 0$$

$$\sum F_y = 0, \quad F_{Ay} - q \cdot l - F = 0$$

$$\sum M_A(\boldsymbol{F}) = 0, \quad M_A + M - q \cdot l \cdot \frac{3l}{2} - F \cdot 2l = 0$$

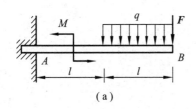 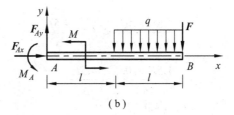

（a）　　　　　　　　　　　　（b）

图 4.12

将已知数据代入，求解可得

$$F_{Ax} = 0, \quad F_{Ay} = 20\ \text{kN}, \quad M_A = 50\ \text{kN·m}$$

【例 4.7】　如图 4.13 所示为一塔式起重机结构简图。机身自重为 $P = 500\ \text{kN}$，其重心作用线距右轨 B 为 1.5 m。起重机的最大起重量为 $P_1 = 250\ \text{kN}$，其作用线至右轨的距离为 10 m。欲使起重机在满载和空载时均不至于翻倒，求平衡锤的最小重量 P_2 以及平衡锤到左轨 A 的最大距离 x。

解：选取起重机整体为研究对象。解除约束后起重机受力如图 4.13 所示，其上除有主动力外，还受有左轨 A 和右轨 B 的约束力 $\boldsymbol{F}_A$ 和 $\boldsymbol{F}_B$。这些力组成平面平行力系。

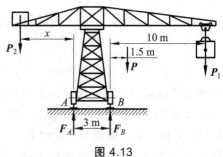

图 4.13

（1）先考虑满载时的情况。

此时，若平衡锤重量过轻，则起重机将会绕 B 点向右翻倒，左轨 A 不会受压力。因此欲使起重机不至于向右翻倒，左轨 A 必然要承受压力，即 $F_A \geqslant 0$。

以整体为研究对象，以 B 点为矩心，列力矩平衡方程

$$\sum M_B(\boldsymbol{F}) = 0, \quad P_2 \cdot (3+x) - P \cdot 1.5 - P_1 \cdot 10 - F_A \cdot 3 = 0$$

得　　　　　　　　$3F_A = (3+x)P_2 - 1.5P - 10P_1 \geqslant 0$

因此得　　　　　　$P_2 \geqslant \dfrac{1.5P + 10P_1}{3+x}$

（2）再考虑空载时的情况。

此时，若平衡锤重量过重，则起重机将会绕 A 点向左翻倒，右轨 B 不会受压力。因此欲使起重机不至于向左翻倒，右轨 B 必然要受压力，即 $F_B \geqslant 0$。

以整体为研究对象，以 A 点为矩心，列力矩平衡方程

$$\sum M_A(\boldsymbol{F}) = 0, \quad P_2 \cdot x - P \cdot 4.5 + F_B \cdot 3 = 0$$

得　　　　　　　　$3F_B = 4.5P - P_2 x \geqslant 0$

因此得　　　　　　$P_2 \leqslant \dfrac{4.5P}{x}$

综上所述，要想让起重机在空载和满载条件下都不至于翻倒，则平衡锤的重量必须满足下列条件

$$\frac{1.5P + 10P_1}{3+x} \leqslant P_2 \leqslant \frac{4.5P}{x}$$

因此有　　　　　　$\dfrac{1.5P + 10P_1}{3+x} \leqslant \dfrac{4.5P}{x}$

解得，$x \leqslant 6.75 \text{ m}$；因此

$$P_2 \geqslant \frac{1.5P + 10P_1}{3+x} = 1\ 000 / 3 \text{ kN}$$

即平衡锤的最小重量 $P_2 = 333.3 \text{ kN}$；平衡锤到左轨 A 的最大距离 $x = 6.75 \text{ m}$。

第三节　物体系的平衡·静定和静不定问题

在工程中，诸如组合构架、三铰拱、连续梁等都是由若干物体构成的平衡体系。这些由若干个物体通过约束所组成的系统称为**物体系统**，简称**物系**。当物系平衡时，组成物系的每一个物体都处于平衡状态。对任一物体而言，如在平面一般力系作用下平衡，最多可以列出 3 个相互独立的平衡方程。如物系由 n 个物体组成，也最多可以列出 $3n$ 个相互独立的平衡方程。如物系中有的物体受平面汇交力系或平面平行力系作用时，则系统的平衡方程数目相应减少。当物系的未知量数目小于或等于独立平衡方程个数时，则所有未知量都能由静力平衡方程求解得到，这样的问题称为**静定问题**。在工程实际中，有时为了提高结构的刚度和坚固性，常常增加多余的约束，因而使这些结构的未知量的数目多于独立静力平衡方程的数目，

未知量就不能全部由静力平衡方程求出，这样的问题称为**静不定问题**或**超静定问题**。静不定问题已超出了静力学的范围，须在材料力学和结构力学中研究。

如图 4.14 所示简支梁和悬臂梁，均受平面一般力系作用，均有 3 个相互独立的平衡方程。在图 4.14（a）、（c）中，均有三个未知约束力，故是静定的；而在图 4.14（b）、（d）中，均有 4 个未知约束力，因此是静不定的。

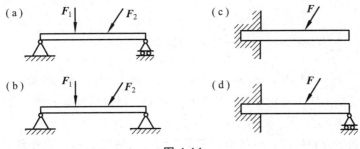

图 4.14

求解静定物系的平衡问题时，可以逐一选取每个物体作为研究对象，列出全部的平衡方程，然后求解；也可选取整个物系为研究对象，列出其平衡方程，这样的方程因不包含物系内物体间相互作用的内力，式中的未知量较少，解出部分未知量后，再从物系中选取某些物体作为研究对象，列出其平衡方程，直至求出所有的未知量为止。在选择研究对象和列平衡方程时，应使每一个平衡方程中的未知量个数尽可能少，最好是只含有一个未知量，以避免求解联立方程。

下面通过实例来说明物系平衡问题的解法。

【例 4.8】 如图 4.15（a）所示一组合梁 AC 和 CD 用铰链连接。其支承状况和载荷状况如图所示。已知 $l=2\text{ m}$，均布载荷集度 $q=10\text{ kN/m}$，力偶矩 $M=8\text{ kN·m}$。试求 A、B、D 支座的约束力。

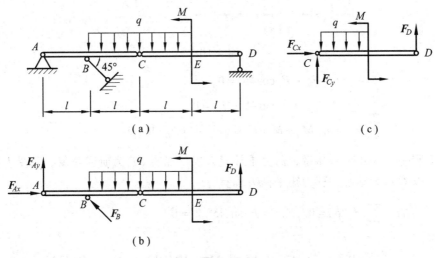

图 4.15

解：本题要求所有支座的反力，故可先以整体为研究对象，然后再选 CD 为研究对象。

组合梁在主动力 q、M 和约束力 F_{Ax}、F_{Ay}、F_B 及 F_D 作用下平衡，受力如图 4.15（b）所示。其中均布载荷的合力通过点 C，大小为 $2ql$，列平衡方程

$$\sum F_x = 0, \quad F_{Ax} - F_B \cdot \cos 45° = 0$$

$$\sum F_y = 0, \quad F_{Ay} + F_B \cdot \sin 45° - 2ql + F_D = 0$$

$$\sum M_A(\boldsymbol{F}) = 0, \quad F_B \sin 45° \cdot l - 2ql \cdot 2l + M + F_D \cdot 4l = 0$$

以上 3 个方程中包含 4 个未知量，必须再补充方程才能求解。为此可选取 CD 为研究对象，受力如图 4.15（c）所示，由

$$\sum M_C(\boldsymbol{F}) = 0, \quad -ql \cdot \frac{l}{2} + M + F_D \cdot 2l = 0$$

联立求解得 $\quad F_{Ax} = 64 \text{ kN}, \quad F_{Ay} = -27 \text{ kN}, \quad F_B = 64\sqrt{2} \text{ kN}, \quad F_D = 3 \text{ kN}$

此题也可先选取 CD 为研究对象，以点 C 为矩心，列力矩平衡方程，求得 F_D 后，再以整体为研究对象，求出 $\boldsymbol{F}_{Ax}$、$\boldsymbol{F}_{Ay}$ 及 $\boldsymbol{F}_B$。

注意：此题在研究整体时，可将均布载荷作为合力通过 C 点，但在研究 CD 或 AC 平衡时，必然分别受一半的均布载荷，为什么？请读者自行思考。

【例 4.9】 如图 4.16（a）所示连续梁由 AC 和 CE 两部分在 C 点用铰链连接而成。梁所受载荷及约束情况如图 4.16（a）所示，其中 $M = 10 \text{ kN·m}$，$F = 30 \text{ kN}$，$l = 1 \text{ m}$。求固定端 A 和支座 D 的约束力。

解： 先以整体为研究对象，其受力如图 4.16（a）所示。其上除受主动力外，还受有固定端 A 处的约束力 $\boldsymbol{F}_{Ax}$、$\boldsymbol{F}_{Ay}$ 和约束力偶 M_A，支座 D 处的约束力 $\boldsymbol{F}_D$。按图列平衡方程有

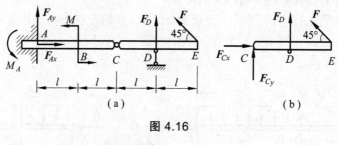

图 4.16

$$\sum F_x = 0, \quad F_{Ax} - F \cdot \cos 45° = 0$$

$$\sum F_y = 0, \quad F_{Ay} + F \cdot \sin 45° + F_D = 0$$

$$\sum M_A = 0, \quad M_A + M + F \cdot \sin 45° \cdot 4l + F_D \cdot 3l = 0$$

以上 3 个方程中包含 4 个未知量，需另求补充方程。现选 CE 为研究对象，其受力如图 4.16（b）所示。以 C 点为矩心，列力矩平衡方程有

$$\sum M_C(\boldsymbol{F}) = 0, \quad F_D \cdot l + F \cdot \sin 45° \cdot 2l = 0$$

联立求解得

$$F_{Ax} = 21.21 \text{ kN}, \quad F_{Ay} = 21.21 \text{ kN}, \quad M_A = 32.43 \text{ kN}, \quad F_D = -42.43 \text{ kN}$$

【例 4.10】 三铰拱桥尺寸如图 4.17（a）所示，由左右两段通过铰链 C 连接起来，又用铰链 A、B 与基础相连接。已知每段重 $G = 40 \text{ kN}$，重心分别在 D、E 处，且桥面受一集中载荷 $F = 10 \text{ kN}$，位置如图所示。设各铰链都是光滑的，试求平衡时，各铰链中的力。

解：本题要求所有铰链的约束力，故可以依次选取每一物体进行研究。

（1）取 AC 段为研究对象，受力分析如图 4.17（b）所示，列平衡方程

$$\sum F_x = 0, \quad F_{Ax} - F_{Cx} = 0$$

$$\sum F_y = 0, \quad F_{Ay} - F_{Cy} - G = 0$$

$$\sum M_C(\boldsymbol{F}) = 0, \quad F_{Ax} \cdot 6 - F_{Ay} \cdot 6 + G \cdot 5 = 0$$

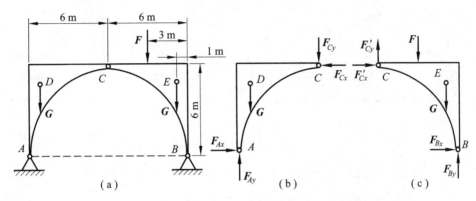

图 4.17

（2）再取 BC 段为研究对象，受力分析如图 4.17（c）所示，列平衡方程

$$\sum F_x = 0, \quad F'_{Cx} + F_{Bx} = 0$$

$$\sum F_y = 0, \quad F'_{Cy} + F_{By} - F - G = 0$$

$$\sum M_C(\boldsymbol{F}) = 0, \quad -F \cdot 3 - G \cdot 5 + F_{By} \cdot 6 + F_{Bx} \cdot 6 = 0$$

（3）联立求解得

$$F_{Ax} = -F_{Bx} = F_{Cx} = 9.2\ \text{kN}, \quad F_{Ay} = 42.5\ \text{kN}, \quad F_{By} = 47.5\ \text{kN}, \quad F_{Cy} = 2.5\ \text{kN}$$

【**例 4.11**】　结构如图 4.18 所示。已知：$AH = HD = CH = HB = 2R$，$HE = ED = R$，$2r = R$，重物自重 P，各杆及滑轮自重均不计。求支座 A、C 的约束力。

解：以整体为研究对象，其受力如图 4.18。列平衡方程

$$\sum M_A(\boldsymbol{F}) = 0$$

$$-F_C \cdot 2\sqrt{2}R - P \cdot \left(2R + \frac{R}{2}\right) = 0$$

$$\sum F_x = 0$$

$$F_C \cos 45° + F_{Ax} = 0$$

$$\sum F_y = 0$$

$$F_C \sin 45° + F_{Ay} - P = 0$$

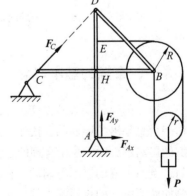

图 4.18

解之得 A、C 支座的约束力

$$F_{Ax} = \frac{5P}{8}, \quad F_{Ay} = \frac{13P}{8}, \quad F_C = -\frac{5\sqrt{2}P}{8}$$

本题中，若要求解 BD 杆所受力，则如何分析？请读者自行思考。

【例 4.12】 平面桁架（一种由位于同一平面内的杆件彼此在两端用铰链连接而成的结构，它在受力后几何形状不变）的尺寸和支座如图 4.19（a）所示。在节点 D 处受一集中载荷 $F = 10$ kN 的作用。试求杆 1 所受的内力。

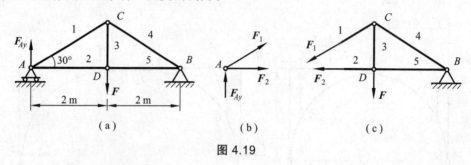

图 4.19

解：（1）节点法，以整体为研究对象，受力如图 4.19（a），列方程

$$\sum M_B(\boldsymbol{F}) = 0, \quad F \cdot 2 - F_{Ay} \cdot 4 = 0$$

解得 $F_{Ay} = 5$ kN

以节点 A 为研究对象，受力如图 4.19（b），列方程

$$\sum F_y = 0, \quad F_{Ay} + F_1 \sin 30° = 0$$

解得 $F_1 = -10$ kN

（2）截面法，用假想截面将 1、2 杆断开，选择右边作为研究对象，其受力如图 4.19（c）所示，列方程

$$\sum M_B(\boldsymbol{F}) = 0, \quad F \cdot 2 + F_1 \cdot BC \cdot \sin 60° = 0$$

解得 $F_1 = -10$ kN

第四节　考虑摩擦的平衡问题

一、摩擦的基本概念

前面的讨论均未涉及摩擦，即认为物体间的接触处是绝对光滑的，因而两接触面间的相互作用力总是沿接触面的公法线方向，而在其切线方向的约束力忽略不计。这样的假设只有在摩擦的影响不大时，才是合理的也是必要的。但是在另外一些问题中，摩擦却是不得不加以考虑的，例如车辆的启动与制动、机械加工中的夹具等。另外一方面，由于摩擦带来的不利影响，例如摩擦引起的机器零件的磨损、机械效率的降低等，在工程实际中也是必须加以考虑的。

两个表面粗糙的物体，当其接触表面之间有相对滑动或相对滑动的趋势时，在接触面上就产生彼此阻碍滑动的切向阻力，这种阻力称为**滑动摩擦力**。**摩擦力**作用于相互接触处，其方向与相对滑动或相对滑动趋势方向相反，它的大小根据主动力作用的不同，可以分为三种情况，即静滑动摩擦力、最大静滑动摩擦力和动滑动摩擦力。

1. 静滑动摩擦力及最大静滑动摩擦力

仅有相对滑动的趋势，但仍然保持相对静止的两物体接触面上的摩擦力称为**静滑动摩擦力**，简称**静摩擦力**，常以 F_s 表示，如图 4.20 所示，它的大小由平衡条件确定。此时有

$$\sum F_x = 0, \quad F_s = F$$

由上式可知，静摩擦力的大小随主动力 F 增大而增大。当 F 等于零时，作用于物体的摩擦力 F_s 也等于零，即没有相对滑动的趋势，也就不存在摩擦力；当 F 逐渐增大时，F_s 也随着相应增大。但当 F 增大到一定数值时，物体处于平衡的临界状态。这时静摩擦力达到最大值，即为**最大静滑动摩擦力**，简称**最大静摩擦力**，以 F_{smax} 表示。此后若主动力 F 继续增大，但静摩擦力不能再随之增大，物体将失去平衡而滑动。这就是静摩擦力的特点。

综上所述可知，静摩擦力的大小随主动力而变化，但介于零与最大值之间，即

$$0 \leqslant F_s \leqslant F_{smax} \tag{4.12}$$

根据大量的实验确定：最大静摩擦力的大小与两个相互接触物体间的正压力（或法向约束反力）成正比，即

$$F_{smax} = f_s F_N \tag{4.13}$$

这就是通常所说的**库仑静摩擦定律**。式中无量纲比例系数 f_s 称为**静摩擦系数**，实验表明静摩擦系数主要取决于相互接触物体表面的材料性质和表面状况（如粗糙程度、温度、湿度等），而与接触面的大小无关。常见静摩擦系数的参考值可在相关工程手册中查到。

2. 动滑动摩擦力

当两相互接触的物体间有相对滑动时，摩擦仍然继续起着阻碍运动的作用，这时的摩擦力称为**动滑动摩擦力**，简称**动摩擦力**，以 F_d 表示。大量实验表明：动摩擦力的大小与接触物体间的正压力成正比，即

$$F_d = f_d F_N \tag{4.14}$$

这就是**库仑动摩擦定律**。式中无量纲比例系数 f_d 称为**动摩擦系数**，它与接触面物体的材料和表面状况有关。在一般情形下，动摩擦系数略小于静摩擦系数。实际上，动摩擦系数还与接触物体间相对滑动的速度大小有关。对于不同材料的物体，动摩擦系数随着相对滑动的速度变化规律也不同。多数情况下，动摩擦系数随着相对滑动速度的增大而减小。在一般工程计算中，不考虑速度变化对动摩擦系数的影响，在精确度要求不高时，可近似认为 $f_d \approx f_s$。

二、摩擦角和摩擦自锁

当有摩擦时，接触处的法向反力与摩擦力的合力称为**全反力**

$$F_R = F_N + F_s$$

摩擦力 F_s 变化时，全反力 F_R 也随之而变化。当摩擦力达到最大静摩擦力时，全反力也达到最大值。此时，全反力与法向方向的夹角 φ_m 称为**摩擦角**，如图 4.21 所示。由图可得

$$\tan\varphi_m = \frac{F_{s\,max}}{F_N} = f_s \qquad (4.15)$$

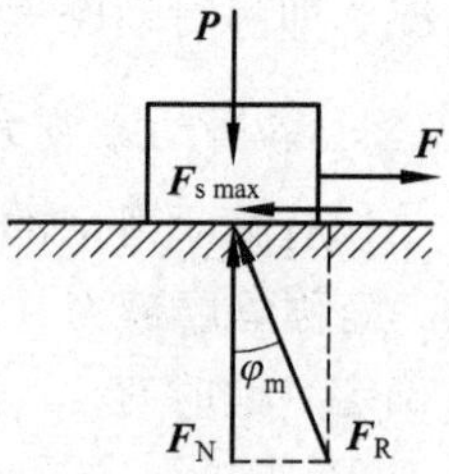

即摩擦角的正切值等于静摩擦系数。

图 4.21

在三维情况下，即当主动力 F 的方向在水平面内变化时，全反力 F_R 的作用线将在空间形成一个以 $2\varphi_m$ 为顶角的正圆锥面，称为**摩擦锥**。

由于静摩擦力不能超过其最大值 $F_{s\,max}$，因而全反力的作用线不能超越出摩擦角，即全反力的作用线只能在摩擦角之内。可见，若主动力的合力的作用线在摩擦角之内，则无论这个力怎样大，物体总处于平衡状态，这种现象称为**摩擦自锁**。若主动力的合力的作用线在摩擦角之外，则无论这个力怎样小，物体将一定滑动。

三、考虑摩擦的平衡问题

考虑摩擦的平衡问题可分为以下两类：

1. 临界平衡问题

在这类问题中，系统处于有摩擦的临界平衡状态，摩擦力等于最大静摩擦力，可用库仑摩擦定律与系统的平衡方程联立求解。此时，摩擦力的方向不能任意假设，必须根据两接触物体之间的相对滑动趋势做出正确的判断。

2. 非临界平衡问题

这类问题与一般平衡问题没有本质的区别。在这种情况下，摩擦力通常是未知的，且不能确认它是否达到最大值，因而只能将它看成接触处的独立的切向未知力（指向可任意假设），通过平衡方程求解。

【**例 4.13**】　边长为 $a = 30\,cm$，重为 $P = 5\,kN$ 的立方形物块放在倾角为 $\theta = 15°$ 的斜面上，如图 4.22（a）所示。已知物块与斜面间的摩擦系数为 $f_s = 0.45$，欲使物块下滑而不翻倾，试求水平力 F 的取值范围。

解：当水平 F 很大时，立方形物块将可能向下滑动，也可能向下翻倾。下面分别研究这两种可能的平衡状态，进而确定水平力 F 的取值范围。

（1）当立方形物块处于向下滑动的临界平衡状态时，其与斜面间的摩擦力达到最大静摩擦力，如图 4.22（a）所示，列平衡方程

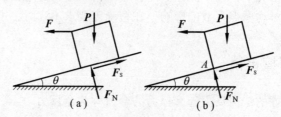

（a）　　　　　　　　　（b）

图 4.22

$$F_s \cdot \cos\theta - F_N \cdot \sin\theta - F = 0$$
$$F_s \cdot \sin\theta + F_N \cdot \cos\theta - P = 0$$
$$F_s = f_s \cdot F_N$$

代入数据可求得欲使立方形物块下滑的最小水平力

$$F = 813 \text{ N}$$

（2）当立方形物块处于向下翻倾的临界平衡状态时，斜面对物块的作用力将集中于 A 点，如图 4.22（b）所示，以 A 为矩心列力矩平衡方程有

$$\sum M_A(\boldsymbol{F}) = 0, \quad F \cdot a \cdot \cos\theta + P \cdot \sin\theta \cdot \frac{a}{2} - P \cdot \cos\theta \cdot \frac{a}{2} = 0$$

代入数据可求得使立方形物块翻倾的最小水平力

$$F = 1\,830 \text{ N}$$

因此，欲使物块下滑而不翻倾，水平力 $\boldsymbol{F}$ 的取值范围为

$$813 \text{ N} \leqslant F < 1\,830 \text{ N}$$

【例 4.14】　长为 $l = 3$ m，重为 $P = 100$ N 的均质梯子 AC 一端靠在光滑墙壁上并和水平面成 $\theta = 75°$ 角（图 4.23（a））。已知梯子与地面间的摩擦系数为 $f_s = 0.4$，试问重为 $W = 700$ N 的人能否爬至梯子顶端而不使梯子滑倒？并求地面对梯子的摩擦力。

　　解：当人爬梯子时，梯子滑倒的趋势是确定的，由此产生的摩擦力 $\boldsymbol{F}_s$ 的方向必须沿水平向右。假设人在梯子顶端时梯子仍然是静止的，即梯子处于静止平衡。

　　取梯子为研究对象，其受力图如图 4.23（b）所示，列平衡方程

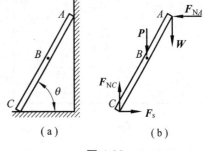

（a）　　　　（b）

图 4.23

$$\sum F_x = 0, \quad F_s - F_{NA} = 0$$
$$\sum F_y = 0, \quad F_{NC} - P - W = 0$$
$$\sum M_C(\boldsymbol{F}) = 0, \quad F_{NA} \cdot l\sin\theta - P \cdot \frac{l}{2}\cos\theta - W \cdot l\cos\theta = 0$$

解得　　　　　　　　$F_{NA} = 201$ kN，$F_{NC} = 800$ kN，$F_s = 201$ kN

　　由图可知，F_{NC} 为 C 点承受的正压力。按库仑摩擦定律 $F_{s\max} = f_s \cdot F_N$，则地面对梯子所作用的最大静摩擦力

$$F_{s\max} = 0.4 \times 800 \text{ kN} = 320 \text{ kN}$$

显然　　　　　　　　$F_{s\max} > F_s$

　　由此可见，当人站在梯子顶端时，C 处的静摩擦力仍然没有达到其最大值，这说明梯子仍然能保持静止平衡。这结论与解题开始时的假设一致。

《简明工程力学》

小　结

拓展学习 4

4.1　力线平移定理：在刚体内部平移一个力的同时必须附加一个力偶，附加力偶的矩等于原来的力对新作用点的矩。

4.2　平面一般力系向作用面内任意点 O 简化，一般情况下，可得到一个力和一个力偶。这个力等于该力系中各力的矢量和，称为该力系的主矢，即 $F'_R = \sum F$，作用线通过简化中心 O。这个力偶等于该力系中各力对于简化中心 O 的矩的代数和，称为该力系的主矩，即 $M_O = \sum M_O(F)$。

4.3　平面一般力系向一点简化，可能出现四种情况，如下：

主矢	主矩	合成结果	说　明
$F'_R \neq 0$	$M_O = 0$	合力	此力为原力系的合力，合力作用线通过简化中心
	$M_O \neq 0$	合力	合力作用线离简化中心的距离 $d = M_O / F'_R$
$F'_R = 0$	$M_O \neq 0$	力偶	此力偶为原力系的合力偶，在这种情况下，主矩与简化中心的位置无关
	$M_O = 0$	平衡	

4.4　平面一般力系平衡的充分和必要条件是：$F'_R = 0$，$M_O = 0$。

4.5　平面一般力系的平衡方程有三个独立的方程，具体形式如下：

方程形式	一矩式	二矩式	三矩式
平衡方程	$\sum F_x = 0$ $\sum F_y = 0$ $\sum M_O(F) = 0$	$\sum F_x = 0$ $\sum M_A(F) = 0$ $\sum M_B(F) = 0$	$\sum M_A(F) = 0$ $\sum M_B(F) = 0$ $\sum M_C(F) = 0$
附加条件	x 轴与 y 轴不平行	x 轴不得垂直于 A、B 连线	A、B、C 三点不得共线

4.6　其他各种平面力系都是平面一般力系的特殊情形，它们的平衡方程如下：

力系名称	平衡方程	独立方程的数目
共线力系	$\sum F_i = 0$	1
平面力偶系	$\sum M_i = 0$	1
平面汇交力系	$\sum F_x = 0$，$\sum F_y = 0$	2
平面平行力系	$\sum F_i = 0$，$\sum M_O(F) = 0$	2

4.7　物体系统总的独立平衡方程数目是一定的，它等于各个物体独立平衡方程数目的总和。求解物体系统平衡问题时，可以从物体系统的整体开始，也可以从某一物体开始，逐个突破；也可以整体和局部配合考虑。总之，应尽量避免解联立方程，力求简易。

4.8　滑动摩擦力是在两个物体相互接触的表面之间有相对滑动的趋势或相对滑动时出

现的切向约束力，前者称为静滑动摩擦力，后者称为动滑动摩擦力。其方向总是与接触面间相对滑动的趋势或相对滑动的方向相反。

4.9 静滑动摩擦力 F_s 的取值范围是：$0 \leqslant F_s \leqslant F_{smax}$，静滑动摩擦力定律为 $F_{smax} = f_s \cdot F_N$；动滑动摩擦力的大小为 $F_d = f_d \cdot F_N$。

4.10 摩擦角 φ_m 为全反力与法向间夹角的最大值，且有 $\tan\varphi_m = f_s$，当主动力的合力作用线在摩擦角之内时发生摩擦自锁现象。

思 考 题

4.1 某平面力系向 A、B 两点简化的主矩皆为零，此力系简化的最终结果可能是一个力吗？可能是一个力偶吗？可能平衡吗？

4.2 平面汇交力系向汇交点以外一点简化，其结果可能是一个力吗？可能是一个力偶吗？可能是一个力和一个力偶吗？

4.3 某平面力系向同平面内任一点简化的结果都相同，此力系简化的最终结果可能是什么？

4.4 在刚体上 A、B、C 三点分别作用三个力 F_1、F_2、F_3，各力的方向如图 4.24 所示，大小恰好与等边三角形 ABC 的边长成比例。问该力系是否平衡？为什么？

4.5 设一力系如图 4.25 所示，且 $F_1 = F_2 = F_3 = F_4$。试问该力系向 A 点和 B 点简化的结果是什么？两者是否等效？

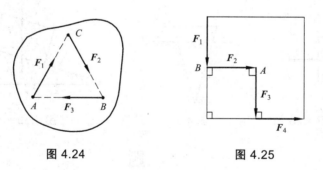

图 4.24   图 4.25

4.6 图 4.26 所示三铰拱，在构件 BC 上受一力偶 M（图 4.26（a））或一力 F（图 4.26（b））。求铰链 A、B、C 的约束反力时，能否将力偶 M 或力 F 分别移到构件 AC 上？为什么？

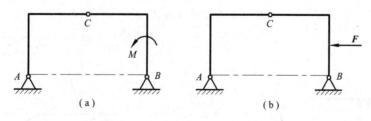

（a）   （b）

图 4.26

4.7 如何判断静定与超静定问题？图 4.27 所示 6 种情形中哪些是静定问题？哪些是超静定问题？为什么？

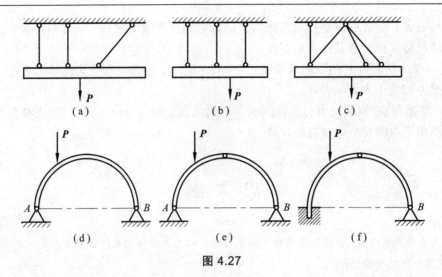

图 4.27

4.8 已知一物块重 $P = 100$ N，用水平力 $F = 500$ N 压在一铅直墙面上，如图 4.28 所示，其摩擦系数 $f_s = 0.3$，问此时物块所受的摩擦力等于多少？

4.9 如图 4.29 所示，用钢楔劈物，接触面间的摩擦角为 φ_m。劈入后欲使楔不滑出，问钢楔两个平面间的夹角 θ 应该多大？楔重不计。

4.10 重为 P 的物体置于斜面上（图 4.30），已知摩擦系数为 f_s，且 $\tan\alpha < f_s$，问此物体能否下滑？如果增加物体的重量或在物体上另加一重为 W 的物体，问能否达到使其下滑的目的？

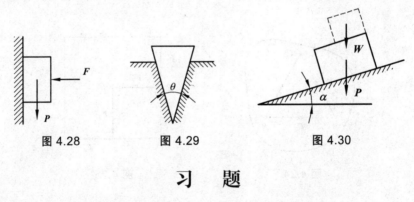

图 4.28   图 4.29   图 4.30

习　题

4.1 求如图 4.31 所示平面力系的合成结果。

4.2 已知图 4.32 所示力系中 $F_1 = 150$ N，$F_2 = 200$ N，$F_3 = 300$ N，$F = F' = 200$ N。求力系向点 O 的简化结果，并求力系合力的大小及其与原点 O 的距离 d。

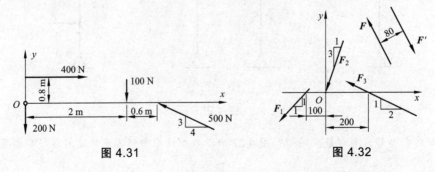

图 4.31   图 4.32

4.3 求图4.33中平行分布力的合力及其对A点之矩。

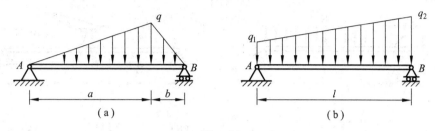

（a）　　　　　　　　　　（b）

图 4.33

4.4 如图4.34所示，求各梁的支座约束力，长度单位为m。

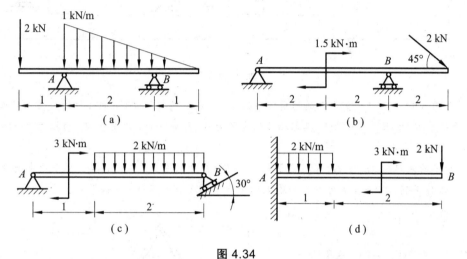

（a）　　　　　　　　　　（b）

（c）　　　　　　　　　　（d）

图 4.34

　　4.5 飞机起落架，尺寸如图4.35所示。A、B、C均为铰链，杆OA垂直于A、B连线。当飞机等速直线滑行时，地面作用于轮上的铅直正压力$F_N = 30$ kN，水平摩擦力和各杆自重都忽略不计。求A、B两处的约束力。

　　4.6 水平梁AB由铰链A和杆BC所支持，如图4.36所示。在梁上D处用销子安装半径$r = 0.1$ m的滑轮。有一跨过滑轮的绳子，其一端水平地系于墙上，另一端悬挂有重$P = 1\,800$ kN的重物。如$AD = 0.2$ m，$BD = 0.4$ m，$\varphi = 45°$，且不计梁、杆滑轮和绳的重量，求铰链A和杆BC对梁的约束力。

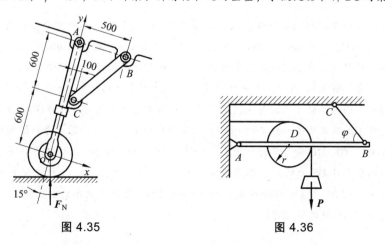

图 4.35　　　　　　　　　　**图 4.36**

4.7 静定多跨梁的载荷及尺寸如图 4.37 所示，长度单位为 m。求支座约束力和中间铰处压力。

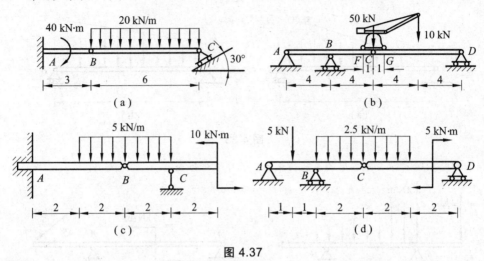

图 4.37

4.8 如图 4.38 所示，一重为 P 的均质球半径为 R，放在墙与杆 AB 之间。杆的 A 端与墙面铰接，B 端用水平绳子 BC 拉住。杆长为 l，其与墙面的夹角为 θ。杆重不计，求绳子 BC 的拉力，并问 θ 为何值时，绳子的拉力最小。

4.9 梯子的两部分 AB 和 AC 在 A 点铰接，又 D、E 两点用水平绳子连接。梯子放在光滑的水平面上，其一边作用有一铅直集中力 P，如图 4.39 所示。梯子自重不计，求绳子的拉力。

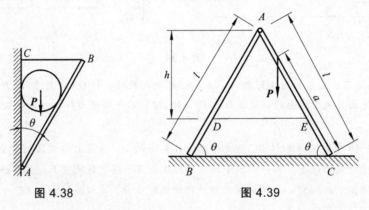

图 4.38   图 4.39

4.10 图 4.40 为一轧碎机的工作原理图，各部分尺寸如图所示。图中 F 为石块施于板上的压力，M 为电机作用的力偶矩。$AB=BC=CD=600$ mm，$OE=100$ mm，且 $F=1\,000$ N。设图示位置轧碎机平衡，不计算各杆的重量，试根据平衡条件计算在图示位置时电机作用力偶矩 M 的大小。

4.11 传动机构如图 4.41 所示，已知传动轮 Ⅰ、Ⅱ 的半径分别为 r_1、r_2，鼓轮半径为 r，物体 A 重为 P，两轮的重心均在转轴上。求匀速提升物体 A 时在 Ⅰ 轮上所需施加的力偶矩 M 的大小。

4.12 静定刚架载荷及尺寸如图 4.42 所示，长度单位为 m。求支座约束力和中间铰处压力。

4.13 构件由杆 AB、AC 和 DF 铰接而成，如图 4.43 所示，杆 DF 上的销子 E 可在杆 AC 的光滑槽内滑动。已知在水平杆 DF 上的 F 点作用有铅直力 P，不计各杆自重。求铰支座 C 的反力。

4.14 构件由 AB、BC 和 DF 铰接而成，如图 4.44 所示，各杆自重不计。已知 $P=2$ kN，$a=3$ m，$b=4$ m。求销钉 B 对 BC 杆的作用力。

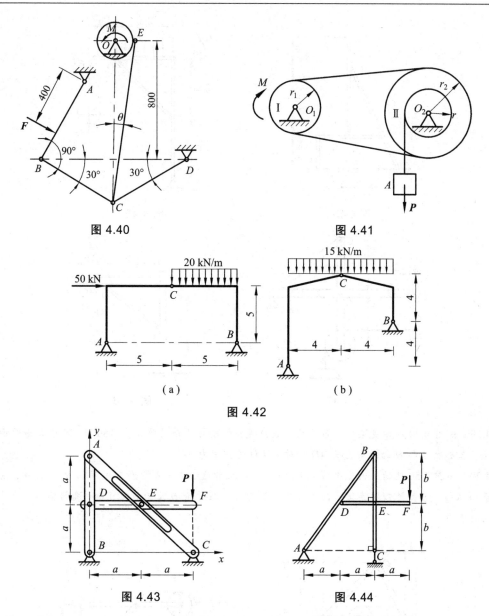

图 4.40

图 4.41

图 4.42

图 4.43

图 4.44

4.15 直杆 AC、DE 和直角杆 BH 铰接成如图 4.45 所示构架。已知水平力 $F = 1\,200\,\text{N}$，各杆自重不计，H 点支撑在光滑水平地面上，A 与地面铰接。求铰链 B 的约束力。

4.16 支架尺寸如图 4.46 所示，CDE 杆受载荷集度 $q = 100\,\text{N/m}$ 的均布载荷作用，其 E 端悬挂一重量为 $P = 500\,\text{N}$ 的物体，CG 为不可伸长的绳子。不计各杆及绳子自重，求支座 A 的约束力以及撑杆 BD 所受的压力。

4.17 图 4.47 所示构架中，重物重 $1\,200\,\text{N}$，由细绳跨过半径 $R = 0.5\,\text{m}$ 的滑轮 E 而水平系于墙上。尺寸如图，不计杆件和滑轮的重量。求支承 A 和 B 处的约束力。

4.18 在图 4.48 所示结构中，B、C、D 处为铰链，A 处为固定端，载荷 $P = 10\,\text{kN}$。试求固定端 A 处约束力及杆 BD 所受力。

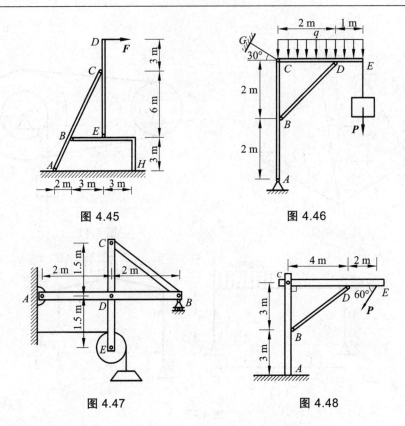

图 4.45　　　　　　　　　　　　　图 4.46

图 4.47　　　　　　　　　　　　　图 4.48

4.19　如图 4.49 所示支架中，各处均用铰链连接，滑轮上吊的物体重 180 N，尺寸如图所示，单位为 m。求支座 A 和 H 的约束力及 AD 杆对 DH 杆的作用力。

4.20　如图 4.50 所示铰链支架由 AD 和 CE 杆以及滑轮组成，且滑轮 D 的半径 $R = 15$ cm，滑轮 H 的半径 $r = R/2$，B 处为铰链连接，图中尺寸单位为 m。在滑轮 H 上吊有重 1 000 N 的物体。求支座 A 和 E 的约束力。

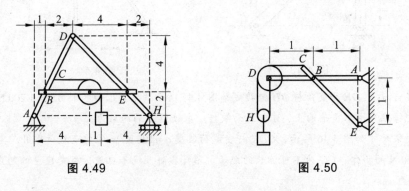

图 4.49　　　　　　　　　　　　　图 4.50

4.21　组合结构的载荷及尺寸如图 4.51 所示，长度单位为 m。求支座约束力和 1、2、3 杆的内力。

4.22　平面桁架如图 4.52 所示。设两主动力大小 $F = 10$ kN，作用在节点 A 和节点 B 上，$a = 1.5$ m，$h = 3$ m。求杆 1、2、3 和 4 所受内力。

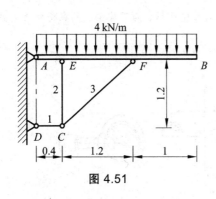

图 4.51

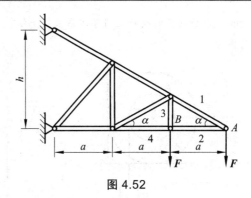

图 4.52

4.23　平面桁架受力如图 4.53 所示，已知各杆的长度一样，求杆 1、2、3 的内力。

4.24　如图 4.54 所示，物体 A 重 $P_A = 5\ \text{kN}$，物体 B 重 $P_B = 6\ \text{kN}$，A 物与 B 物间的静滑动摩擦系数 $f_{s1} = 0.1$，B 物与地面间的静滑动摩擦系数 $f_{s2} = 0.2$，两物块由绕过一定滑轮的无重水平绳相连。求使系统运动的水平力 F 的最小值。

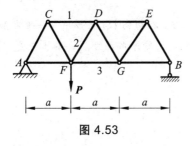

图 4.53

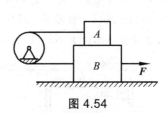

图 4.54

4.25　如图 4.55 所示，置于 V 形槽中的棒料上作用一力偶，当力偶的矩 $M = 15\ \text{N} \cdot \text{m}$ 时，刚好能转动此棒料。已知棒料重 $P = 400\ \text{N}$，直径 $D = 0.25\ \text{m}$，不计滚动摩阻。试求棒料与 V 形槽间的静摩擦系数 f_s。

4.26　梯子 AB 靠在墙上，其重为 $P = 200\ \text{N}$，如图 4.56 所示。梯长为 L，并与水平面交角 $\theta = 60°$。已知接触面间的摩擦系数为 0.25。今有一重 650 N 的人沿梯上爬，问人所能达到的最高点 C 到 A 的距离 S 应为多少？

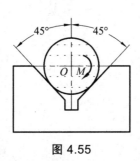

图 4.55

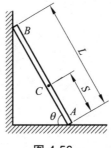

图 4.56

4.27　鼓轮 B 重 500 N，放在墙角，如图 4.57 所示。已知鼓轮与水平地板间的摩擦系数为 0.25，铅直墙壁假定是绝对光滑的。鼓轮上的绳索下端挂着重物。设半径 $R = 200\ \text{mm}$，$r = 100\ \text{mm}$，求平衡时重物 A 的最大重量。

4.28　攀登电线杆的脚套钩如图 4.58 所示。设电线杆直径 $d = 300\ \text{mm}$，A、B 间的铅直距离

$b = 100 \text{ mm}$。若套钩与电线杆之间摩擦系数 $f_s = 0.5$，求工人操作时，为了安全，站在套钩上的最小距离 l 应为多大。

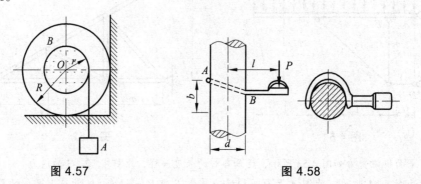

图 4.57   图 4.58

4.29　砖夹的宽度为 0.25 m，曲杆 AGB 与 $GCED$ 在 G 点铰接，尺寸如图 4.59 所示。设砖重 $P = 120 \text{ N}$，提起砖的力 F 作用在砖夹的中心线上，砖夹与砖间的摩擦系数 $f_s = 0.5$，试求距离 b 为多大才能把砖夹起。

4.30　平面曲柄连杆滑块机构如图 4.60 所示。$OA = l$，在曲柄 OA 上作用有一矩为 M 的力偶，OA 水平。连杆 AB 与铅垂线的夹角为 θ，滑块与水平面之间的摩擦系数为 f_s，不计重量，且 $\tan\theta > f_s$。求机构在图示位置保持平衡时 F 力的值。

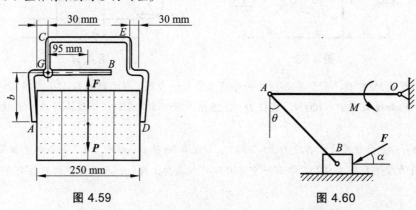

图 4.59   图 4.60

第五章 空间力系

各力的作用线不位于同一平面内的力系，称为**空间力系**。本章论述空间力系的简化与平衡条件。其主要内容有力对点之矩与力对轴之矩，空间力系简化结果讨论，空间力系的平衡条件、平衡方程及其应用，重心和形心。

第一节 力对点之矩与力对轴之矩

一、空间力在坐标轴上的投影

若已知力 F 与坐标系 $Oxyz$ 三轴间的夹角 α、β、γ（图 5.1），则力 F 在坐标轴上的投影为

$$F_x = F\cos\alpha \ , \ F_y = F\cos\beta \ , \ F_z = F\cos\gamma \tag{5.1}$$

此投影方法称为**直接投影法**。

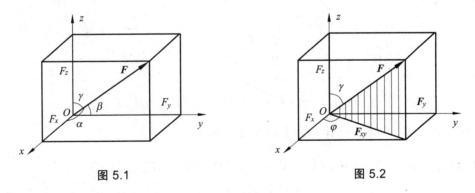

图 5.1　　　　　　　　　　　　　　　图 5.2

若已知力 F 与坐标轴间的方位角 φ 和与 z 轴间的夹角 γ（图 5.2），则先将力 F 投影在 xy 平面和 z 轴上，然后将 xy 平面上的投影 F_{xy} 再投影到 x 轴和 y 轴上，得

$$F_x = F\sin\gamma\cos\varphi \ , \ F_y = F\sin\gamma\sin\varphi \ , \ F_z = F\cos\gamma \tag{5.2}$$

此投影方法称为**间接投影法**。

二、力对点之矩

对于平面力系，用代数量表示力对点之矩足以概括它的全部要素（力矩的大小和转向）。但在空间情况下，不仅要考虑力矩的大小、转向，而且还要注意力与矩心所组成的平面（力

矩作用平面）的方位。方位不同，即使力矩大小一样，作用效果将完全不同。这三个因素可以用力矩矢 $M_O(F)$ 来描述。该矢量通过矩心 O（图 5.3），垂直于力矩作用平面；指向按右手螺旋法则来确定，即从矩矢的末端沿矢看过去，力矩的转向是逆时针向的；矢量的长度表示力矩的大小，即

$$|M_O(F)| = F \cdot h = 2A_{\triangle OAB}$$

若以 r 表示矩心 O 至力 F 的作用点 A 的矢径，则矢积 $r \times F$ 的模等于三角形 OAB 面积的 2 倍，其方向与力矩矢一致。因此得

$$M_O(F) = r \times F \qquad (5.3)$$

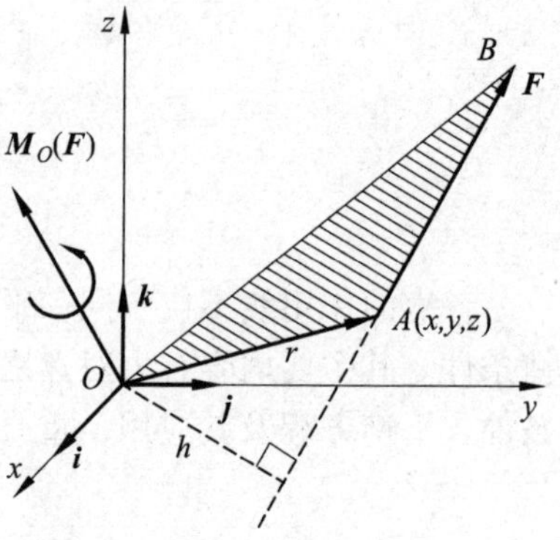

图 5.3

上式为力对点之矩的矢积表达式，即：**力对点之矩矢等于矩心到该力作用点的矢径与该力的矢量积**。

若以矩心为坐标原点，建立直角坐标系 $Oxyz$（图 5.3）。且设力 F 作用点 A 的坐标为 $A(x,y,z)$，力 F 在三个坐标轴上的投影分别为 F_x、F_y、F_z，则

$$r = x \cdot i + y \cdot j + z \cdot k$$

$$F = F_x \cdot i + F_y \cdot j + F_z \cdot k$$

于是得

$$M_O(F) = r \times F = \begin{vmatrix} i & j & k \\ x & y & z \\ F_x & F_y & F_z \end{vmatrix}$$

$$= (yF_z - zF_y) \cdot i + (zF_x - xF_z) \cdot j + (xF_y - yF_x) \cdot k \qquad (5.4)$$

由此可得力矩矢 $M_O(F)$ 在三个坐标轴上的投影分别为

$$[M_O(F)]_x = yF_z - zF_y, \quad [M_O(F)]_y = zF_x - xF_z, \quad [M_O(F)]_z = xF_y - yF_x \qquad (5.5)$$

由于力矩矢 $M_O(F)$ 的大小和方向都与矩心 O 有关，故力矩矢的始端必须在矩心，不可任意挪动，因此力矩矢是**定位矢量**。

三、力对轴之矩

为了度量力对其所作用的刚体绕某固定轴转动的效应，必须了解力对轴之矩的概念。

设力 F 作用于可绕 z 轴转动的门上的 A 点，如图 5.4 所示。今取一平面 xy 垂直于 z 轴，并与 z 轴交于 O 点。以 F_{xy} 表示 F 在 xy 平面上的投影，而以 h 表示从 O 点至力 F_{xy} 作用线的垂直距离，则力 F 对于 z 轴之矩定义为

$$M_z(\boldsymbol{F}) = M_O(\boldsymbol{F}_{xy}) = \pm F_{xy} \cdot h \qquad (5.6)$$

力对轴之矩的定义为：**力对轴的矩是力使刚体绕该轴转动效果的度量，是一个代数量，其大小等于该力在垂直于该轴的平面上的投影对于这个平面与该轴的交点的矩。其正负号按右手螺旋法则确定，拇指指向与 z 轴一致为正，反之为负。**

当力与轴共面时，力对该轴的矩等于零。

以 O 为原点建立坐标系，如图 5.4 所示。设力 $\boldsymbol{F}$ 在坐标轴的投影为 F_x，F_y，F_z，力的作用点 A 的坐标为 x，y，z，则由式（5.6）可得

$$M_z(\boldsymbol{F}) = M_O(\boldsymbol{F}_{xy}) = M_O(\boldsymbol{F}_x) + M_O(\boldsymbol{F}_y)$$

即

$$M_z(\boldsymbol{F}) = xF_y - yF_x$$

同理可得 $\boldsymbol{F}$ 对 x，y 轴的矩。于是得**力对坐标轴之矩的解析表达式**

$$M_x(\boldsymbol{F}) = yF_z - zF_y, \quad M_y(\boldsymbol{F}) = zF_x - xF_z, \quad M_z(\boldsymbol{F}) = xF_y - yF_x \qquad (5.7)$$

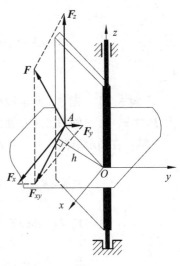

图 5.4

四、力矩关系定理

比较式（5.5）和式（5.7），可得

$$[\boldsymbol{M}_O(\boldsymbol{F})]_x = M_x(\boldsymbol{F}), \quad [\boldsymbol{M}_O(\boldsymbol{F})]_y = M_y(\boldsymbol{F}), \quad [\boldsymbol{M}_O(\boldsymbol{F})]_z = M_z(\boldsymbol{F}) \qquad (5.8)$$

上式表明：力对点之矩矢在通过该点的某轴上的投影，等于力对该轴的矩。

式（5.8）建立了力对点之矩与力对轴之矩之间的关系，称为**力矩关系定理**。

【**例 5.1**】 图 5.5 所示长方体的上、下底为正方形，边长为 $\sqrt{3}a$，高为 a，求图中力 $\boldsymbol{F}$ 对顶点 O 之矩。

解：如图所示，以 O 为原点建立直角坐标系 $Oxyz$。则由坐标原点 O 到力的作用点 A 的矢径为

$$\boldsymbol{r} = \sqrt{3}a(\boldsymbol{i} + \boldsymbol{j})$$

力 $\boldsymbol{F}$ 沿坐标轴的投影分别为

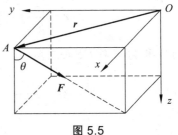

图 5.5

$$F_x = 0, \quad F_y = -F \cdot \sin\theta = -\frac{\sqrt{3}}{2}F,$$

$$F_z = F \cdot \cos\theta = \frac{1}{2}F$$

故

$$\boldsymbol{F} = \frac{1}{2}F(-\sqrt{3} \cdot \boldsymbol{j} + \boldsymbol{k})$$

因此 $\boldsymbol{F}$ 对 O 点之矩为

$$M_O(F) = r \times F = \begin{vmatrix} i & j & k \\ \sqrt{3}a & \sqrt{3}a & 0 \\ 0 & -\dfrac{\sqrt{3}}{2}F & \dfrac{1}{2}F \end{vmatrix} = \frac{\sqrt{3}}{2}Fa(i-j-\sqrt{3}k)$$

【例 5.2】 图 5.6 所示圆柱的底面半径为 R，高为 $2R$，求图中作用于 B 点且通过 D 点的力 F 对 x、y、z 轴以及 OE 轴之矩。

解： 在图示坐标系中，力 F 作用点 B 的坐标为 $(R,\ 0,\ 2R)$，力 F 在坐标轴上的投影分别为

$$F_x = -F \cdot \sin \angle DBC \cdot \cos \angle OCD = -\frac{\sqrt{6}}{6}F$$

$$F_y = F \cdot \sin \angle DBC \cdot \sin \angle OCD = \frac{\sqrt{6}}{6}F$$

$$F_z = -F \cdot \cos \angle DBC = -\frac{\sqrt{6}}{3}F$$

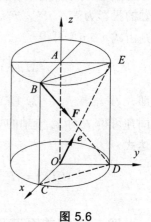

图 5.6

于是力 F 对各轴之矩分别为

$$M_x(F) = yF_z - zF_y = -\frac{\sqrt{6}}{3}FR$$

$$M_y(F) = zF_x - xF_z = 0$$

$$M_z(F) = xF_y - yF_x = \frac{\sqrt{6}}{6}FR$$

于是得力 F 对原点 O 之矩

$$M_O(F) = \frac{\sqrt{6}}{6}FR(-2i+k)$$

设 OE 轴的单位方向矢量为 e，则有

$$e = \frac{\sqrt{5}}{5}(j+2k)$$

于是得力 F 对 OE 轴之矩

$$M_{OE}(F) = e \cdot M_O(F) = \frac{\sqrt{30}}{15}FR$$

第二节 空间一般力系的简化及结果分析

一、空间一般力系向已知点的简化

与平面一般力系一样，空间一般力系向已知点简化的理论依据仍然是力线平移定理，把

施加于刚体上的空间一般力系（图 5.7（a））向简化中心 O 点平移，并同时附加一相应的力偶（在空间力系中力偶用矢量表示）。这样原来作用于刚体的空间一般力系就与一个空间汇交力系和空间力偶系等效替换，如图 5.7（b）所示。其中

$$F_i' = F_i, \ M_i = M_O(F_i) \quad (i = 1, 2, \cdots, n)$$

作用于点 O 的空间汇交力系可运用力的多边形法则合成为一个力 F_R'（图 5.7（c）），此力的作用线通过点 O，其大小和方向等于力系的主矢，即

$$F_R' = \sum F_i' = \sum F_i \tag{5.9}$$

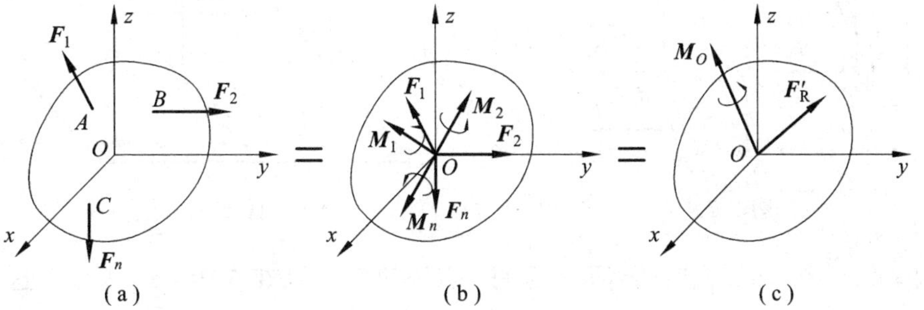

图 5.7

空间附加力偶系可合成为一力偶（图 5.7（c）），其力偶矩矢等于原空间力系对点 O 的主矩，即

$$M_O = \sum M_i = \sum M_O(F_i) \tag{5.10}$$

由此可知：**空间一般力系向任一点简化的结果，一般可得到一力和一力偶。该力作用于简化中心，其力矢等于原力系的主矢；该力偶的矩矢等于原力系对于简化中心的主矩。**

与平面力系一样，空间力系的主矢与简化中心的位置无关，而主矩一般将随着简化中心位置的不同而改变。

二、空间一般力系简化结果分析

1. 空间一般力系简化为一合力偶的情形

当空间一般力系向已知点简化时，若主矢 $F_R' = 0$，主矩 $M_O \neq 0$，这时得到一与原力系等效的合力偶，其合力偶矩矢等于原力系对简化中心的主矩。在这种情况下，主矩与简化中心的位置无关。

2. 空间一般力系简化为一合力的情形

当空间一般力系向已知点简化时，若主矢 $F_R' \neq 0$，主矩 $M_O = 0$，这时得到一与原力系等效的合力，合力的作用线通过简化中心 O，其大小和方向等于原力系的主矢。

若空间一般力系向已知点简化的结果为主矢 $F_R' \neq 0$，又主矩 $M_O \neq 0$，且 $F_R' \perp M_O$（图 5.8

（a）），则可将 F'_R 和 M_O 进一步合成为一个力 F_R（图 5.8（b））。此力即为原力系的合力，其大小和方向等于原力系的主矢，其作用线离简化中心 O 的距离为 $d = |M_O|/F_R$。

3. 空间一般力系简化为一力螺旋的情形

若空间一般力系向已知点简化的结果为主矢 $F'_R \neq 0$，又主矩 $M_O \neq 0$，且 $F'_R \parallel M_O$，这时力系已无法进一步简化（图 5.9）。这种结果称为**力螺旋**。力螺旋中力 F'_R 称为力螺旋的中心轴，矢量 F'_R 和 M_O 为力螺旋的要素。力螺旋也是最简力系之一，例如螺旋桨对于流体的作用。

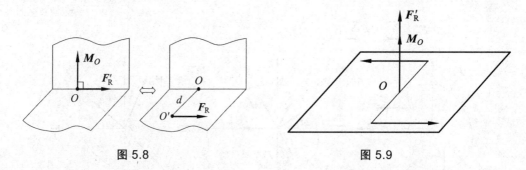

图 5.8 　　　　　　　　　　　图 5.9

若 $F'_R \neq 0$，$M_O \neq 0$，同时两者既不平行，又不垂直，如图 5.10（a）所示。这是力系简化所得最一般的情况，这时可将力偶矩 M_O 沿着与力 F'_R 平行及垂直的两个方向分解为 M'_O 和 M''_O。显然 F'_R 和矩为 M''_O 的力偶可合成为作用线通过 O' 点的一力 F_R，其力矢等于力系的主矢 F'_R，其作用线与简化中心的距离 $d = |M''_O|/F_R = M_O \sin\theta/F_R$，如图 5.10（b）所示。可见一般情形下，空间一般力系可简化为力螺旋。

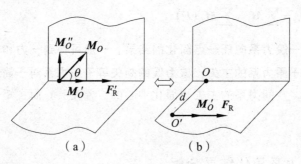

（a）　　　　　（b）

图 5.10

4. 空间一般力系简化为平衡的情形

当空间一般力系向已知点简化时，若主矢 $F'_R = 0$，主矩 $M_O = 0$，这是空间一般力系平衡的情形，将在下节讨论。

第三节　空间力系的平衡条件及平衡方程

空间一般力系平衡的充分必要条件是力系的主矢和主矩都等于零，即

$$F_R' = 0; \qquad M_O = 0$$

可将上述平衡条件写成空间一般力系的平衡方程

$$\sum F_x = 0, \qquad \sum F_y = 0, \qquad \sum F_z = 0$$

$$\sum M_x(F) = 0, \qquad \sum M_y(F) = 0, \qquad \sum M_z(F) = 0 \tag{5.11}$$

由此可知，**空间一般力系平衡的必要和充分条件是：所有各力在三个坐标轴中每一轴上的投影的代数和等于零，以及这些力对于每一坐标轴的矩的代数和也等于零。**式（5.11）称为空间一般力系的平衡方程。

从平衡方程（5.11）可知：

（1）空间一般力系的独立平衡方程数为 6，所以能够求解 6 个未知量。若未知量超过 6 个，则问题属于超静定问题，这时必须寻找补充方程。

（2）空间一般力系是力系中最普遍的情形。在一定的条件下，由空间一般力系的平衡方程可得到各种特殊力系的平衡方程。

对于平面一般力系，若力系作用面为 xOy 平面，显然，力在 Oz 轴的投影都为零，力系中各力对 Ox 轴、Oy 轴之矩都为零。无论平面力系平衡与否，均有方程 $\sum M_y(F) \equiv 0$，$\sum M_x(F) \equiv 0$，以及 $\sum F_z \equiv 0$。于是由式（5.11）可知平面一般力系的有效平衡方程为

$$\sum F_x = 0, \quad \sum F_y = 0, \quad \sum M_z(F) = 0 \tag{5.12}$$

其余特殊力系的情况，请读者自行推导。

在解决空间一般力系平衡问题时，首先要选取研究对象，作受力图。作受力图时要注意空间常见的约束类型、简化符号及其约束反力或反力偶的表示方法，现将常见空间约束及其约束反力的表示列于表 5.1 中。其次，在写平衡方程时，要注意投影轴和力矩轴的选取，弄清力与坐标轴间的空间关系。

表 5.1　常见空间约束及其约束反力的表示

约束力未知量		约束类型
1	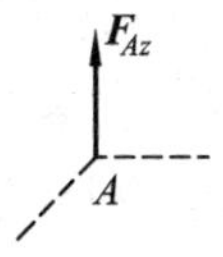 F_{Az} A	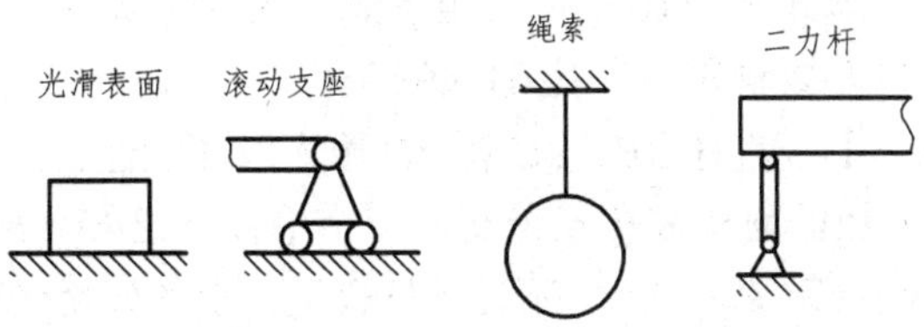 光滑表面　滚动支座　绳索　二力杆
2	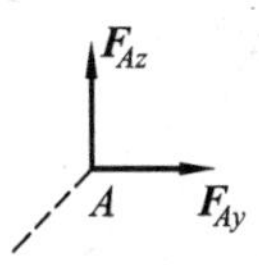 F_{Az} A　F_{Ay}	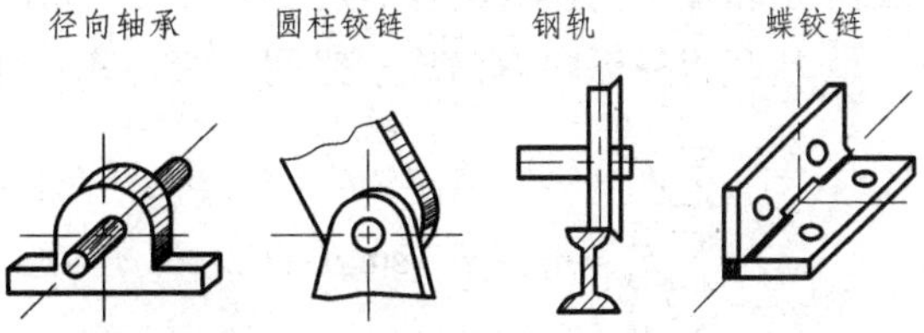 径向轴承　圆柱铰链　钢轨　蝶铰链

约束力未知量	约束类型
3	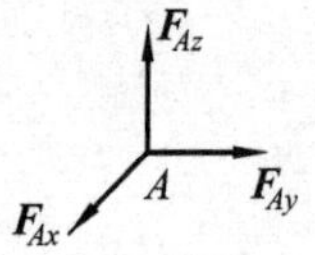 球形铰链　　　　　　止推轴承 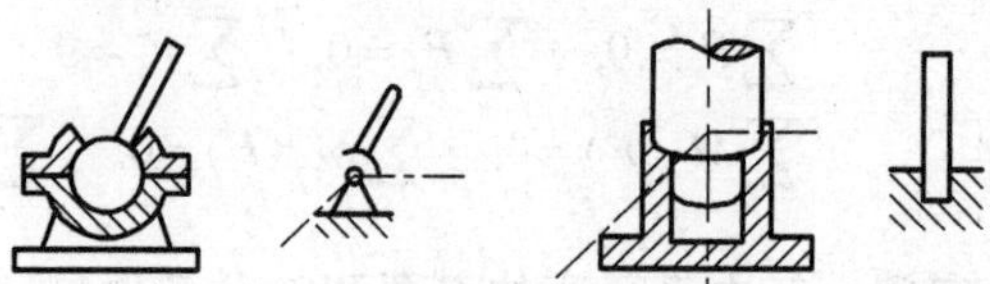
4 （a）（b） 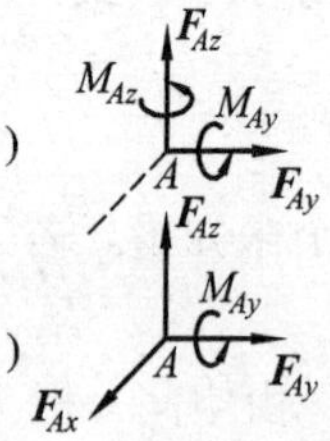	导向轴承　　　　　　万向接头 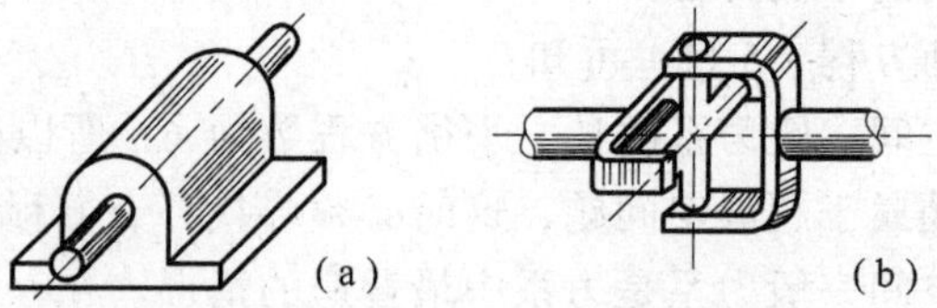 （a）　　　　　（b）
5 （a）（b） 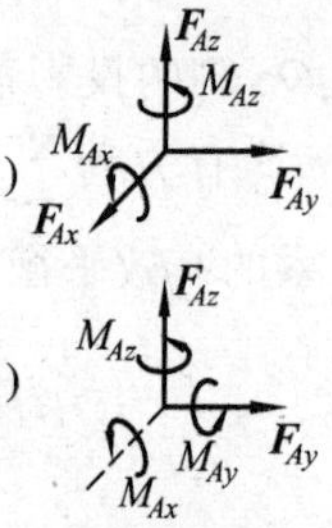	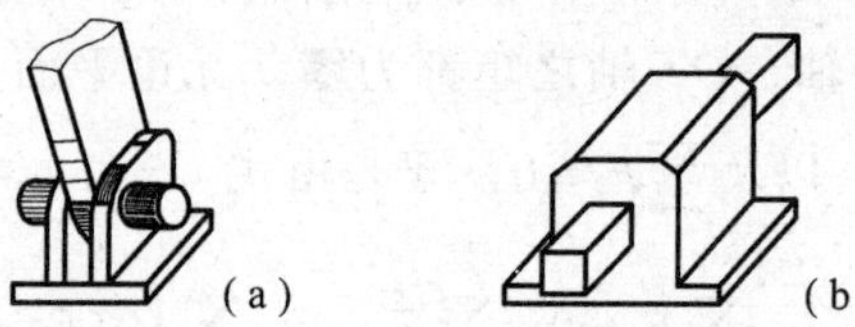 （a）　　　　　（b）
6	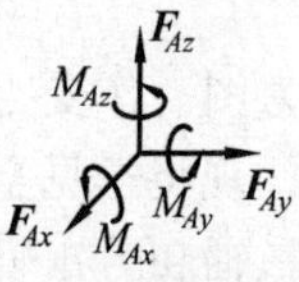 空间的固定端支座 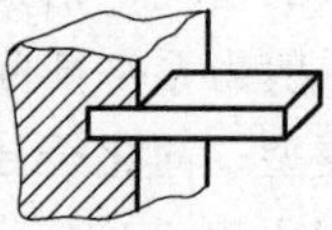

　　顺便指出：① 当空间一般力系平衡时，它在任何平面上的投影力系（平面一般力系）也平衡。因此有时将空间一般力系投影在三个坐标平面上，通过三个平面力系来进行计算，即把空间问题化为平面问题的形式来处理。② 空间一般力系的平衡方程除三投影式和三力矩式的基本形式外，还有四力矩形式、五力矩形式和六力矩形式，与平面一般力系一样，对投影轴和力矩轴都有一定的限制条件。

　　【例 5.3】　　直杆 AB、AC 和 AD 用光滑球铰连接成如图 5.11（a）所示支架。水平面 ABC、平面 AOD 和墙面构成相互正交的三个平面，已知 $OB = OD = 640\,mm$，$OA = 480\,mm$，$OC = 360\,mm$，物块重 $P = 2\,kN$。不计各杆自重，求各杆所受的力。

　　解：取铰 A 和重物为研究对象，杆 AB、AC、AD 均为二力杆，故有如图 5.11（b）所示的受力图。重力 P 和各杆内力构成一空间汇交力系，于是

$$\sum F_x = 0, \quad -F_{AB}\cos\beta - F_{AC}\sin\varphi - F_{AD}\sin\gamma = 0$$

$$\sum F_y = 0, \quad -F_{AB}\sin\beta + F_{AC}\cos\varphi = 0$$

$$\sum F_z = 0, \quad F_{AD}\cos\gamma - P = 0$$

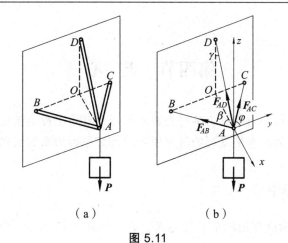

图 5.11

由图中几何关系易得 $\sin\beta = \cos\gamma = \sin\varphi = 0.8$ ， $\cos\beta = \sin\gamma = \cos\varphi = 0.6$

由此解得　　　　　　$F_{AB} = -0.9$ kN ， $F_{AC} = -1.2$ kN ， $F_{AD} = 2.5$ kN

【例 5.4】　　如图 5.12（a）所示，竖直板与水平板在 E、H 处用蝶铰连接，DK 杆自重不计，两端 D、K 用球铰连接。水平板自重 $P = 800$ kN 。$AB = CD = 1.5$ m，$AD = BC = 0.6$ m，$DK = 0.75$ m，$AH = BE = 0.25$ m。E 和 H 为蝶铰，D 和 K 为球铰。求铰 E、H 和 D 的约束力。

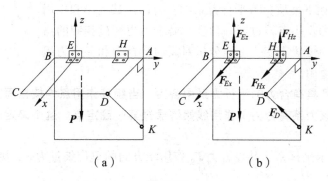

图 5.12

解：取隔板为研究对象，受力如图 5.12（b）所示，由空间一般力系的平衡方程有

$$\sum F_x = 0, \qquad F_{Ex} + F_{Hx} + F_D\sin\theta = 0$$

$$\sum F_z = 0, \qquad F_{Ez} + F_{Hz} + F_D\cos\theta - P = 0$$

$$\sum M_x(\boldsymbol{F}) = 0, \quad F_{Hz} \cdot EH + F_D\cos\theta \cdot AE - P \cdot EH / 2 = 0$$

$$\sum M_y(\boldsymbol{F}) = 0, \quad -F_D\cos\theta \cdot AD + P \cdot AD / 2 = 0$$

$$\sum M_z(\boldsymbol{F}) = 0, \quad -F_{Hx} \cdot EH - F_D\sin\theta \cdot AE = 0$$

式中 θ 为 KD 与 KA 之间的夹角，$\sin\theta = 0.8$ ， $\cos\theta = 0.6$ ，因此有

$$F_D = 666.67 \text{ kN} , \quad F_{Ex} = 133.33 \text{ kN} , \quad F_{Ez} = 500 \text{ kN} ,$$

$$F_{Hx} = -666.67 \text{ kN} , \quad F_{Hz} = -100 \text{ kN}$$

第四节 重 心

各力作用线相互平行的力系称为**平行力系**。平行力系是工程最常见的力系之一，地球表面附近的物体所受的重力、水坝受到的静水压力等都是平行力系的实例。

一、平行力系的中心

设刚体上的 A、B 两点作用两个平行力 F_1、F_2，如图 5.13 所示。将其合成，得合力矢为

$$F_R = F_1 + F_2$$

由合力矩定理可确定合力作用点 C 的位置

$$\frac{F_1}{BC} = \frac{F_2}{AC} = \frac{F_R}{AB}$$

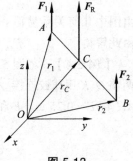

图 5.13

显然 C 点具有如下性质：若平行力系中各力保持其大小和作用点不变，而绕各自的作用点转过同一角度，其合力也转过相同的角度，其合力作用点的位置不变。上面分析对反向平行力和多个力组成的平行力系仍然适用。

由此得结论：**凡具有合力的平行力系中各力，当绕其作用点均按相同方向任意转过相同角度时，合力（设该力系有合力）作用线始终通过某一确定点。这个确定点就称为平行力系的中心。**

建立图 5.13 所示坐标系，并设合力 F_R 作用线方向的单位矢量为 e，则由合力矩定理得

$$r_C \times F_R = r_C \times F_R e = r_1 \times F_1 + r_2 \times F_2 = r_1 \times F_1 e + r_2 \times F_2 e$$

从而得 $$r_C = \frac{F_1 r_1 + F_2 r_2}{F_R} = \frac{F_1 r_1 + F_2 r_2}{F_1 + F_2}$$

若平行力系由若干个相互平行的力组成，则用上述方法可求得合力大小为 $F_R = \sum F_i$，合力方向与各力方向平行，合力的作用点为

$$r_C = \frac{\sum F_i r_i}{\sum F_i} \tag{5.13}$$

显然，r_C 只与各力的大小和作用点有关，而与平行力系的方向无关。点 C 即为此平行力系的中心。

将 r_C 投影到图 5.13 所示的直角坐标轴上，得

$$x_C = \frac{\sum F_i x_i}{\sum F_i}, \quad y_C = \frac{\sum F_i y_i}{\sum F_i}, \quad z_C = \frac{\sum F_i z_i}{\sum F_i} \qquad (5.14)$$

式（5.14）即为平行力系中心的直角坐标公式，其中（x_i, y_i, z_i）为 $\boldsymbol{F}_i$ 的作用点。

二、重　心

作用在地球表面附近的物体的各微元体上的重力可近似看成一平行力系，此平行力系的中心就称为**物体的重心**。物体重心有确定的位置，与物体在空间当中所处位置无关。

设物体由若干部分组成，其第 i 部分的重力为 P_i，重心为（x_i, y_i, z_i），则物体重心的坐标可直接应用平行力系中心的坐标公式（5.14）求得，即有

$$x_C = \frac{\sum P_i x_i}{\sum P_i}, \quad y_C = \frac{\sum P_i y_i}{\sum P_i}, \quad z_C = \frac{\sum P_i z_i}{\sum P_i} \qquad (5.15)$$

均质物体的重心位置只取决于它的几何形状，与物体的几何中心重合，也称为形心。设均质物体的体积为 V，则可得均质物体的重心或形心坐标公式

$$x_C = \frac{\int_V x \mathrm{d}V}{V}, \quad y_C = \frac{\int_V y \mathrm{d}V}{V}, \quad z_C = \frac{\int_V z \mathrm{d}V}{V} \qquad (5.16)$$

工程常见的简单几何形体的重心见表 5.2。

表 5.2　工程常见的简单几何形体的重心

图形	重心位置	图形	重心位置
三角形	在中线的交点 $y_C = \frac{1}{3}h$	梯形	$y_C = \frac{h(2a+b)}{3(a+b)}$
圆弧	$x_C = \frac{r \sin \varphi}{\varphi}$ 对于半圆弧 $x_C = \frac{2r}{\pi}$	弓形	$x_C = \frac{2}{3} \frac{r^3 \sin^3 \varphi}{A}$ 面积 $A = \frac{r^2(2\varphi - \sin 2\varphi)}{2}$
扇形	$x_C = \frac{2}{3} \frac{r \sin \varphi}{\varphi}$ 对于半圆 $x_C = \frac{4r}{3\pi}$	部分圆环	$x_C = \frac{2}{3} \frac{R^3 - r^3}{R^2 - r^2} \frac{\sin \varphi}{\varphi}$

图形	重心位置	图形	重心位置
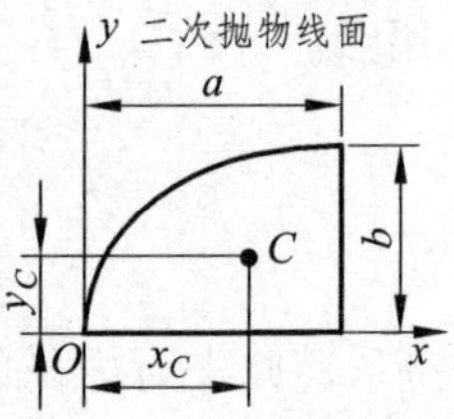	$x_C = \dfrac{3}{5}a$ $y_C = \dfrac{3}{8}b$	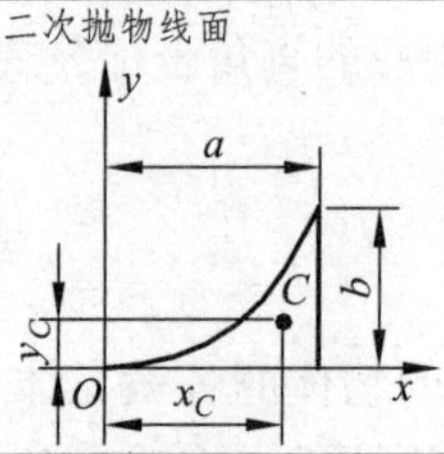	$x_C = \dfrac{3}{4}a$ $y_C = \dfrac{3}{10}b$
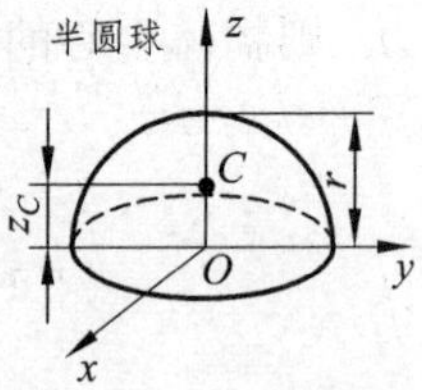	$z_C = \dfrac{3}{8}r$	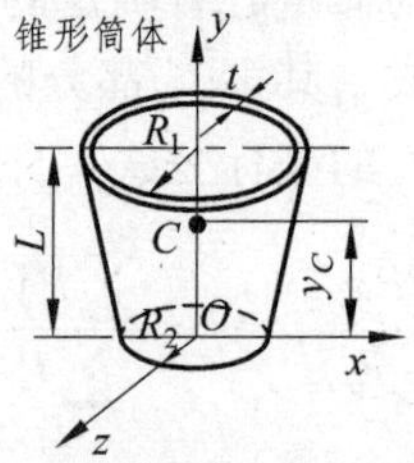	$y_C = \dfrac{4R_1 + 2R_2 - 3t}{6(R_1 + R_2 - t)}L$
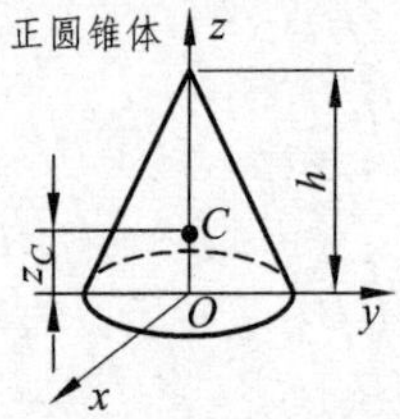	$z_C = \dfrac{1}{4}h$	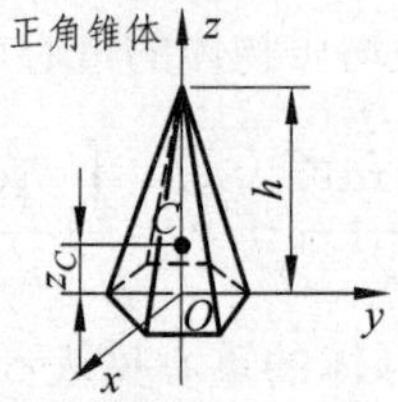	$z_C = \dfrac{1}{4}h$

三、确定物体重心的方法

对于由几个简单规则形体构成的组合物体，如果每一简单规则形体的重心位置已知（或很容易求出），则可用**分割法**求组合物体的重心。若在物体内切去一部分（例如有空洞或孔），则求其重心仍可用分割法，只是切去部分的体积或面积取负值，故也称**负体积法**或**负面积法**。

【例 5.5】 求如图 5.14（a）所示厚度均匀的均质组合体的重心位置。

解：（1）分割法。引入平面直角坐标系，并将组合物体分割成三个矩形，如图 5.14（b）所示。各部分的面积和重心坐标分别为

$$A_1 = 3a^2 , \quad x_1 = 1.5a , \quad y_1 = 3.5a$$
$$A_2 = 2a^2 , \quad x_2 = 0.5a , \quad y_2 = 2.0a$$
$$A_3 = 3a^2 , \quad x_3 = 1.5a , \quad y_3 = 0.5a$$

于是组合物体的重心坐标为

$$x_C = \frac{A_1 x_1 + A_2 x_2 + A_3 x_3}{A_1 + A_2 + A_3} = \frac{5}{4}a , \quad y_C = \frac{A_1 y_1 + A_2 y_2 + A_3 y_3}{A_1 + A_2 + A_3} = 2a$$

（2）负面积法。如图 5.14（c）所示，组合物体可看成从大的矩形块 $ABCD$ 中切去小矩形块 $EFGH$ 而得到。大矩形块 $ABCD$ 和小矩形块 $EFGH$ 的面积和重心分别为

$$A_1 = 12a^2 , \quad x_1 = 1.5a , \quad y_1 = 2a$$

$$A_2 = 4a^2 \ , \quad x_2 = 2a \ , \quad y_2 = 2a$$

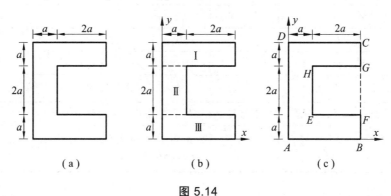

图 5.14

于是组合物体的重心坐标为

$$x_C = \frac{A_1 x_1 - A_2 x_2}{A_1 - A_2} = \frac{5}{4}a \ , \quad y_C = \frac{A_1 y_1 - A_2 y_2}{A_1 - A_2} = 2a$$

两种方法得到的结果相同。另外，如果考虑到物体的对称性，则选取对称轴为 x 轴，将使计算得到简化。

对于形状复杂而不便于用公式计算或不均质物体的重心位置，常采用实验方法测定。另外，虽然设计时已计算出重心，但加工制造后还需用实验法检验。常用的实验方法有悬挂法和称重法。对于具体实验步骤请读者自行参考相关手册。

拓展学习 5

小　结

5.1　力在空间直角坐标轴上的投影有两种方法：

（1）直接投影法，如图 5.1 所示，$F_x = F\cos\alpha$ ，$F_y = F\cos\beta$ ，$F_z = F\cos\gamma$ 。

（2）间接投影法，如图 5.2 所示，$F_x = F\sin\gamma\cos\varphi$ ，$F_y = F\sin\gamma\sin\varphi$ ，$F_z = F\cos\gamma$ 。

5.2　在空间情况下，力对点之矩是一个定位矢量，其表达式为

$$\boldsymbol{M}_O(\boldsymbol{F}) = \boldsymbol{r} \times \boldsymbol{F} = \begin{vmatrix} \boldsymbol{i} & \boldsymbol{j} & \boldsymbol{k} \\ x & y & z \\ F_x & F_y & F_z \end{vmatrix}$$

5.3　力对轴之矩是一个代数量，可按下式计算

$$M_x(\boldsymbol{F}) = yF_z - zF_y$$
$$M_y(\boldsymbol{F}) = zF_x - xF_z$$
$$M_z(\boldsymbol{F}) = xF_y - yF_x$$

力矩关系定理建立了力对点之矩与力对通过该点的轴之矩两者间的关系。

5.4　空间一般力系简化的最终结果列表如下：

主矢	主矩		最后结果	说　明
$F_R' = 0$	$M_O = 0$		平　衡	
	$M_O \neq 0$		合力偶	此时主矩与简化中心位置无关
$F_R' \neq 0$	$M_O = 0$		合　力	合力作用线通过简化中心
	$M_O \neq 0$	$F_R' \perp M_O$	合　力	合力作用线离简化中心 O 的距离为 $d = \|M_O\| / F_R$
		$F_R' \parallel M_O$	力螺旋	力螺旋的中心轴通过简化中心
	$M_O \neq 0$	F_R' 与 M_O 成 θ 角	力螺旋	力螺旋的中心轴离简化中心 O 的距离为 $d = \|M_O\| \sin\theta / F_R$

5.5　现将各种力系的平衡方程列表如下:

力系的类型	平衡方程						独立方程个数
空间一般力系	$\sum F_x = 0$	$\sum F_y = 0$	$\sum F_z = 0$	$\sum M_x = 0$	$\sum M_y = 0$	$\sum M_z = 0$	6
空间汇交力系	$\sum F_x = 0$	$\sum F_y = 0$	$\sum F_z = 0$				3
空间平行力系			$\sum F_z = 0$	$\sum M_x = 0$	$\sum M_y = 0$		3
平面一般力系	$\sum F_x = 0$	$\sum F_y = 0$				$\sum M_O = 0$	3
平面汇交力系	$\sum F_x = 0$	$\sum F_y = 0$					2
平面平行力系		$\sum F_y = 0$				$\sum M_O = 0$	2
平面力偶系						$\sum M = 0$	1

5.6　在工程上确定物体重心位置常用组合法和实验法。

思　考　题

5.1　设有一力 F,试问在什么情况下有:(1) $F_x = 0$, $M_x(F) = 0$;(2) $F_x = 0$, $M_x(F) \neq 0$;(3) $F_x \neq 0$, $M_x(F) \neq 0$。

5.2　空间一般力系向两个不同的已知点简化,试问下述情况是否可能:(1)主矢相等,主矩也相等;(2)主矢不相等,主矩相等;(3)主矢相等,主矩不相等;(4)主矢、主矩都不相等。

5.3　分析下列空间力系的独立方程的数目：（1）各力的作用线都与一直线相交；（2）各力的作用线都平行于一固定面；（3）力系可分解为方向不同的两个平行力系；（4）力系可分解为一个平面力系和一个方向平行于此平面的平行力系。

5.4　一均质等截面直杆的重心在哪里？若把它弯成半圆形，重心位置是否改变？

习　题

5.1　力系中，$F_1 = 100\,\text{N}$、$F_2 = 300\,\text{N}$、$F_3 = 200\,\text{N}$，各力作用线的位置如图 5.15 所示。试将力系向原点 O 简化。

5.2　求图 5.16 所示力 $F = 1\,000\,\text{N}$ 对于 z 轴的力矩 M_z。

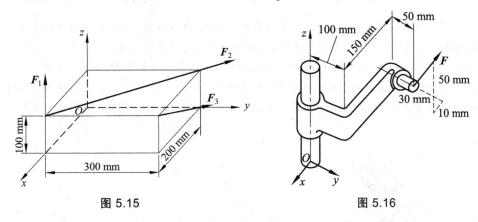

图 5.15　　　　　　　　　　图 5.16

5.3　空间构架由三根无重垂直杆组成，在 D 端用球铰链连接，如图 5.17 所示。A、B 和 C 端则用球铰链固定在水平地板上。如果挂在 D 端的重物重 $P = 10\,\text{kN}$，试求铰链 A、B 和 C 的反力。

5.4　图 5.18 所示手摇钻由支点 B、钻头 A 和一个弯曲的手柄组成。当支点 B 处加压力 F_x、F_y 和 F_z 以及手柄上加力 F 后，即可带动钻头绕轴 AB 转动而钻孔，已知 $F_z = 50\,\text{N}$，$F = 150\,\text{N}$。求：（1）钻头受到的阻抗力偶矩 M；（2）材料给钻头的反力 F_{Ax}、F_{Ay} 和 F_{Az} 的值；（3）压力 F_x 和 F_y 的值。

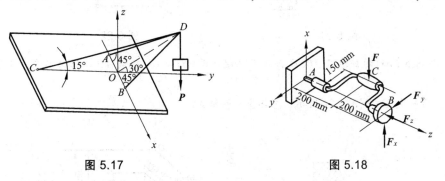

图 5.17　　　　　　　　　　图 5.18

5.5　图 5.19 所示三圆盘 A、B 和 C 的半径分别为 150 mm、100 mm 和 50 mm。三轴 OA、OB 和 OC 在同一平面内，$\angle AOB$ 为直角。在这三圆盘上分别作用力偶，组成各力偶的力作用在轮缘上，它们的大小分别等于 10 N、20 N 和 F。如这三圆盘所构成的物系是自由的且不计物系重量，求能使此物系平衡的力 F 的大小和角 α。

5.6 图 5.20 所示六杆支撑一水平面，在板角处受铅直力 F 作用。设板和杆自重不计，求各杆的内力。

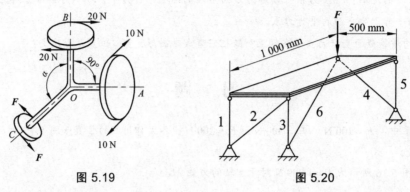

图 5.19 图 5.20

5.7 无重曲杆 ABCD 有两个直角，且平面 ABC 与平面 BCD 垂直。杆的 D 端为球铰支座，另一 A 端受轴承支持，如图 5.21 所示。在曲杆的 AB、BC 和 CD 上作用三个力偶，力偶所在平面分别垂直于 AB、BC 和 CD 线段。已知力偶矩 M_2 和 M_3，求使曲杆处于平衡的力偶矩 M_1 和支座反力。

5.8 杆系由球铰连接，位于正方体的边和对角线上，如图 5.22 所示。在节点 D 沿对角线 LD 方向作用力 F_D。在节点 C 沿 CH 边铅直向下作用力 F。如球铰 B、L 和 H 是固定的，杆重不计，求各杆的内力。

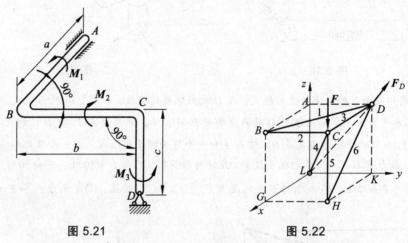

图 5.21 图 5.22

5.9 将图 5.23 所示梯形板 ABED 在点 E 挂起，设 $AD = a$。欲使 AD 边保持水平，求 BE 应等于多少？

5.10 均质块尺寸如图 5.24 所示，求其重心的位置。

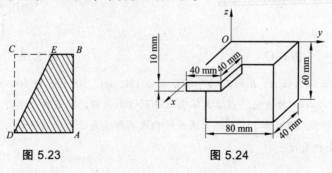

图 5.23 图 5.24

材料力学

第六章　材料力学概述

第一节　材料力学的任务

组成工程结构或机械的单个组成部分，如建筑物的梁和柱、火车的轮轴等，统称为**构件**。其中长度远大于横向尺寸的构件称为**杆件**，它就是材料力学研究的主要对象。若杆件的各横截面（垂直于杆件轴线的截面）的形状与尺寸均相同且为直杆，则这样的杆件称为**等直杆**，它是一种最基本的构件，也是材料力学研究的重点。工程结构和机械通常都受到各种外力的作用，例如，厂房外墙受到的风压力、铁路桥梁受到的列车重力、重力坝受到重力和水的压力等，这些力统称为**载荷**。

当工程结构或机械承受载荷作用时，其中每一构件都必须能够正常地工作，这样才能保证整个结构或机械的正常工作。为此，首先要求构件在受载荷作用时不发生破坏。如传动轴不被扭断、液化气罐在规定的使用压力下不爆裂。但只是不发生破坏，并不一定就能够保证构件或整个结构的正常工作。例如，车床的主轴，即使没有破坏，若变形过大，也会影响加工的精度并造成轴承的过度损耗。此外，有一些构件在载荷作用下，其原有的平衡形态可能丧失稳定性。例如，千斤顶的丝杆，随着外力的增加，达到一定程度时会突然变弯，丧失正常的工作能力。综上所述，对构件正常工作的要求可以归纳为以下三点：

（1）应具有足够的**强度**，即构件在规定的载荷作用下应不至于破坏。

（2）应具有足够的**刚度**，即构件在规定的载荷作用下产生的变形应不超过所允许的范围。

（3）应具有足够的**稳定性**，即构件在规定的载荷作用下能够保持其原有的平衡状态。

为满足上述三点要求，一般可选用优质材料或加大横截面尺寸，但这与降低消耗、减轻重量和节约资金有矛盾。材料力学的任务就是在满足强度、刚度和稳定性的要求下，为设计既经济又安全的构件，提供必要的理论基础和计算方法。

对于具体构件，上述三点要求往往有所侧重，例如液化气罐主要是要保证强度，车床主轴主要是要保证刚度，受压的千斤顶丝杆则应保证稳定性。

构件的强度、刚度和稳定性问题均与所用材料的力学性能有关，而材料的力学性能必须通过实验来测定。此外，也有些单靠现有理论解决不了的问题，需要用实验的方法来解决。所以，实验分析和理论研究同是材料力学解决问题的方法。

第二节　变形固体的基本假设

用于制造构件所用的材料，一般都是固体，而且在载荷作用下都会发生变形（包括物体尺寸的改变和形状的改变）。因此，这些材料统称为**变形固体**或**可变形固体**。变形固体的性质是很复杂的，为了便于分析与计算，通常略去一些次要因素，建立力学模型，然后进行理论分析和计算。材料力学中，对变形固体作出以下基本假设：

（1）**连续性假设**　认为组成固体的物质不留空隙地充满了固体的体积（即材料密实连续）。实际上，组成固体的粒子间存在着空隙，并不连续。但这种空隙与构件的尺寸相比极其微小，可以忽略不计。于是就认为固体在其整个体积内是连续的。这样就可在受力构件内部任意一点处截取一体积单元来进行研究。

（2）**均匀性假设**　认为固体内任意一点处取出的体积单元，其力学性能都能代表整个固体的力学性能。金属材料的力学性能是它所含晶粒性质的统计平均值，因而可认为金属构件各处的力学性能是均匀的。

（3）**各向同性假设**　认为沿任何方向固体的力学性能都是相同的。就单一的晶粒来说，沿不同方向力学性能并不完全相同。但只要晶粒的排列是随机的，在统计学的角度，固体在各个方向上的力学性能就接近相同了。具有这种属性的材料称为**各向同性材料**，如铸铜、铸钢、玻璃等即为各向同性材料。木材、竹片和纤维增强叠层复合材料等固体材料在各个方向上力学性能不完全相同，属于**各向异性材料**。

材料力学中所研究的构件在承受载荷作用时，其变形或由变形引起的位移与构件的原始尺寸相比都很小，属于**小变形**。因此，在研究构件的平衡与内部的变形和受力等问题时，一般都按照构件变形前的原始尺寸进行计算，这种方法称为**原始尺寸原理**。如图 6.1 所示支架，在节点 A 处受到铅直外力 P 作用，两杆因受力而发生变形，致使支架的几何形状和外力作用点的位置都要发生改变。然而在小变形条件下，节点 A 的位移 δ_1 和 δ_2 与支架的尺寸相比都是非常微小的量，所以在计算两杆的受力或求铰 B 和 C 的约束反力时，仍可采用支架的原始形状与尺寸。这样在保证计算精度的前提下，可以使计算得到很大的简化。

概括起来，在材料力学中是把实际材料看作均匀、连续、各向同性的可变形固体，且在大多数情况下局限于小变形条件下进行研究。

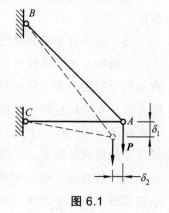

图 6.1

第三节　杆件变形的基本形式

作用在杆件上的外力在形式上是多种多样的，因此，杆件的变形也是多种多样的。不过这些变形的基本形式不外乎以下四种：

（1）**轴向拉伸或轴向压缩**　当直杆受到一对大小相等、方向相反、作用线与轴线重合的外力作用时，其变形主要表现为沿轴线方向的伸长或缩短。这种变形形式称为轴向拉伸（图6.2（a））或轴向压缩（图6.2（b））。

（2）**剪切**　当直杆受到一对大小相等、方向相反、作用线平行且相距很近的横向（与杆件轴线垂直的方向）外力作用时，其变形主要变现为相邻截面沿外力作用方向发生相对错动（图6.2（c））。这种变形形式称为剪切。

（3）**扭转**　当直杆受到一对大小相等、转向相反、作用面与杆轴线垂直的外力偶作用时，其变形主要表现为任意两个横截面发生绕轴线的相对转动（图6.2（d））。这种变形形式称为扭转。

（4）**弯曲**　当直杆受到一对大小相等、转向相反、作用面与杆的纵向平面（即包含杆轴线在内的平面）重合的外力偶作用时，或受到与轴线垂直的横向力作用时，其变形主要表现为杆的轴线由直线变为曲线（图6.2（e））。这种变形形式称为弯曲。

工程中常用的构件在外载荷作用下的变形，大多为上述几种基本变形形式的组合，这种情况称为**组合变形**。如图6.2（f）所示的折杆，在外力 P 作用下，AB 段的变形属于弯曲与轴向拉伸的组合。

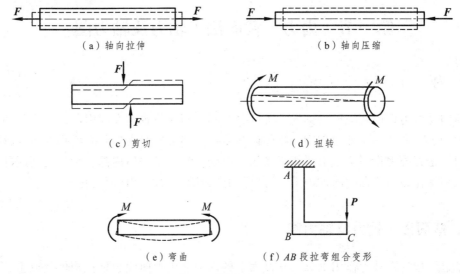

（a）轴向拉伸　　　　　　　　　　　　（b）轴向压缩

（c）剪切　　　　　　　　　　　　（d）扭转

（e）弯曲　　　　（f）AB 段拉弯组合变形

图6.2

第七章　拉伸与压缩

　　工程中有很多构件，例如，承重的三角架（图7.1），一根拉杆、一根压杆，钢木组合桁架中的钢拉杆（图7.2），液压传动机构中的活塞杆等，除连接部分外都是等直杆，作用于杆上的外力（外力的合力）的作用线与杆轴线重合。等直杆在这种受力情况下，其主要变形是**轴向拉伸**或**压缩**。这类构件称为**拉（压）杆**。

　　对受拉压的等截面直杆，如果不考虑其端部的具体连接情况，则其计算简图如图7.3（a），（b）所示，两力等值，反向，且作用线与杆轴线重合。

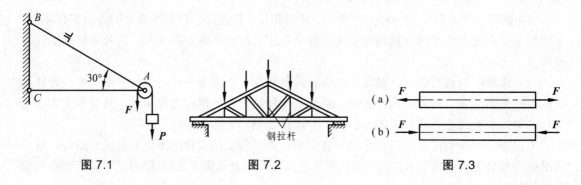

图7.1　　　　　　　图7.2　　　　　　　图7.3

第一节　内力·截面法·轴力及轴力图

一、内　力

　　物体因受外力作用而变形，其内部各部分之间因相对位置改变而引起的相互作用就是内力。我们知道，即使不受外力作用，物体内各质点之间依然存在着相互作用的力。材料力学中的内力，是指外力作用下，上述相互作用力的变化量，是物体内部各部分之间因外力而引起的附加相互作用力，即"附加内力"，这样的内力随外力的变化而变化。

二、截面法·轴力及轴力图

　　为了显示构件在外力作用下 $m—m$ 截面上的内力，用平面假想地把构件分成Ⅰ、Ⅱ两部分（图7.4）。任选取一部分为研究对象（如Ⅰ部分），将弃去的Ⅱ部分对Ⅰ部分的作用以截开面上的内力来代替。按照连续性假设，在 $m—m$ 截面上各处都有内力作用，所以**内力是分布于截面上的一个分布力系**。

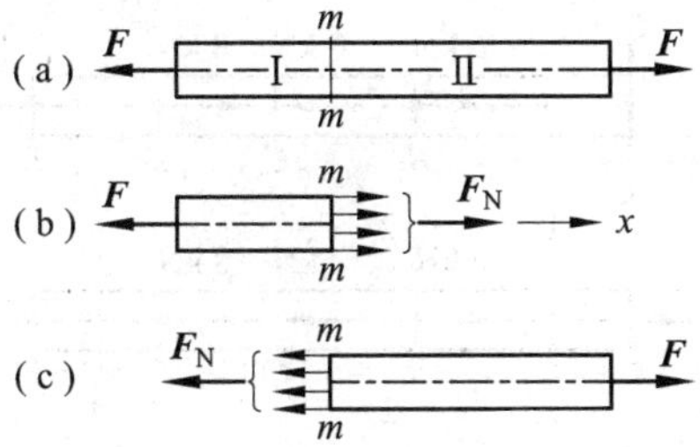

图 7.4

对于所选取的研究部分 I，外力 F 和 m—m 截面上的内力保持平衡。

由平衡方程

$$\sum F_x = 0, \quad F_N - F = 0$$

得 $\qquad F_N = F$

式中，F_N 为杆件任一横截面 m—m 上的内力，由二力平衡条件，F_N 与杆件的轴线重合，即垂直于横截面并通过其形心。这种内力称为**轴力**，并规定用记号 F_N 表示。习惯上，把拉伸时的轴力规定为正，压缩时的轴力规定为负。对 II 部分的分析与 I 部分类似，其结果完全一致。

上述分析轴力的方法称为**截面法**，它是求内力的一般方法。截面法包括以下 3 个步骤：

（1）截开：在需要求内力的截面处，假想地把杆件截分为两部分；

（2）代替：将两部分中的任意一部分留下，并把弃去部分对留下部分的作用以截开面上的内力来代替；

（3）平衡：对留下部分建立平衡方程，求解截面上的内力 F_N。值得注意的是，截开面上的内力对留下部分而言已经是外力了，故可用平衡方程求解。

若沿杆件轴线的外力多于 2 个，则在杆件各部分的横截面上，轴力不尽相同。这时往往用轴力图表示轴力沿杆件轴线变化的情况。用平行于杆轴线的坐标表示横截面的位置，用垂直于杆轴线的坐标表示横截面上轴力的数值，从而绘出轴力与截面位置关系的图线，称为**轴力图**。习惯上将正值的轴力画在上侧，负值的画在下侧。轴力图上可以确定最大轴力的数值及其所在位置。

【**例 7.1**】 一等直杆受力如图 7.5 所示，试作杆的轴力图。

解：先求 A 支座约束力 F_A。由整个杆的平衡方程

$$\sum F_x = 0, \quad F_A - 6 + 7 - 8 + 5 = 0$$

得 $\qquad F_A = 2 \text{ kN}$

由于杆件受到多个外力作用，各截面轴力不同。为求 1—1 截面轴力，可以将杆件在 1—1 截面截开，以左段为研究对象（图 7.5（c）），假定轴力 F_{N1} 为拉力，建立平衡方程得

$$F_{N1} = -2 \text{ kN}$$

结果为负值，说明为压力。

同理，由图 7.5（d）可得 2—2 截面轴力为

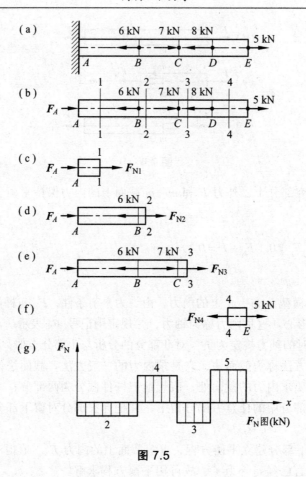

图 7.5

$$F_{N2} = -2 + 6 = 4 \text{ kN}$$

结果为正值，说明为拉力。

由图 7.5（e）可得 3—3 截面轴力为

$$F_{N3} = -2 + 6 - 7 = -3 \text{ kN}$$

求 4—4 截面轴力，取右段分析更为方便（图 7.5（f）），轴力为

$$F_{N4} = 5 \text{ kN}$$

按照前述作轴力图的方法，作出杆的轴力图如图 7.5（g）所示。最大轴力发生在 *DE* 段的任意截面上，其值为 5 kN。

第二节　应力·拉（压）杆内的应力

在确定了拉（压）杆的轴力之后，还不能确定杆件是否会因强度不足而破坏。例如，用同一材料制成粗细不同的两根杆，在相同的拉力下，两杆的轴力相同。但是，在拉力逐渐增大时，细杆必定先被拉断。这说明拉杆的强度不仅与轴力的大小有关，而且与横截面面积有关。将**杆件截面上的分布内力集度，称为应力**。必须用横截面上的应力来度量杆件的受力程度。

一、应力的概念

为了描述分布内力系在截面某一点处的强弱程度，引入应力的概念。在图 7.6（a）所示受力构件的 *m—m* 截面上，围绕 *C* 点取微小面积 ΔA ，其上分布内力的合力为 ΔF 。ΔF 和 ΔA 的比值为

$$p_{\mathrm{m}} = \frac{\Delta F}{\Delta A}$$

p_{m} 是一个矢量，代表在 ΔA 范围内，单位面积上内力的平均集度，称为平均应力。当 ΔA 趋近于零时，p_{m} 的大小和方向都将趋于某一极限。这样得到

$$p = \lim_{\Delta A \to 0} p_{\mathrm{m}} = \lim_{\Delta A \to 0} \frac{\Delta F}{\Delta A} = \frac{\mathrm{d}F}{\mathrm{d}A} \tag{7.1}$$

p 称为 *C* 点的应力。p 是个矢量，其方向一般既不与截面垂直，也不与截面相切。通常把应力 p 分解为垂直于截面的分量 σ 和切于截面的分量 τ （图 7.6（b））。σ 称为正应力，τ 称为切应力。

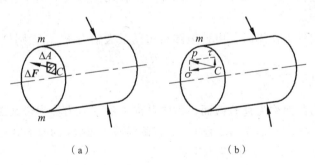

（a）　　　　　　　　　　　　　（b）

图 7.6

应力的单位是 Pa（帕），$1\ \mathrm{Pa} = 1\ \mathrm{N/m}^2$。由于这个单位太小，使用不便，通常使用兆帕（MPa）和吉帕（GPa），其值分别为 $1\ \mathrm{MPa} = 10^6\ \mathrm{N/m}^2$，$1\ \mathrm{GPa} = 10^9\ \mathrm{N/m}^2$。

二、拉（压）杆横截面上的应力

在拉（压）杆的横截面上，与轴力 F_{N} 对应的应力是正应力 σ 。为求横截面上任一点的正应力，可先从分析杆件变形入手。取一等直杆（图 7.7（a）），变形前，在等直杆上画上垂直于杆轴的直线 *ab* 和 *cd*（图 7.7（b））。拉伸后，发现 *ab* 和 *cd* 仍为直线，只是分别平行地移到 *a'b'* 和 *c'd'* 。根据这一现象，可以假设：变形前为平面的横截面，变形后仍保持为平面且仍垂直于轴线。这一假设称为**平面假设**。由此可以推断，拉杆所有的纵向纤维的伸长（或

缩短）是相等的。进而推断各纵向纤维的受力一致。所以横截面上各点的正应力 σ 相等（图 7.7（c），（d）），即正应力均匀分布于横截面上，σ 是个常量。因此

$$\sigma = \frac{F_N}{A} \tag{7.2}$$

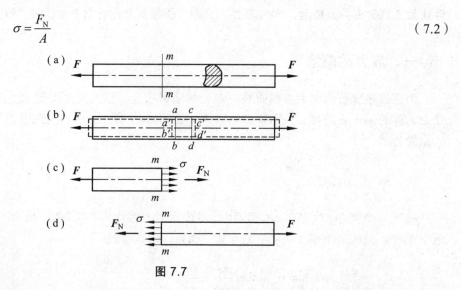

图 7.7

式中，F_N 为轴力，A 为杆的横截面面积。公式同样可用于内力为压力时的压应力计算。不过，细长压杆容易被压弯，属于稳定性问题，将在压杆稳定一章中介绍。

式（7.2）是根据正应力在杆横截面上各点处相等这一结论而导出的。实际上这一结论只在杆上离外力作用点稍远的部分才正确，而在外力作用点附近，由于杆端连接方式的不同，其应力情况较为复杂。

当杆受几个轴向外力作用时，由轴力图可求其最大轴力 F_{Nmax}，则杆件的最大正应力为

$$\sigma_{max} = \frac{F_{N\,max}}{A}$$

最大轴力所在的截面称为**危险截面**，危险截面上的正应力称为**最大工作正应力**。

【例 7.2】 阶梯杆如图 7.8 所示。已知 AC 段的横截面面积为 $A_2 = 500 \text{ mm}^2$，CD 段的横截面面积为 $A_1 = 200 \text{ mm}^2$。试求各段横截面上的应力。

解：（1）先求轴力。在 BD 段任意截面处将杆截开研究 1—1 截面的轴力。取右侧部分（图 7.8（b））为研究对象（若取左侧部分为研究对象，则要先求解固定端处约束力），由平衡方程

$$\sum F_x = 0, \quad -F_{N1} - 8 = 0$$

得
$$F_{N1} = -8 \text{ kN}$$

同理，在 AB 段任意截面处将杆截开研究 2—2 截面的轴力。取右侧部分（图 7.8（c））为研究对象，由平衡方程

$$\sum F_x = 0, \quad -F_{N2} - 8 + 12 = 0$$

得
$$F_{N2} = 4 \text{ kN}$$

据此，可作出杆件的轴力图（图 7.8（d））。

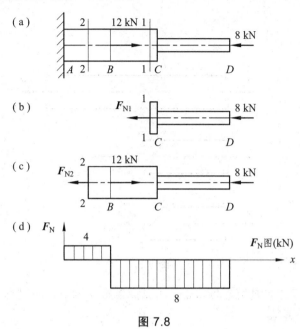

图 7.8

（2）求应力。AB 段和 BC 段虽然横截面面积相同，但轴力不等，而 BC 段和 CD 段轴力相同，但横截面面积不等。综合考虑，需要对 AB、BC、CD 三段分别分析应力。有

$$\sigma_{AB} = \frac{F_{N2}}{A_2} = \frac{4 \times 10^3}{500 \times 10^{-6}} = 8 \times 10^6 \ \text{Pa} = 8 \ \text{MPa}$$

$$\sigma_{BC} = \frac{F_{N1}}{A_2} = \frac{-8 \times 10^3}{500 \times 10^{-6}} = -16 \times 10^6 \ \text{Pa} = -16 \ \text{MPa}$$

$$\sigma_{CD} = \frac{F_{N1}}{A_1} = \frac{-8 \times 10^3}{200 \times 10^{-6}} = -40 \times 10^6 \ \text{Pa} = -40 \ \text{MPa}$$

三、拉（压）杆斜截面上的应力

前面讨论了直杆在拉伸和压缩时横截面上的正应力，它是后面强度计算的依据。但不同材料的实验表明，拉（压）杆的破坏并不总是沿横截面发生，有时却是沿斜截面发生的。为此，应进一步讨论斜截面上的应力。

先研究与直杆横截面成 α 角的任一斜截面 k—k 上的应力（图 7.9（a））。设直杆的轴向拉力为 F，横截面面积为 A，由公式（7.2），横截面上的正应力 σ 为

$$\sigma = \frac{F_N}{A} = \frac{F}{A} \qquad\qquad （a）$$

设斜截面 k—k 的面积为 A_α，A_α 与 A 之间的关系应为

$$A_\alpha = \frac{A}{\cos \alpha} \qquad\qquad （b）$$

若沿斜截面 k—k 假想地把杆件分成两部分，以 F_α 表示斜截面 k—k 上的内力，由左段的平衡可知（图 7.9（b））

$$F_\alpha = F$$

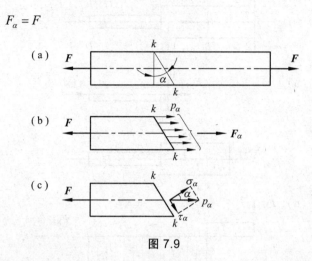

图 7.9

仿照证明横截面上正应力均匀分布的方法，可知斜截面上的应力也是均匀分布的。若以 p_α 斜截面 k—k 上的应力，则有

$$p_\alpha = \frac{F_\alpha}{A_\alpha} = \frac{F}{A_\alpha}$$

将（b）式代入上式，并注意到（a）式所表明的关系，有

$$p_\alpha = \frac{F}{A}\cos\alpha = \sigma\cos\alpha \qquad\qquad (\text{c})$$

把总应力 p_α 分解为两个分量：沿该截面法线方向的正应力 σ_α 和沿该截面切线方向的切应力 τ_α（图 7.9（c））。则有

$$\sigma_\alpha = p_\alpha\cos\alpha = \sigma\cos^2\alpha \qquad\qquad (7.3)$$

$$\tau_\alpha = p_\alpha\sin\alpha = \sigma\cos\alpha\sin\alpha = \frac{\sigma}{2}\sin 2\alpha \qquad\qquad (7.4)$$

上面两式表达了拉杆内任一点处不同方位斜截面上的正应力 σ_α 和切应力 τ_α 随 α 角而变化的规律。通过一点处所有不同方位截面上应力的全部情况，称为该点处的**应力状态**。由 (7.3)，(7.4) 两式可知，在所研究的拉杆中，一点处的应力状态由其横截面上的正应力 σ 即可完全确定，这样的应力状态称为**单轴应力状态**。

从以上公式看出，σ_α 和 τ_α 都是 α 的函数，所以斜截面的方位不同，截面上的应力也就不同。当 $\alpha = 0$ 时，斜截面即为横截面，σ_α 达到最大值，即

$$\sigma_{\alpha\max} = \sigma$$

当 $\alpha = 45°$ 时，τ_α 达到最大值，即

$$\tau_{\alpha\max} = \frac{\sigma}{2}$$

由此可见，轴向拉（压）时，在杆件的横截面上，正应力为最大值；在与杆件轴线成 45° 的斜截面上，切应力为最大值。此外，当 $\alpha = 90°$ 时，$\sigma_\alpha = \tau_\alpha = 0$，这表明在平行于杆件轴线的纵向截面上无应力。

第三节　拉（压）杆的变形·胡克定律

直杆在轴向拉力作用下，将引起轴向尺寸的增大和横向尺寸的缩小。反之，在轴向压力作用下，将引起轴向尺寸的缩小和横向尺寸的增大。

设拉杆的原长为 l，横截面面积为 A，在轴向拉力作用下，长度由 l 变为 l_1，如图 7.10 所示。杆件在轴线方向的伸长为

$$\Delta l = l_1 - l \tag{a}$$

Δl 只反映杆的总变形量，而无法说明杆件的变形程度。由于同一截面上各点的伸长是均匀的，因此，反映杆件的变形程度可以用每单位长度的纵向伸长来表示，称为**线应变**，并用记号 ε 表示。于是，杆件的纵向线应变为

$$\varepsilon = \frac{\Delta l}{l} \tag{b}$$

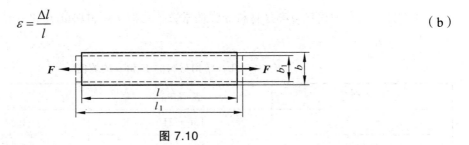

图 7.10

拉杆在纵向变形的同时将有横向变形。设拉杆横向尺寸为 b，受力变形后缩小为 b_1，则其横向变形为

$$\Delta b = b_1 - b \tag{c}$$

于是，杆件的横向线应变为

$$\varepsilon' = \frac{\Delta b}{b} \tag{d}$$

由（c）式可见，拉杆的横向线应变为负，即与纵向线应变的正负号相反。

以上的拉杆变形分析同样适合于压杆，只是压杆的横向线应变为正，而纵向线应变为负。

对工程上使用的大多数材料，由一系列实验表明，当杆件内的应力不超过材料的某一极限值，即比例极限时，应力与应变成正比，这就是**胡克定律**。可以写成

$$\sigma = E\varepsilon \tag{7.5}$$

式中**弹性模量** E 的值视材料而不同。

若将（b）和（7.2）两式代入公式（7.5），得

$$\Delta l = \frac{F_{\mathrm{N}} l}{EA} = \frac{Fl}{EA} \qquad (7.6)$$

这表明：当应力不超过比例极限时，杆件的伸长 Δl 与拉力 F、原长 l 成正比，与横截面面积 A 成反比。这是胡克定律的另一表达形式。以上结果同样适合于轴向压缩的情况，只要把拉力改为压力，伸长改为缩短就可以了。

EA 称为杆件的**抗拉（压）刚度**，对于长度相等且受力相同的杆件，其抗拉（压）刚度越大，则杆件的变形越小。

对于横向线应变 ε'，实验结果表明，当杆件内的应力不超过材料比例极限时，它与纵向线应变 ε 之比的绝对值为一常数。即

$$\left| \frac{\varepsilon'}{\varepsilon} \right| = \mu \qquad (7.7)$$

μ 称为**泊松比**或**横向变形因数**，是一个无量纲的量。

考虑到横向线应变 ε' 和纵向线应变 ε 符号总是相反，因而有

$$\varepsilon' = -\mu \varepsilon \qquad (7.8)$$

弹性模量 E 和泊松比 μ 都是材料的弹性常数。几种常用材料的 E 和 μ 的约值已列入下表 7.1 中。

表 7.1   几种常用材料的 E 和 μ 的约值

材料名称	E / GPa	μ
碳　钢	$196 \sim 216$	$0.24 \sim 0.28$
合金钢	$186 \sim 206$	$0.25 \sim 0.30$
灰铸铁	$78.5 \sim 157$	$0.23 \sim 0.27$
铜及其合金	$72.6 \sim 128$	$0.31 \sim 0.42$
铝合金	70	0.33

【**例 7.3**】   某杆件的长度、横截面尺寸和受力如图 7.11（a）所示，其弹性模量为 210 GPa。试求杆件的总伸长。

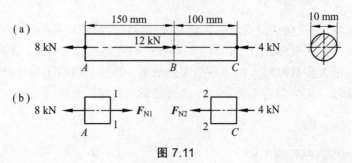

图 7.11

解：杆件受力如图（b）所示。由平衡方程可求得杆件的轴力分别为

$$F_{N1} = 8 \text{ kN} \quad （拉）, \quad F_{N2} = -4 \text{ kN} \quad （压）$$

根据胡克定律，AB、BC 段的轴向变形分别为

$$\Delta l_1 = \frac{F_{N1}l_{AB}}{EA} = \frac{8 \times 10^3 \times 150}{210 \times 10^9 \times \dfrac{\pi \times 10^2 \times 10^{-6}}{4}} = 0.073 \text{ mm}$$

$$\Delta l_2 = \frac{F_{N2}l_{BC}}{EA} = \frac{-4 \times 10^3 \times 100}{210 \times 10^9 \times \dfrac{\pi \times 10^2 \times 10^{-6}}{4}} = -0.024 \text{ mm}$$

可得杆件 AC 的总伸长 $\Delta l = \Delta l_1 + \Delta l_2 = 0.049 \text{ mm}$。

【例 7.4】 图 7.12（a）为一简单桁架，A 点受力 $F = 30 \text{ kN}$。AB 杆的横截面直径 $d_1 = 20 \text{ mm}$，长度 $l_1 = 1\,000 \text{ mm}$，弹性模量 $E_1 = 210 \text{ GPa}$。AC 杆的横截面直径 $d_2 = 30 \text{ mm}$，弹性模量 $E_2 = 100 \text{ GPa}$。试求 A 点的位移。

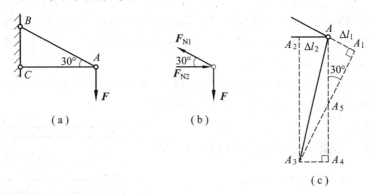

（a）　　　　　　（b）　　　　　　（c）

图 7.12

解：分析 A 节点。杆件受力如图（b）所示。由平衡方程可求得两杆轴力分别为

$$F_{N1} = \frac{F}{\sin 30°} = 60 \text{ kN} \quad （拉）, \quad F_{N2} = \frac{F}{\tan 30°} = 51.96 \text{ kN} \quad （压）$$

AB、AC 段的轴向变形分别为

$$\Delta l_1 = \frac{F_{N1}l_1}{E_1 A_1} = \frac{60 \times 10^3 \times 1000}{210 \times 10^9 \times \dfrac{\pi \times 20^2 \times 10^{-6}}{4}} = 0.91 \text{ mm}$$

$$\Delta l_2 = \frac{F_{N2}l_2}{E_2 A_2} = \frac{51.96 \times 10^3 \times 866}{100 \times 10^9 \times \dfrac{\pi \times 30^2 \times 10^{-6}}{4}} = 0.64 \text{ mm}$$

这里 Δl_1 为拉伸变形，Δl_2 为压缩变形。设想将桁架在节点 A 拆开，AB 杆伸长后变为 A_1B，AC 杆缩短后变为 A_2C。分别以 B 点和 C 点为圆心，$\overline{BA_1}$ 和 $\overline{CA_2}$ 为半径，作圆弧相交于 A_3 点。因为变形很小，可分别在 A_1、A_2 点作两杆的垂线，垂线的交点即为 A_3。$\overline{AA_3}$ 即为 A 点的位移，

如图（c）所示。

由图（c）可知，节点 A 的水平位移

$$\overline{AA_2} = \Delta l_2 = 0.64 \text{ mm} \quad (\leftarrow)$$

垂直位移
$$\overline{AA_4} = \overline{AA_5} + \overline{A_5 A_4} = \frac{\Delta l_1}{\sin 30°} + \frac{\Delta l_2}{\tan 30°} = 2.93 \text{ mm} \quad (\downarrow)$$

最后求出 A 点的位移

$$\overline{AA_3} = \sqrt{0.64^2 + 2.93^2} = 3 \text{ mm}$$

第四节　材料在拉伸和压缩时的力学性能

材料的力学性能也称为机械性质，是指材料在外力作用下表现出的变形、破坏等方面的特性。它要由试验来测定。通常在实验室里所做的材料拉伸或压缩试验，是在室温（或称为常温）下，以缓慢平稳的加载方式进行的。在上述条件下所得的力学性能，称为常温、静载下，材料在拉伸或压缩时的力学性能。

在进行拉伸试验时，应将材料做成标准的试样，使其几何形状和受力条件都符合轴向拉伸的要求。在试样上取长为 l 的一段（图 7.13）作为试验段，l 称为标距。

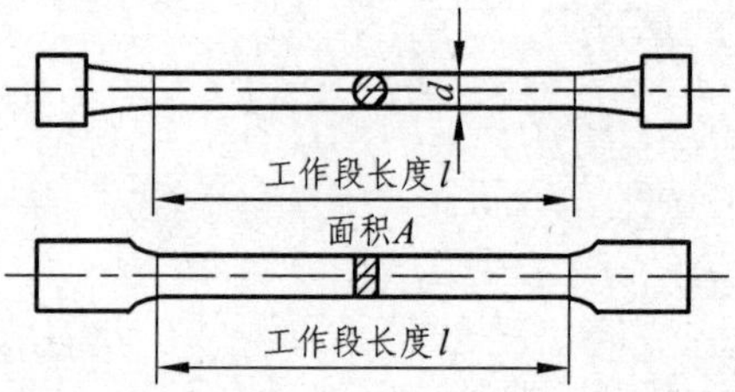

对圆截面试样，标距 l 与直径 d 有两种比例，即

$$l = 10d \quad \text{和} \quad l = 5d$$

对方截面试样，标距 l 与横截面面积 A 也有两种比例，即

$$l = 11.3\sqrt{A} \quad \text{和} \quad l = 5.65\sqrt{A}$$

图 7.13

压缩试验通常用圆截面或正方形截面的短柱体，其长度 l 与直径 d 或正方形的边长 b 的比值一般规定为 1~3，这样才能避免试样在试验中被压弯。

工程上常用的材料品种很多，下面以低碳钢和铸铁为代表，介绍材料在拉伸和压缩时的力学性能。

一、低碳钢拉伸时的力学性能

低碳钢是指含碳量在 0.3% 以下的碳素钢。这类钢材在工程上使用较广。同时，低碳钢试样在拉伸试验中所表现出的变形与抗力间的关系也比较典型。

试样装在试验机上，受到缓慢增加的拉力作用。对应着每一个拉力 F，试样有一个伸长量 Δl。表示 F 和 Δl 关系的曲线，称为拉伸图或 F-Δl 曲线图，如图 7.14 所示。

$F\text{-}\Delta l$ 曲线图与试样的尺寸有关。为了消除试样尺寸的影响，把拉力 F 除以试样的原始面积 A，由公式 $\sigma = \dfrac{F}{A}$，得出横截面上的正应力 σ；同时，把伸长量 Δl 除以试样的原始长度 l，由公式 $\varepsilon = \dfrac{\Delta l}{l}$，得出纵向线应变 ε。这样所得的曲线与试样的尺寸无关，而可以代表材料的力学性能，称为**应力-应变曲线**或 $\sigma\text{-}\varepsilon$**曲线**（图 7.15）。

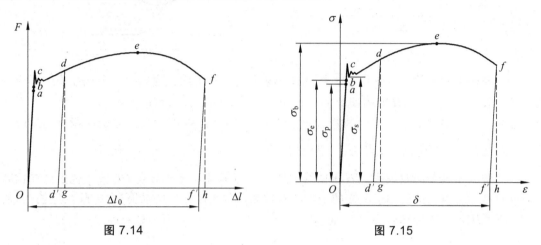

图 7.14 图 7.15

根据试验结果，低碳钢的力学性能大致如下：

（1）**弹性阶段** 试样的变形完全是弹性的，全部卸除载荷后，试样将恢复其原长，这一阶段称为**弹性阶段**。在拉伸的初始阶段，σ 与 ε 的关系为直线 Oa，表示在这一阶段内，应力 σ 与应变 ε 成正比，即式（7.5）所表达的关系式（胡克定律）

$$\sigma = E\varepsilon$$

将上式改写为 $E = \dfrac{\sigma}{\varepsilon}$，可以看出 E 就是直线 Oa 的斜率。直线部分的最高点 a 是符合胡克定律的最高限，所对应的应力称为**比例极限**，用 σ_{p} 表示。这时，称材料是线弹性的。弹性阶段的最高点 b 是卸载后不发生塑性变形的极限，而与之对应的应力称为材料的**弹性极限**，并以 σ_{e} 表示。在 $\sigma\text{-}\varepsilon$ 曲线上，a、b 两点非常接近，所以工程上对比例极限和弹性极限并不严格区分。

在应力大于弹性极限后，如再解除拉力，则试样变形的一部分随之消失，这就是弹性变形。但还有一部分不能消失的变形，这种变形称为塑性变形或残余变形。

（2）**屈服阶段** 当应力超过 b 点后，应变有非常明显的增加，而应力先是下降，然后作微小的波动。这种应力基本保持不变，而应变显著增加的现象，称为**屈服**或**流动**，这一阶段称为**屈服阶段**。在屈服阶段的最高应力和最低应力分别称为上屈服极限和下屈服极限。试验表明，加载速率、试样形状等因素对上屈服极限有一定影响，而下屈服极限则较为稳定。因此，通常将下屈服极限称为材料的**屈服强度**或屈服极限，并以 σ_{s} 表示。

若试样经过抛光，则在试样表面可以看到大约与试样轴线成 45° 方向的条纹（图 7.16），这是由材料沿其最大切应力发生滑移而出现的，称为**滑移线**。

（3）**强化阶段** 过屈服阶段后，试样又恢复了抵抗变形的能力，要使它继续变形必须增加拉力。这种现象称为材料的强化，而这一阶段称为**强化阶段**。在图 7.15 中，强化阶段的最

高点 e 所对应的应力是试样所能承受的最大应力,称为**强度极限**,并以 σ_b 表示。在强化阶段,材料的横向尺寸有明显的缩小。

对低碳钢来讲,屈服极限 σ_s 和强度极限 σ_b 是衡量材料强度的两个重要指标。

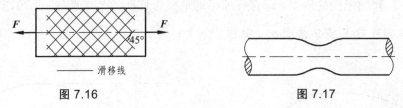

图 7.16   图 7.17

（4）**局部变形阶段**   过 e 点后,在试样的某一局部范围内,横向尺寸急剧缩小,形成颈缩现象（图 7.17）。在试样继续伸长的过程中,由于颈缩部分的横截面面积急剧缩小,因此试样的拉力反而降低,一直到试样被拉断。在应力-应变图中用横截面原始面积算出的应力 $\sigma = \dfrac{F}{A}$ 随之下降,当降落到 f 点时,试样被拉断。

（5）**伸长率和断面收缩率** $\sigma\text{-}\varepsilon$ 曲线（图 7.15）横坐标上的 δ（Of' 段）代表试样拉断后的塑性变形程度,其值等于试样的工作段在拉断后的长度 l_1 与其原长 l 之差除以原长 l,通常用百分数表示,称为**伸长率**,即

$$\delta = \frac{l_1 - l}{l} \times 100\% \tag{7.9}$$

试样的塑性变形（$l_1 - l$）越大,δ 就越大。因此。**伸长率是衡量材料塑性的指标**。

衡量材料塑性的另一个指标为**断面收缩率** ψ,其定义为

$$\psi = \frac{A - A_1}{A} \times 100\% \tag{7.10}$$

式中,A_1 代表试样拉断后断口处的最小横截面面积。

对于 Q235 钢,衡量其力学性能的指标为 $\sigma_s = 235\ \text{MPa}$,$\sigma_b = 390\ \text{MPa}$,$\delta = 20\% \sim 30\%$,$\psi = 60\%$ 左右。

工程上通常按伸长率的大小把材料分为两大类:$\delta \geqslant 5\%$ 的材料称为塑性材料,如碳钢、黄铜、铝合金等;而把 $\delta < 5\%$ 的材料称为脆性材料,如灰铸铁、石材、陶瓷等。

（6）**卸载定律及冷作硬化**   如果把试样拉伸到强化阶段,然后卸载（例如在图 7.15 中 d 点处卸载）,应力和应变关系将沿着斜直线 dd' 回到 d' 点。斜直线 dd' 近似地平行于 Oa。这说明:在卸载过程中,应力和应变按直线规律变化。这就是卸载定律。拉力完全卸除后,应力-应变图中,$d'g$ 表示消失了的弹性变形,而 Od' 表示不再消失的塑性变形。

卸载后,如在短期内再次加载,则应力和应变大致上沿卸载时的斜直线 dd' 变化。到达 d 点后,又沿曲线 def 变化。由此可见,在第二次加载时,其比例极限 σ_e 得到了提高,但塑性变形和延长率却有所下降。这种现象称作**冷作硬化**。冷作硬化经过退火后又可消除。

二、其他金属材料在拉伸时的力学性能

工程上常用的塑性材料,除低碳钢之外,还有中碳钢、高碳钢、铝合金、青铜、黄铜等。

图 7.18 中是几种塑性材料的 σ-ε 曲线。有些材料，与低碳钢有比较类似的 σ-ε 曲线，如 Q345 。对于其他塑性材料，其 σ-ε 曲线并不都像低碳钢那样具有明显的 4 个阶段。如黄铜 H62，没有屈服阶段；高碳钢 T10A，没有屈服阶段和局部变形阶段。对于没有明显屈服阶段的塑性材料，可以将产生 0.2% 塑性应变时的应力作为屈服指标，称为**名义屈服极限**，并用 $\sigma_{0.2}$ 来表示。如图 7.19 所示，在横坐标轴上取 $\overline{OC} = 0.2\%$ ，自 C 点作直线平行于 OA ，并与 σ-ε 曲线相交于 D ，与 D 点对应的应力即为名义屈服极限 $\sigma_{0.2}$ 。

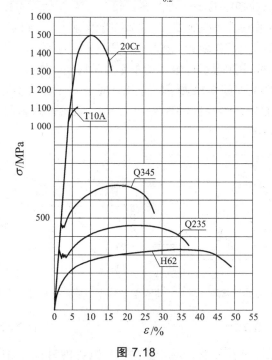

图 7.18

对于脆性材料，如灰口铸铁（伸长率很低），其拉伸时的 σ-ε 曲线如图 7.20 所示。灰口铸铁的 σ-ε 曲线没有明显的直线部分，弹性模量 E 的数值随应力的大小而改变。由于变形量很小，在较低的拉应力下，可以近似地认为服从胡克定律。因此，在工程上，通常取总应变为 0.1% 时的 σ-ε 曲线的割线斜率来确定其弹性模量（图 7.20 中的斜虚线），称为**割线弹性模量**。

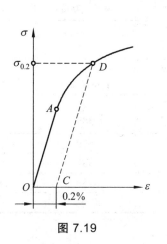

图 7.19

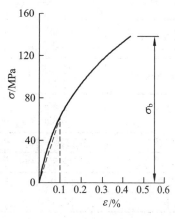

图 7.20

衡量脆性材料拉伸强度的唯一指标是材料的拉伸强度 σ_b。这个应力可以看成是试样拉断时的真实应力，因为脆性材料的试样被拉断时，其横截面面积几乎没有什么改变。

三、材料在压缩时的力学性能

金属的压缩试样，一般做成很短的圆柱，以避免被压弯。低碳钢压缩时的 σ-ε 曲线如图 7.21 所示（实线部分）。与拉伸时的 σ-ε 曲线相比较，拉伸和压缩的曲线在屈服之前大致相同。因此可以认为：低碳钢压缩时的弹性模量 E 以及屈服极限 σ_s 与拉伸时一样。但屈服以后，由于试样越压越扁，横截面面积不断增大，试样抗压能力也不断提高，因而得不到压缩时的强度极限。由于已经从拉伸试验中测得了低碳钢的主要力学性能，所以不一定要做压缩试验。

铸铁压缩时的 σ-ε 曲线如图 7.22 所示。与拉伸时的 σ-ε 曲线不同的是，压缩时的强度极限 σ_b 远远大于拉伸时的数值，约为拉伸时的 4~5 倍。其他脆性材料，如混凝土、石材等，抗压强度也远高于抗拉强度。

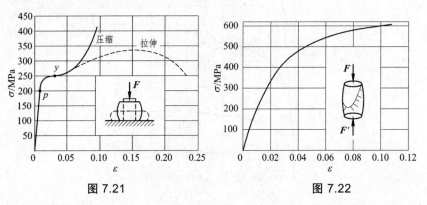

图 7.21　　　　　　　　　　图 7.22

脆性材料抗压能力强、价格低廉，易于作为抗压构件的材料，如机器底座、机床机身等。几种常用材料的力学性能见表 7.2。

表 7.2　几种常用材料的主要力学性能

材料名称	牌号	σ_s/MPa	σ_b/MPa	δ_5 / %
普通碳素钢	Q235 Q255	216~235 255~275	373~461 490~608	25~27 19~21
优质碳素结构钢	40 45	333 333	569 598	19 16
普通低合金结构钢	Q345 Q390	274~343 333~412	471~510 490~549	19~21 17~19
合金结构钢	20Cr 40Cr	540 785	835 980	10 9
碳素铸钢	ZG270—500	270	500	18
可锻铸铁	KTZ450—06		450	6（δ_3）
球墨铸铁	QT450—10		450	10（δ）
灰铸铁	HT150		120~175	

注：表中 δ_5 是指 $l=5d$ 的标准试样的伸长率。

第五节　失效、安全因素和强度计算

把受拉材料出现断裂和塑性变形都统称为**失效**。受压的短杆件被压扁、压溃也称为失效。上述这些失效现象大多是强度不足造成的，当然还有刚度及稳定性等也可造成失效，这些问题不在本章分析。这里只分析强度问题。

脆性材料断裂时的应力是强度极限 σ_b，塑性材料屈服时的应力是屈服极限 σ_s，二者都是各自的失效应力。将 σ_b 和 σ_s 这两个应力用统一符号 σ_u 表示，称为极限应力。为了确保拉（压）杆不致因强度不足而破坏，杆件的最大工作应力 σ_{max} 应小于材料的极限应力 σ_u。强度计算中，以大于 1 的安全因素除极限应力，并将所得结果称为许用应力，用 $[\sigma]$ 来表示，即

$$[\sigma] = \frac{\sigma_u}{n} \tag{7.11}$$

式中，大于 1 的因素 n 称为**安全因素**。许用应力 $[\sigma]$ 认为是构件工作应力的最高限度。于是，为确保拉（压）杆不致因强度不足而破坏的强度条件是

$$\sigma_{max} = \frac{F_{N\,max}}{A} \leqslant [\sigma] \tag{7.12}$$

根据以上强度条件，可以对其进行强度计算。**通常强度计算有以下三种类型：① 强度校核；② 截面选择；③ 许用载荷计算。**

【例 7.5】　图 7.23 所示空心圆截面杆，外径 $D = 30\,\text{mm}$，内径 $d = 20\,\text{mm}$，承受轴向载荷 $F = 60\,\text{kN}$ 作用。材料的屈服极限 $\sigma_s = 235\,\text{MPa}$，安全因素 $n = 1.5$。试校核杆的强度。

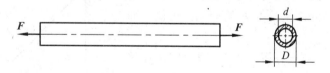

图 7.23

解：杆件横截面上的正应力为

$$\sigma = \frac{F}{\dfrac{\pi(D^2 - d^2)}{4}} = \frac{4 \times 60 \times 10^3}{\pi(30^2 - 20^2) \times 10^{-6}} = 152.87\,\text{MPa}$$

材料的许用应力为

$$[\sigma] = \frac{\sigma_u}{n} = \frac{\sigma_s}{n} = \frac{235 \times 10^6}{1.5}\,\text{Pa} = 156\,\text{MPa}$$

上面两个结果可见 $\sigma < [\sigma]$，即工作应力小于许用应力，强度满足要求，杆件可以正常工作。

【**例 7.6**】　气动夹具如图 7.24 所示。内径 $D = 140$ mm，缸内气压 $p = 0.6$ MPa。活塞杆材料为 20 钢，$[\sigma] = 80$ MPa。试设计活塞杆的直径 d。

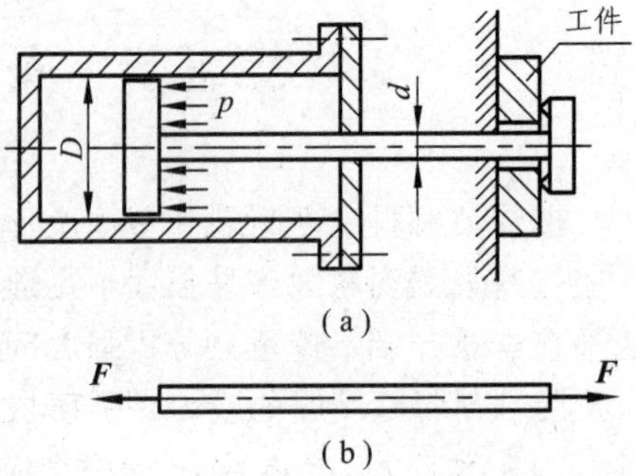

解：活塞杆左端承受活塞上的气体压力，右端承受工件的反作用力，由图（b）可知是轴向拉伸问题。由于未知活塞杆的直径，在计算气体的压力时，可暂时不计活塞杆的直径，这样是偏于安全的。故有

（ a ）

（ b ）

图 7.24

$$F = p \times \frac{\pi D^2}{4} = 0.6 \times 10^6 \times \frac{\pi}{4} \times (140 \times 10^{-3})^2$$
$$= 9\ 236 \text{ N} = 9.24 \text{ kN}$$

则活塞杆的轴力为

$$F_N = F = 9.24 \text{ kN}$$

由强度公式 $\sigma = \dfrac{F_N}{A} \leqslant [\sigma]$，有 $\dfrac{\pi d^2}{4} \geqslant \dfrac{F_N}{[\sigma]}$，则

$$d \geqslant \sqrt{\frac{4F_N}{\pi[\sigma]}} = \sqrt{\frac{4 \times 9\ 230}{\pi \times 80 \times 10^6}} = 0.012\ 12 \text{ m} = 12.12 \text{ mm}$$

最后把活塞杆的直径取为 13 mm。

上面两个结果可见 $\sigma < [\sigma]$，即工作应力小于许用应力，强度满足要求，杆件可以正常工作。

【**例 7.7**】　图 7.25（a）所示桁架，在节点 B 承受载荷 F 作用。已知两杆的横截面面积均为 $A = 100$ mm^2，许用拉应力为 $[\sigma_t] = 200$ MPa，许用压应力为 $[\sigma_c] = 150$ MPa（这里只分析强度，而暂不考虑压杆失稳的问题），试计算载荷 F 的最大许可值，即许用载荷 $[F]$。

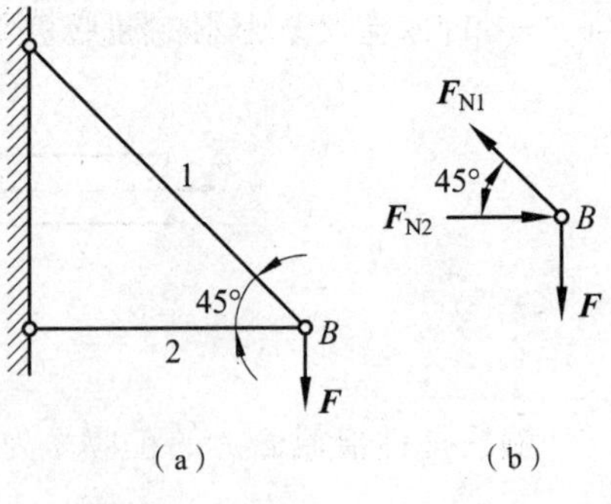

解：首先，对 B 节点分析，建立静力学平衡方程

$$\sum F_x = 0, \quad F_{N2} - F_{N1} \cos 45° = 0$$
$$\sum F_y = 0, \quad F_{N2} \sin 45° - F = 0$$

（ a ）　　　　（ b ）

图 7.25

可求得，二杆的轴力分别为

$$F_{N1} = \sqrt{2}F \text{（拉力）}, \quad F_{N2} = F \text{（压力）}$$

现在来确定许用载荷。可先分别计算各杆的许用载荷，二者取其小就是桁架的许用载荷。

由杆 1 的强度条件

$$\frac{\sqrt{2}F}{A} \leqslant [\sigma_t]$$

由此得　　　　　　$F \leqslant \dfrac{A[\sigma_{\mathrm{t}}]}{\sqrt{2}} = \dfrac{100 \times 10^{-6} \times 200 \times 10^{6}}{\sqrt{2}} = 14\ 140 \text{ N} = 14.14 \text{ kN}$

由杆 2 的强度条件

$$\frac{F}{A} \leqslant [\sigma_{\mathrm{c}}]$$

由此得　　　　　　$F \leqslant A[\sigma_{\mathrm{c}}] = 100 \times 10^{-6} \times 150 \times 10^{6} = 15\ 000 \text{ N} = 15 \text{ kN}$

可见，桁架所能承受的最大载荷为 $[P] = 14.14 \text{ kN}$。

*第六节　应力集中的概念

等截面直杆受轴向拉伸或压缩时，横截面上的应力是均匀分布的。在工程实际中，经常会遇到一些截面有骤然改变的杆件。例如有些构件会有缺口、切槽、钻孔、螺纹、轴肩等。试验结果和理论分析表明，在杆件截面的突然变化处，应力不是均匀分布的，出现局部的应力骤增现象。这种由杆件截面骤然变化（或几何外形局部不规则）而引起的局部应力骤增现象，称为**应力集中**。图 7.26 为开有圆孔或切口的板条受拉时，在圆孔或切口的附近区域内，应力将剧烈增加，但在离开圆孔或切口稍远处，应力就迅速降低而趋于均匀。

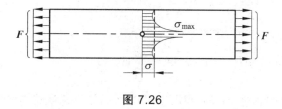

图 7.26

设发生应力集中的截面上的最大应力为 $\sigma_{\max}$，同一截面上平均应力为 σ，则比值

$$K = \frac{\sigma_{\max}}{\sigma} \tag{7.13}$$

称为理论应力集中因素。它反映了应力集中的程度，是一个大于 1 的因素。试验结果表明：截面尺寸改变得越急剧、角越尖、孔越小，应力集中的程度就越严重，易于造成破坏。另外，各种材料对应力集中的敏感程度并不相同，这里不再详细阐述。

小　结

拓展学习 7

本章对轴向拉伸和压缩的概念和实例、轴向拉伸与压缩时直杆横截面上的内力和应力，轴向拉伸或压缩时的变形，拉伸和压缩时材料的力学性能，许用应力、强度条件进行了分析。

7.1　截面法求内力的三个步骤：

（1）截开：在需要求内力的截面处，假想地把杆件截分为两部分；

（2）代替：用两部分中的任意一部分留下，并把弃去部分对留下部分的作用以截开面上的内力来代替；

（3）平衡：对留下部分建立平衡方程，求解截面上的内力 F_N。值得注意的是，截开面上的内力对留下部分而言已经是外力了，故可用平衡方程求解。

7.2　画轴力图的方法：用平行于杆轴线的坐标表示横截面的位置，用垂直于杆轴线的坐标表示横截面上轴力的数值，从而绘出轴力与截面位置关系的图线。习惯上将正值的轴力画在上侧，负值的画在下侧。轴力图上可以确定最大轴力的数值及其所在位置。

7.3　杆件截面上的分布内力集度，称为应力。

7.4　拉（压）杆横截面上的应力

$$\sigma = \frac{F_N}{A}$$

式中，F_N 为轴力，A 为杆的横截面面积。

最大正应力为

$$\sigma_{max} = \frac{F_{N\,max}}{A}$$

7.5　拉（压）杆斜截面上的应力

$$\sigma_\alpha = p_\alpha \cos\alpha = \sigma \cos^2\alpha$$

$$\sigma_\alpha = p_\alpha \sin\alpha = \sigma \cos\alpha \sin\alpha = \frac{\sigma}{2}\sin 2\alpha$$

7.6　线应变 ε：反映杆件的变形程度，可以用每单位长度的纵向伸长来表示。杆件的纵向线应变为

$$\varepsilon = \frac{\Delta l}{l}$$

7.7　胡克定律的两种表达式

$$\sigma = E\varepsilon , \qquad \Delta l = \frac{F_N l}{EA} = \frac{Fl}{EA}$$

7.8　横向变形因数或泊松比 μ

$$\left|\frac{\varepsilon'}{\varepsilon}\right| = \mu , \qquad \varepsilon' = -\mu\varepsilon$$

横向线应变 ε' 和纵向线应变 ε 的正负号总是相反。

7.9　伸长率 δ 和断面收缩率 ψ

$$\delta = \frac{l_1 - l}{l}\times 100\% , \qquad \psi = \frac{A - A_1}{A}\times 100\%$$

7.10 许用应力 $[\sigma]$

$$[\sigma] = \frac{\sigma_u}{n}$$

式中，σ_u 表示极限应力，n 称为安全因素，$n>1$。

7.11 强度条件

$$\sigma_{max} = \frac{F_{N\,max}}{A} \leqslant [\sigma]$$

式中，σ_{max} 为杆件的最大工作应力。

7.12 通常强度计算有以下三种类型：（1）强度校核；（2）截面选择；（3）许用载荷计算。

思 考 题

7.1 轴力图描述了什么？

7.2 什么是应力？什么是正应力？什么是切应力？各用什么符号表示？拉（压）杆横截面上的应力是如何分布的？

7.3 胡克定律是怎么建立的？应用条件是什么？

7.4 什么是材料的力学性能？主要由哪些指标确定？

7.5 名义屈服极限 $\sigma_{0.2}$ 是如何确定的？

7.6 什么是材料的冷作硬化？冷作硬化有何利弊？

7.7 什么是应力集中？

习 题

7.1 试求图 7.27 所示各杆 1—1，2—2，3—3 截面上的轴力，并作轴力图。

7.2 试求图 7.28 所示阶梯状直杆 1—1，2—2，3—3 截面上的应力。已知 $A_1 = 200\ mm^2$，$A_2 = 300\ mm^2$，$A_3 = 400\ mm^2$。

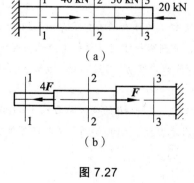

图 7.27

图 7.28

7.3 图 7.29 所示轴向受拉等截面杆，横截面面积 $A = 500 \text{ mm}^2$，载荷 $F = 50 \text{ kN}$。试求斜截面 m——m 上的正应力和切应力，以及杆内的最大切应力。

7.4 一根等直杆受力如图 7.30 所示。已知杆的横截面面积 A 和材料的弹性模量 E。试作轴力图并求杆端点 D 的位移。

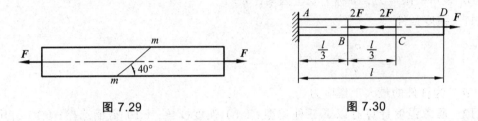

| 图 7.29 | 图 7.30 |

7.5 一木桩受力如图 7.31 所示，桩的横截面为边长 200 mm 的正方形，材料可认为符合胡克定律，其弹性模量 $E = 10 \text{ GPa}$，桩重不计。试求：各段桩的纵向线应变和桩的总变形。

7.6 在图 7.32 所示简单杆系中，设 AB 和 AC 分别为直径 20 mm 和 24 mm 的圆截面杆，$E = 200 \text{ GPa}$，$F = 5 \text{ kN}$。试求 A 点的垂直位移。

7.7 如图 7.33 所示，设 CG 为刚体，BC 为铜杆，DG 为钢杆，两杆的横截面面积分别为 A_1 和 A_2，弹性模量分别为 E_1 和 E_2。如要求 CG 始终保持水平位置，试求 x。

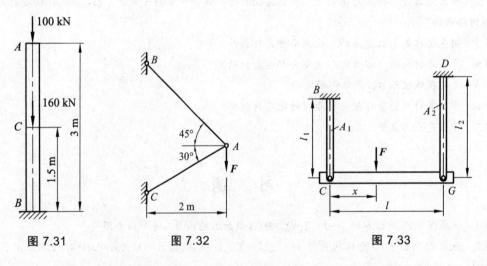

| 图 7.31 | 图 7.32 | 图 7.33 |

7.8 一圆形等直杆受到轴向拉力作用。已知杆的直径为 $d = 15 \text{ mm}$，杆端拉力 $F = 20 \text{ kN}$，材料的屈服极限 $\sigma_s = 235 \text{ MPa}$。试求杆件的工作安全因素 n。

7.9 一直径为 $d = 10 \text{ mm}$ 的试样，标距 $l_0 = 50 \text{ mm}$，拉断后，两标点间的长度 $l_1 = 63.2 \text{ mm}$，颈缩处的直径为 $d_1 = 5.9 \text{ mm}$。试确定材料的伸长率和断面收缩率，并判断属于何种材料（塑性还是脆性）。

7.10 油缸盖与缸体采用 6 个螺栓连接（图 7.34）。已知油缸内径 $D = 350 \text{ mm}$，油压 $p = 1 \text{ MPa}$。若螺栓材料的许用应力 $[\sigma] = 40 \text{ MPa}$，试求螺栓的内径 d。

7.11 在图 7.35 所示简易吊车中，BC 为钢杆，AB 为木杆。木杆 AB 的横截面面积 $A_1 = 100 \text{ cm}^2$，许用应力 $[\sigma]_1 = 7 \text{ MPa}$；钢杆 BC 的横截面面积 $A_2 = 6 \text{ cm}^2$，许用应力 $[\sigma]_2 = 160 \text{ MPa}$。试求许可吊重 $[F]$。

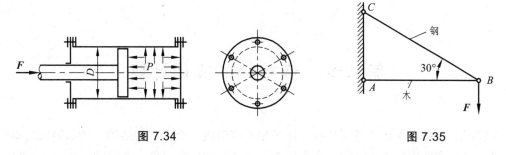

图 7.34 　　　　　　　　　　　图 7.35

*7.12　刚性杆左端为铰链支承，并借长度相等、横截面面积相同的两钢杆悬挂于水平位置（图 7.36）。刚性杆上 C 点受力为 F。试求两钢杆的内力。

*7.13　两根材料不同但截面尺寸相同的杆件，同时固连于两端的刚性板上（图 7.37），且 $E_1 > E_2$。若使两杆都为均匀拉伸，试求拉力 F 的偏心距 e。

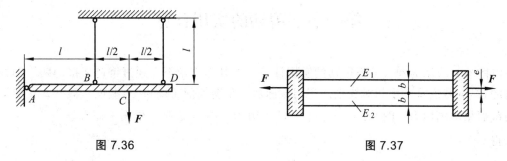

图 7.36 　　　　　　　　　　　图 7.37

7.14　一内半径为 r，厚度为 δ，宽度为 b 的薄壁圆环。在圆环的内表面承受均匀分布的压力 p，如图 7.38 所示。试求：

（1）由内压力引起的圆环径向截面上的应力；

（2）由内压力引起的圆环半径的伸长。

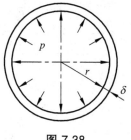

图 7.38

第八章　连接件的实用计算

在实际工程中构件往往通过某些元件互相连接组成一个完整的结构，比如钢结构中的铆钉连接、木结构的榫齿连接。这些在连接中起到连接作用的部件（如螺栓、铆钉、销钉、键等）通常被称为连接件；被连接的杆件称为被连接件。这些连接件在受力后的变形主要是剪切变形和挤压变形。本章将分析剪切和挤压的实用计算。

第一节　剪切的实用计算

以图 8.1 所示为例，分析剪切的实用计算。在外力作用下，通过铆钉连接的两块钢板在铆钉的 m—n 截面将发生相对错动。利用截面法，从剪切面（即 m—n 截面）截开，在剪切面上与截面相切的内力（图 8.1（c），（d））即为**剪力**，用 F_s 表示。根据平衡方程 $\sum F_x = 0$，容易求得

$$F_s = F$$

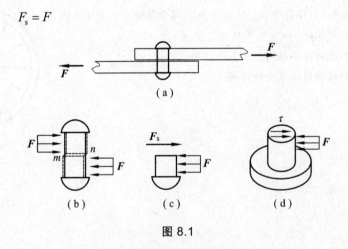

图 8.1

在剪切的实用计算中，假设剪切面上的切应力均匀分布，因此若剪切面的面积为 A，则切应力为

$$\tau = \frac{F_s}{A} \tag{8.1}$$

在一些连接件的剪切面上，应力分布的实际情况非常复杂，非但切应力不是均匀分布的，而且剪切面上往往还有正应力。由式（8.1）算出的只是剪切面上的"平均切应力"，是一个

名义切应力。

为保证受剪构件的使用安全，应确保受剪面上的切应力不超过构件材料的许用切应力 $[\tau]$，即

$$\tau = \frac{F_s}{A} \leqslant [\tau] \tag{8.2}$$

这就是剪切强度条件。其中 $[\tau]$ 是通过与构件材料受力情况相同的试验测出的极限切应力 τ_0 除以安全系数而得到的。通常同种材料的许用切应力与许用拉应力之间存在着一定的近似关系，因此在设计规范中对一些剪切构件的许用切应力作出了规定，也可以按以下经验公式确定：

对于塑性材料　　　　$[\tau] = (0.6 \sim 0.8)[\sigma]$

对于脆性材料　　　　$[\tau] = (0.8 \sim 1.0)[\sigma]$

【例 8.1】　如图 8.2 所示某起重吊具，它由销钉将吊钩的上端与吊杆连接匀速起吊重物 W。已知 $W = 40$ kN，销钉直径 $d = 2.2$ cm，吊钩厚度 $t = 2$ cm，销钉许用切应力 $[\tau] = 60$ MPa。请校核销钉的剪切强度。

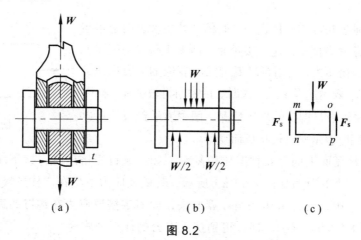

图 8.2

解：销钉受力图如图 8.2（b）所示，剪切面为 mn 和 op。取 $mnop$ 为脱离体如图 8.2（c）所示，在截开的两剪切面上有剪力 F_s，则由平衡方程得

$$F_s = \frac{W}{2}$$

由公式（8.2）有

$$\tau = \frac{W}{2A} = \frac{W}{2 \times \pi d^2/4} = \frac{4 \times 40 \times 10^3}{2 \times 3.14 \times 0.022^2} = 52.6 \text{ MPa} < [\tau]$$

所以，销钉的剪切强度满足要求。

【例 8.2】　已知钢板厚度 $t = 10$ mm，其剪切极限应力为 $\tau = 300$ MPa，如图 8.3（a）所示。若用冲床将钢板冲出直径 $d = 25$ mm 的孔，问最小需要多大的冲击力。

解: 由图 8.3 (a) 可知, 冲击力 **F** 作用在工件上使其产生剪切变形, 当力 **F** 增大到一定值时, 工件沿冲头的外周线被剪切破坏, 从而形成直径为 d 的圆孔, 此时的 **F** 即为所需的最小冲击力。因此, 冲击力 **F** 可按剪切破坏条件求出。

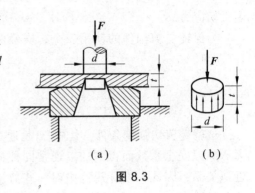

(a)   (b)

图 8.3

剪切面就是图 8.3 (b) 所示的钢板被冲头冲出的圆饼的侧面, 其面积为

$$A = \pi \cdot d \cdot t = \pi \times 25 \times 10 = 785 \text{ mm}^2$$

所以产生剪切破坏所需要的冲击力

$$F \geqslant A \cdot \tau = 785 \times 10^{-6} \times 300 \times 10^6 = 236 \text{ kN}$$

第二节 挤压的实用计算

在连接件与被连接件相互传递力的时候, 其接触表面是相互压紧的, 这种现象称为挤压, 这个接触面 (即承压面或挤压面) 上的总压紧力称为**挤压力**, 使用符号 F_{jy} 表示, 相应的应力称为挤压应力, 用符号 σ_{jy} 表示。当压力过大时, 接触面将被破坏。如图 8.4 所示, 铆接中钢板与铆钉的挤压情况, 图中表示钢板的孔边因挤压而发皱, 同时表示铆钉被挤压而变形。

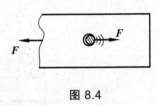

图 8.4

挤压应力在挤压面上的分布情况比较复杂。如: 铆钉受挤压时, 挤压面为半圆柱面, 在挤压面上挤压应力的分布如图 8.5 (a) 所示, 其最大应力发生在圆柱形接触面的中线上。因此, 在工程实际中, 通常采用实用计算方法, 即**假定挤压应力在铆钉的直径平面上是均匀分布的**, 如图 8.5 (b) 所示。即可得到挤压应力的计算公式为

$$\sigma_{jy} = \frac{F_{jy}}{A_{jy}} \tag{8.3}$$

式中, F_{jy} 为挤压面上的挤压力; A_{jy} 为挤压面的计算面积。

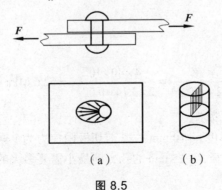

(a)   (b)

图 8.5

对于铆钉、销钉、螺栓等圆柱形连接件，实际挤压面为半圆柱面，其计算挤压面面积 A_{jy} 取为实际接触面在直径平面上的正投影面积，如图 8.5（b）所示；对于钢板、型钢、轴套等被连接件，实际挤压面为半圆孔壁，计算挤压面面积 A_{jy} 时，取凹半圆柱面的正投影面作为挤压面。

为保障连接件和被连接件不致因挤压而失效，挤压面上的应力不能超过材料的许用挤压应力 $[\sigma_{jy}]$，因此可建立挤压强度条件为

$$\sigma_{jy} = \frac{F_{jy}}{A_{jy}} \leqslant [\sigma_{jy}] \tag{8.4}$$

许用挤压应力 $[\sigma_{jy}]$ 也是通过试验测定出极限挤压应力后，除以安全系数而得到的。同种材料的许用挤压应力和许用拉应力之间有一定的近似关系：

对于塑性材料　　　　$[\sigma_{jy}] = (1.5 \sim 2.5)[\sigma]$

对于脆性材料　　　　$[\sigma_{jy}] = (0.9 \sim 1.5)[\sigma]$

【例 8.3】　请校核例 8.1 中销钉的挤压强度。设许用挤压应力 $[\sigma_{jy}] = 100\text{ MPa}$。

解：销钉与吊钩以及吊杆之间均有接触，所以销钉上、下两侧都有挤压应力。设吊耳的厚度比吊钩厚度大，所以只需要校核销钉与吊钩之间的挤压应力即可。

由挤压强度应力公式有

$$\sigma_{jy} = \frac{F_{jy}}{A_{jy}} = \frac{40 \times 10^3}{0.022 \times 0.02} = 91\text{ MPa} < [\sigma_{jy}]$$

所以，销钉的强度安全。

【例 8.4】　如图 8.6 所示，用螺栓将两块钢板连接在一起的普通螺栓连接头，两块钢板分别受到 F 的作用。已知：$F = 100\text{ kN}$，钢板厚度 t 为 0.8 cm，宽度 b 为 10 cm，螺栓直径为 1.6 cm，螺栓许用切应力 $[\tau] = 145\text{ MPa}$，许用挤压应力 $[\sigma_{jy}] = 340\text{ MPa}$；钢板许用拉应力 $[\sigma_t] = 170\text{ MPa}$。请校核该连接头的强度。

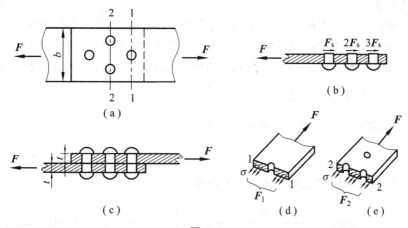

图 8.6

解：（1）螺栓剪切强度校核。

用截面在两钢板之间沿螺杆的剪切面切开，取下部分为脱离体（图 8.6（c））。脱离体受

拉力 F 和螺栓剪切面上的剪力作用，每个剪切面上的剪力为 F_s（假定螺栓所受的力为平均分配），共计四个螺栓，因此有

$$F_s = \frac{F}{4}$$

根据剪切强度公式 $\tau = \dfrac{F_s}{A} \leqslant [\tau]$

$$\tau = \frac{100 \times 10^3}{4 \times \dfrac{3.14 \times 0.016^2}{4}} = 124 \text{ MPa} < [\tau]$$

所以螺栓的剪切强度满足要求。

（2）螺栓与钢板之间的挤压强度校核。

根据挤压强度公式（8.4）有

$$\sigma_{jy} = \frac{F/4}{A_{jy}} = \frac{100 \times 10^3}{4 \times 0.016 \times 0.008} = 195 \text{ MPa} < [\sigma_{jy}]$$

所以螺栓与钢板之间不会产生挤压破坏。

（3）钢板的拉断校核。

由于钢板的圆孔对钢板的截面面积的削弱，所以必须对钢板进行拉断校核。先沿第一排孔的中心线稍偏右将钢板截开（图 8.6（a），截面 1—1），在截开的截面上有拉应力 σ_t（图 8.6（d）），假定它是平均分布的，其合力为 F_1。由平衡条件可知：$F_1 = F$。

根据轴向拉伸强度校核公式，代入有关数据，得

$$\sigma_{t1} = \frac{F_1}{A_1} = \frac{F}{\delta \cdot (b-d)} = \frac{100 \times 10^3}{0.008(0.1-0.016)} = 146 \text{ MPa} < [\sigma_t]$$

所以，这是安全的。

但仅仅校核第一排孔的截面还不够，因为在第二排有两个孔，对截面的削弱更多。因此需要用截面在第二排孔的中心线稍偏右处切开，取脱离体（图 8.6（e））。该脱离体上作用有外力 F；第一排螺栓的剪力 F_s；切开截面上的拉应力 σ_t，其合力为 F_2。根据平衡条件有：

$$F_2 + F_s - F = 0$$

在（1）中已经求得 $F_s = F/4$，所以

$$F_2 = 3F/4$$

根据轴向拉伸强度校核公式，代入相关数据，得

$$\sigma_{t2} = \frac{F_2}{A_2} = \frac{3F/4}{\delta \cdot (b-2d)} = \frac{3 \times 100 \times 10^3}{4 \times 0.008(0.1-2 \times 0.016)} = 133 \text{ MPa} < [\sigma_t]$$

所以，这也是安全的。

综上，这个连接头强度是安全的。

拓展学习 8

小 结

8.1 本章通过连接件的受力和变形介绍了剪切和挤压的概念。在连接件和被连接件之间伴随剪切还出现了局部的挤压，由于受力和变形的复杂，使实用上采用了简化的计算方法。

8.2 剪切变形的特点是构件受到一对大小相等、方向相反、作用线非常接近的横向力作用时，相邻截面发生相对错动的现象。

8.3 铆接或螺栓等连接头的切应力强度条件

$$\tau = \frac{F_s}{A} \leqslant [\tau]$$

8.4 铆接或螺栓等连接头的挤压应力强度条件

$$\sigma_{jy} = \frac{F_{jy}}{A_{jy}} \leqslant [\sigma_{jy}]$$

思 考 题

8.1 剪切变形的受力特点与变形特点是什么？请举出两个剪切变形的实例。

8.2 何谓工程实用计算，工程实用计算的依据是什么？剪切实用计算做了哪些假设？

8.3 构件连接部位应满足哪几方面的强度要求？如何分析连接件的强度？

8.4 压缩和挤压有何区别，为什么挤压许用应力大于压缩许用应力？

习 题

8.1 请校核如图 8.7 所示拉杆头部的剪切强度和挤压强度。已知 $D = 32 \text{ mm}$，$d = 20 \text{ mm}$，$h = 12 \text{ mm}$，杆的许用切应力 $[\tau] = 100 \text{ MPa}$，许用挤压应力 $[\sigma_{jy}] = 240 \text{ MPa}$。

8.2 如图 8.8 所示，一个直径 $d = 40 \text{ mm}$ 的螺栓，受拉力 $F = 10 \text{ kN}$ 作用。已知螺栓的许用切应力 $[\tau] = 60 \text{ MPa}$，求螺母所需的最小高度 h。

8.3 如图 8.9 所示两个铆钉将 $140 \text{ mm} \times 140 \text{ mm} \times 12 \text{ mm}$ 的等边角钢铆接在立柱上，构成支托。若 $F = 30 \text{ kN}$，铆钉的直径 $d = 21 \text{ mm}$，试求铆钉的切应力和挤压应力。

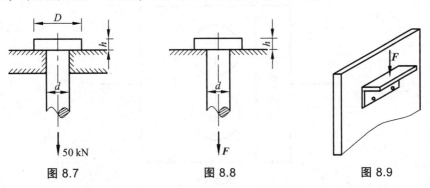

图 8.7   图 8.8   图 8.9

8.4 如图 8.10 所示正方形混凝土柱，浇筑在混凝土基础上，基础分两层，每层的厚度为 δ。已知 $F = 200$ kN，假定地基对混凝土的反力均匀分布，混凝土的许用切应力为 $[\tau] = 1.5$ MPa，试计算为使基础不被破坏，所需的厚度 δ 值。

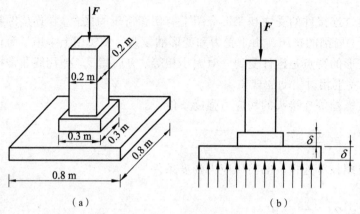

（a） （b）

图 8.10

8.5 如图 8.11 所示螺栓连接头。已知 $F = 40$ kN，螺栓的许用切应力 $[\tau] = 100$ MPa，许用挤压应力 $[\sigma_{jy}] = 300$ MPa。试按强度条件计算螺栓所需的直径。（图中尺寸单位为 mm）

8.6 如图 8.12 所示，矩形板通过 A、B 处的铆钉与横梁连接。已知 $a = 80$ mm，$b = 200$ mm，水平力 $F = 20$ kN，铆钉 A、B 直径均为 20 mm，求铆钉横截面上的名义切应力。

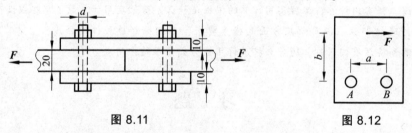

图 8.11 图 8.12

8.7 如图 8.13 所示铆钉接头，已知连接板厚度 $t = 15$ mm，铆钉直径 $d = 20$ mm，其许用切应力 $[\tau] = 60$ MPa，许用挤压应力 $[\sigma_{bs}] = 140$ MPa，试求接头能承受的最大拉力 F。

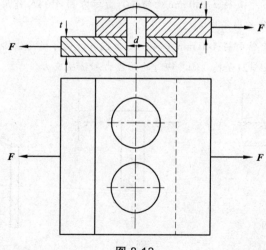

图 8.13

8.8　如图 8.14 所示正方形截面木拉杆的榫接头，已知轴向拉力 $F = 50\,\text{kN}$，截面边长 $a = 250\,\text{mm}$，$c = 90\,\text{mm}$，$l = 400\,\text{mm}$，试求接头的剪切应力和挤压应力。

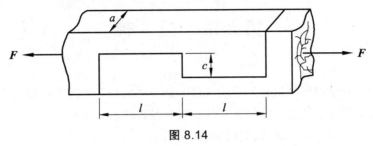

图 8.14

8.9　如图 8.15 所示测定材料剪切强度的剪切器，圆试样的直径 $d = 15\,\text{mm}$，当压力 $F = 31.5\,\text{kN}$ 时，试样被剪断，试求材料的名义剪切极限压力。若取剪切许用应力 $[\tau] = 80\,\text{MPa}$，试问安全因数等于多大。

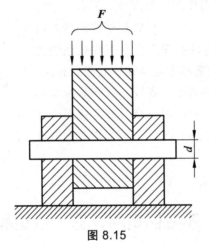

图 8.15

第九章   扭   转

工程实际中，有很多承受扭转作用的构件，如车床的光杆、搅拌机轴、汽车传动轴、汽车上的方向盘操纵杆等。还有一些轴类零件，如电动机主轴、水轮机主轴等除受扭转变形外还有其他变形。本章讨论的是这些构件的扭转变形。

现以汽车上的方向盘操纵杆为例说明扭转变形。汽车转向时，其方向盘操纵杆上端受到方向盘传来的力偶作用，下端受到来自转向器的阻力偶作用，如图 9.1 所示。方向盘操纵杆的变形表现为扭转。可见，**扭转变形是在杆件两端作用大小相等、方向相反且作用平面垂直于杆轴线的力偶，致使杆件的任意两个横截面都发生绕轴线的相对转动。**

上面提到的承受扭转变形的轴类零件，其横截面大都是圆形，且轴线大都是直线。所以本章只研究圆截面等直杆的扭转，这是工程中最常见的情况，又是扭转变形中最简单的问题。

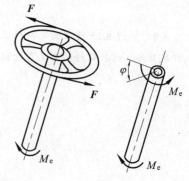

图 9.1

第一节   外力偶矩的计算·扭矩和扭矩图

一、功率、转速和外力偶矩之间的关系

工程实际中，作用于轴上的外力偶经常不是直接给出的，而是给出轴所传递的功率和轴的转速，因此应将已知的功率和转速换算成外力偶矩。在图 9.2 中，设功率由带轮输入然后由右端的齿轮输出。若已知轴的转速为 n（r/min），带轮输入的功率为 P（kW），则因 $1\,kW = 1\,000\,N \cdot m/s$，所以输入 P（kW）就相当于每秒钟内输入 $W = P \times 1\,000\,N \cdot m$ 的功。输入的功是经由带轮以力偶矩 M_e 作用于轴上来完成的，因轴的转速为 n（r/min），所以以力偶矩 M_e 在每秒钟内完成的功应为 $\dfrac{2\pi n}{60} \times M_e$。这也就是带轮给 AB 轴输入的功，即

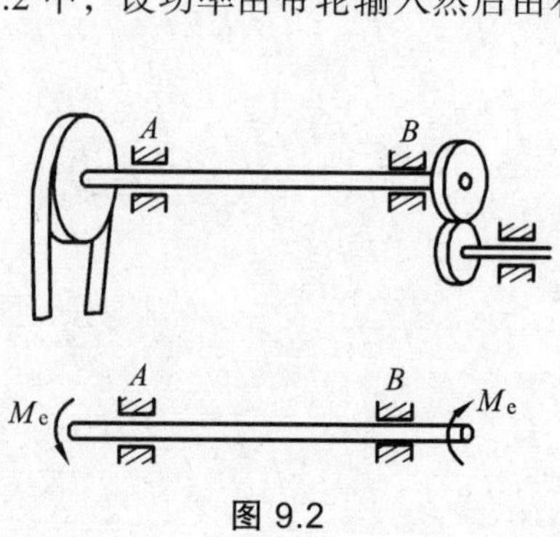

$$\frac{2\pi n}{60} \times M_e = P \times 1\,000$$

由此求出计算外力偶矩 M_e 的公式为

图 9.2

$$M_e = 9\ 549\frac{P}{n} \quad [\text{N}\cdot\text{m}] \tag{9.1}$$

二、扭矩和扭矩图

求出了作用于轴上的所有外力偶矩后，即可用截面法研究轴横截面上的内力。设有一轴，在垂直于该轴线的两个平面内作用有大小相等、转向相反的外力偶，轴处于平衡状态，如图 9.3（a）所示。

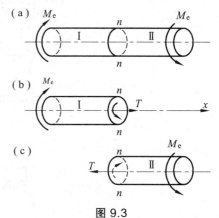

假想地用一横截面 n—n 将轴分成两部分，并研究部分 I（图 9.3（b））。因整个轴是平衡的，部分 I 也处于平衡状态。这就要求截面 n—n 上的内力系必须合成为一个内力偶矩 T，与外力偶矩 M_e 平衡。由平衡方程 $\sum M_x = 0$，求出

$$T = M_e$$

图 9.3

T 为横截面 n—n 上的内力，称为**扭矩**，它是 I 、II 两部分在截面 n—n 上相互作用的分布内力系的合力偶矩。

如研究部分 II 的平衡（图 9.3（c）），仍可以求得 $T = M_e$ 的结果，只是 T 的转向与研究部分 I 平衡求出的相反。为了使得无论选择部分 I 或部分 II 求出的同一横截面上的扭矩不但数值相等，而且符号也相同，把扭矩 T 的符号规定为：当用右手握住轴线，其四指弯向表示扭矩的转向，拇指的指向与截面的外法线一致时，该扭矩为正（图 9.3（b）、（c）），反之为负。

若作用于轴上的外力偶多于两个，也与拉压问题中作轴力图一样，可用图形的方式表示整根轴沿轴线各截面上扭矩的变化情况，这种图形称为扭矩图。下面用例题来说明扭矩图的绘制。

【例 9.1】 一传动轴如图 9.4（a）所示。已知主动轮输入功率 $P_A = 400\ \text{kW}$，从动轮 B、C、D 的输出功率分别为 $P_B = P_C = 120\ \text{kW}$，$P_D = 160\ \text{kW}$，该轴转速为 $n = 300\ \text{r}/\text{min}$。试作该轴的扭矩图。

解：（1）计算作用于各轮上的外力偶矩

$$M_{eA} = 9\ 549\frac{P_A}{n} = 9\ 549 \times \frac{400}{300} = 12\ 732\ \text{N}\cdot\text{m}$$

$$M_{eB} = M_{eC} = 9\ 549\frac{P_B}{n} = 9\ 549 \times \frac{120}{300} = 3\ 819.6\ \text{N}\cdot\text{m}$$

$$M_{eD} = 9\ 549\frac{P_D}{n} = 9\ 549 \times \frac{160}{300} = 5\ 092.8\ \text{N}\cdot\text{m}$$

（2）从受力图来看，BC、CA、AD 三段内受力并不相同。先用截面法求各段内的扭矩。在 BC、CA 和 AD 各段各任取 1—1、2—2、3—3 截面，并以左段为研究对象，受力图如图 9.4（b）、（c）、（d）所示，分别以 T_1、T_2、T_3 表示截面上的扭矩。

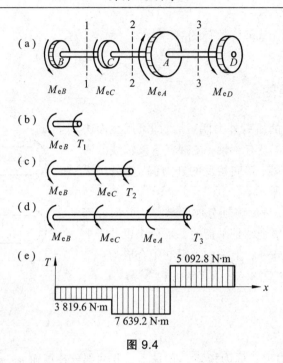

图 9.4

对（b）图，由平衡方程

$$\sum M_x = 0 , \quad T_1 + M_{eB} = 0$$

得

$$T_1 = -M_{eB} = -3\ 819.6\ \text{N} \cdot \text{m}$$

同理，在 CA 段和 AD 段内的扭矩分别为

$$T_2 = -M_{eB} - M_{eC} = -7\ 639.2\ \text{N} \cdot \text{m}$$

$$T_3 = -M_{eB} - M_{eC} + M_{eA} = 5\ 092.8\ \text{N} \cdot \text{m}$$

等号右边的负号表明 T_1、T_2 的真实方向与图中假设方向相反。

（3）作扭矩图。在 BC 段内各截面上的扭矩相同。如以横坐标表示横截面的位置，纵坐标表示相应截面上的扭矩，作纵坐标为 $-3\ 820$ N·m 的水平线就得到 BC 段内的扭矩图。同理可作出 CA、AD 两段内的扭矩图。最后得到整个图的扭矩图（图 9.4（e））。

从上例可看出，轴上某截面的扭矩，其数值等于截面一边外力偶矩的代数和。

第二节 纯 剪 切

一、薄壁圆筒扭转时横截面上的切应力

图 9.5（a）为一等厚壁圆筒，在圆筒表面上作圆周线和纵向线画成方格。在圆筒两端施加外力偶矩 M_e 后发生扭转变形，可以看到（图 9.5（b））：① 在小变形时各纵向线仍保持为直线，

并且倾斜了同一微小角度 γ，矩形歪斜成平行四边形；② 各圆周线的形状、大小和间距不变，只是各圆周线绕杆轴线转动了不同的角度。这表明，圆筒横截面和包含轴线在内的纵向截面上都无正应力，横截面上便只有和截面相切的切应力 τ，组成与外力偶矩 M_e 相平衡的内力系。因为圆筒壁厚 t 很小，可以认为沿筒壁厚度切应力不变。又因为在同一圆周上各点情况完全相同，所以应力也就相同（图 9.5（c））。这样，横截面上的内力系对于 x 轴的力矩应为 $2\pi rt \cdot \tau \cdot r$。这里 r 是圆筒的平均半径。由截面 qq 以左部分的平衡方程 $\sum M_x = 0$，可得

$$M_e = 2\pi rt \cdot \tau \cdot r$$

即
$$\tau = \frac{M_e}{2\pi r^2 t} \tag{a}$$

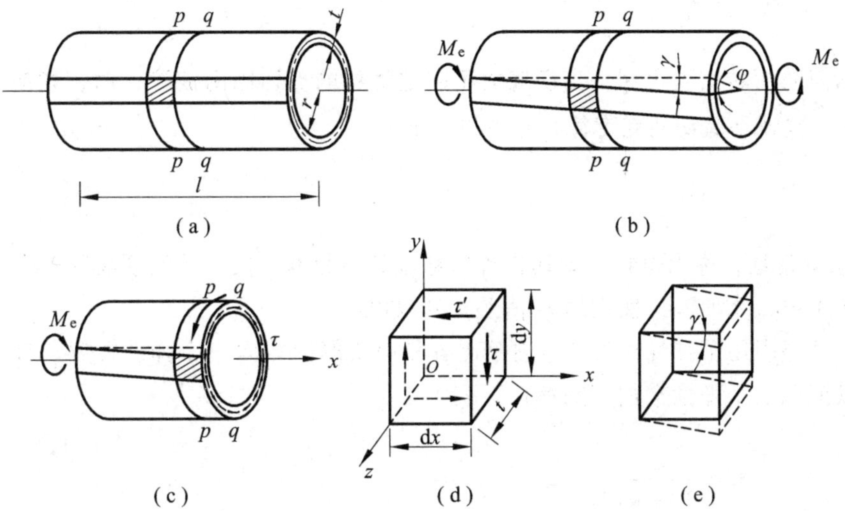

图 9.5

二、切应力互等定理

在圆筒上，用相邻的两个横截面和两个纵向面截取边长分别为 $\mathrm{d}x$、$\mathrm{d}y$ 和厚度为 t 的微小矩形六面体，以后称之为**单元体**，并放大为图 9.5（d）。单元体的左、右两侧面是圆筒的横截面的一部分，所以没有正应力只有切应力。两个侧面上的切应力大小皆由式（a）计算，数值相等，但方向相反。于是组成一个力偶矩为 $(\tau t\mathrm{d}y)\mathrm{d}x$ 的力偶。为保持平衡，单元体的上、下两个侧面上必须有切应力，并且组成力偶以与力偶 $(\tau t\mathrm{d}y)\mathrm{d}x$ 相平衡。由 $\sum F_x = 0$ 可知，上、下两个侧面上存在大小相等、方向相反的切应力 τ'，于是组成力偶矩为 $(\tau' t\mathrm{d}x)\mathrm{d}y$ 的力偶。由平衡方程 $\sum M_x = 0$，可得

$$(\tau t\mathrm{d}y)\mathrm{d}x = (\tau' t\mathrm{d}x)\mathrm{d}y$$

即
$$\tau = \tau' \tag{9.2}$$

上式表明：**在互相垂直的两个平面上，切应力必然成对存在且数值相等；两者都垂直于两个**

平面的交线，其方向则共同指向或共同背离这一交线。这就是**切应力互等定理**。图 9.5（d）所示单元体的四个侧面上，只有切应力而无正应力，这种情况称为**纯剪切**。

三、剪切胡克定律

由前述可知，圆筒表面各纵向线倾斜了同一微小角度 γ，使得圆筒表面上方格原本相互垂直的两个棱边的夹角改变了一个微小量 γ。这一直角的改变量称为**切应变**。由图 9.5（b）可以看出，若 l 为圆筒的长度，φ 为圆筒两端截面之间相对转动的角位移，这一角位移称为**相对扭转角**，则切应变 γ 应为

$$\gamma = \frac{r\varphi}{l} \tag{b}$$

薄壁圆筒的扭转实验表明，当切应力不超过材料的剪切比例极限 τ_p 时，切应变 γ 与切应力 τ 成正比。这就是**剪切胡克定律**，它可以写成

$$\tau = G\gamma \tag{9.3}$$

式中 G 为比例常数，称为材料的**剪切弹性常数**或**切变模量**。因 γ 是无量纲量，故 G 与 τ 的量纲相同，常用单位是 GPa，如钢的 G 值约为 80 GPa。

至此，已经引用了弹性模量 E、泊松比 μ 和切变模量 G 等三个弹性常数。对于各向同性材料，可以证明三个弹性常数之间存在下列关系

$$G = \frac{E}{2(1+\mu)} \tag{9.4}$$

第三节　圆轴扭转时的应力及强度计算

一、横截面上的应力

现在讨论圆轴受扭时的应力及强度条件。与薄壁圆筒相仿，在小变形条件下，圆轴在扭转时横截面上也只有切应力而无正应力。为求得圆轴在扭转时横截面上的切应力计算公式，需先从变形几何方面和物理关系方面求得切应力在横截面上的分布规律，然后再考虑静力学方面来求解。

1. 变形几何方面

为了观察圆轴的扭转变形，在圆轴的表面上作出任意两个相邻的圆周线和纵向线（在图 9.6（a）中，变形前的纵向线用虚线表示）。在圆轴两端施加一矩为 M_e 的外力偶后，可以发现：各圆周线绕轴线相对地旋转了一个角度，圆周线的大小和形状均未发生改变；在变形微小的情

况下，圆周线间的间距也未变化，纵向线则倾斜了一个角度 γ。变形前表面上的方格，变形后错动成菱形。

根据所观察到现象，可作如下假设：圆轴扭转变形前的横截面，变形后仍保持为平面，形状和大小不变，半径仍保持为直线，且相邻两横截面间的距离不变。这就是圆轴扭转的**平面假设**。按照这一假设，横截面如同刚性平面般绕杆的轴线转动。实验和弹性力学理论指出，在杆扭转变形后只有等直圆轴的圆周线仍在垂直于杆轴线的平面内，所以上述假设只适用于等直圆轴。

为确定横截面上任意一点处的切应力随点的位置而变化的规律，假想地用相邻的横截面 pp 和 qq 从轴中取出长为 dx 的微段进行分析，并放大为图 9.6（b）。若截面 qq 对截面 pp 的相对扭转角为 $d\varphi$，则根据平面假设，横截面 qq 上的任意半径 Oa 也转过了角度 $d\varphi$ 到了 Oa'。由于截面转动，圆轴表面上的纵向线 da 倾斜了一个角度 γ。纵向线的倾斜角 γ 就是横截面周边上任一点 d 处的切应变。根据平面假设，用相同的方法并参考图 9.6（c），可以求得圆轴横截面上距圆心为 ρ 处的切应变为

$$\gamma_\rho = \rho \frac{d\varphi}{dx} \tag{9.5}$$

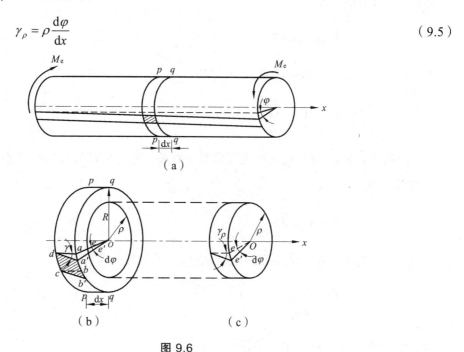

图 9.6

上式表示圆轴横截面上任一点处的切应变随该点在横截面上的位置而变化的规律。式中 $\dfrac{d\varphi}{dx}$ 表示相对扭转角 φ 沿轴长度的变化率，对于给定的横截面来说，它是个常量。因此，在同一半径 ρ 的圆周上各点处的 γ_ρ 均相同，且与 ρ 成正比。应该注意，上述切应变均在垂直于半径的平面内。

2. 物理关系方面

以 τ_ρ 表示横截面上距圆心为 ρ 处的切应力，则由剪切胡克定律可知，在线弹性范围内，切应力与切应变成正比，即

$$\tau_\rho = G\gamma_\rho \tag{a}$$

得 $$\tau_\rho = G\rho\frac{\mathrm{d}\varphi}{\mathrm{d}x} \tag{9.6}$$

上式表明横截面上任一点的切应力 τ_ρ 与该点到圆心的距离 ρ 成正比。τ_ρ 的方向应垂直于半径，因为 γ_ρ 是垂直于半径平面内的切应变。切应力沿任一半径的变化情况如图 9.7 所示。

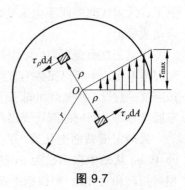

图 9.7

3. 静力学方面

横截面上切应力变化规律表达式（9.6）中的 $\mathrm{d}\varphi/\mathrm{d}x$ 是个待定参数，为确定该参数，考虑静力学方面。由于在横截面上任一直径上距圆心等距的两点处的微内力 $\tau_\rho\mathrm{d}A$ 等值而方向相反（图 9.7），因此整个横截面上的微内力 $\tau_\rho\mathrm{d}A$ 的合力必为零，并且组成一个力偶，即为横截面上的扭矩 T。由于 τ_ρ 的方向垂直于半径，故微内力 $\tau_\rho\mathrm{d}A$ 对圆心的力矩为 $\rho\tau_\rho\mathrm{d}A$。于是，由静力学中的合力矩定理可得

$$\int_A \rho\tau_\rho\mathrm{d}A = T \tag{b}$$

将式（9.6）代入，经整理后即得

$$G\frac{\mathrm{d}\varphi}{\mathrm{d}x}\int_A \rho^2\mathrm{d}A = T \tag{c}$$

上式中的积分 $\int_A \rho^2\mathrm{d}A$ 仅与横截面的几何形状有关，称为横截面对圆心 O 点的**极惯性矩**，并用 I_p 表示，即

$$I_\mathrm{p} = \int_A \rho^2\mathrm{d}A \tag{d}$$

其量纲为长度的四次方。将式（d）代入式（c）并整理，即得

$$\frac{\mathrm{d}\varphi}{\mathrm{d}x} = \frac{T}{GI_\mathrm{p}} \tag{9.7}$$

将式（9.7）代入式（9.6）中，即得

$$\tau_\rho = \frac{T\rho}{I_\mathrm{p}} \tag{9.8}$$

上式即为圆轴扭转时横截面上任一点处切应力的计算公式。

由式（9.8）及图 9.7 可见，当 ρ 等于横截面的半径 R 时，即在横截面周边上的各点处，切应力将达到其最大值 τ_max，其值为

$$\tau_\mathrm{max} = \frac{TR}{I_\mathrm{p}}$$

上式中若用 W_t 代表 I_p/R，则有

$$\tau_{\max} = \frac{T}{W_t} \tag{9.9}$$

式中，W_t 称为**抗扭截面系数**，其量纲为长度的三次方。

推导切应力计算公式的主要依据是平面假设，且材料符合胡克定律。因此上述诸公式仅适用于在线弹性范围内的等截面圆直杆。

为了计算截面对圆心的极惯性矩 I_p 和抗扭截面系数 W_t，在圆截面上距圆心为 ρ 处取厚度为 $d\rho$ 的环形面积作为微元面积（图 9.8（a）），并由式（d）可得圆截面对圆心的极惯性矩为

$$I_p = \int_A \rho^2 dA = \int_0^{D/2} 2\pi\rho^3 d\rho = \frac{\pi D^4}{32} \tag{9.10}$$

圆截面的抗扭截面系数为

$$W_t = \frac{I_p}{D/2} = \frac{\pi D^3}{16} \tag{9.11}$$

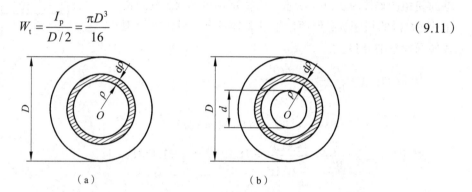

（a）　　　　　　　（b）

图 9.8

由于平面假设同样适用于空心圆轴的情形，因此切应力公式也适用于空心圆轴的情形。设空心圆轴的内、外半径分别为 d 和 D（图 9.8（b）），其比值 $\alpha = \dfrac{d}{D}$，则从式（d）可得空心圆截面对圆心的极惯性矩为

$$I_p = \int_A \rho^2 dA = \int_{d/2}^{D/2} 2\pi\rho^3 d\rho = \frac{\pi}{32}(D^4 - d^4) = \frac{\pi D^4}{32}(1 - \alpha^4) \tag{9.12}$$

抗扭截面系数为

$$W_t = \frac{I_p}{D/2} = \frac{\pi D^3}{16}(1 - \alpha^4) \tag{9.13}$$

二、扭转强度条件

等直圆轴在扭转时，轴内各点均处于纯剪切应力状态。其强度条件应该是横截面上的最大工作切应力 $\tau_{\max}$ 不超过材料的许用切应力 $[\tau]$，即

$$\tau_{\max} \leqslant [\tau] \tag{9.14}$$

由于等直圆轴的最大工作应力 $\tau_{\max}$ 存在于最大扭矩所在横截面（即危险截面的周边上任一点处），故强度条件公式（9.14）应以这些危险点处的切应力为依据。于是上述强度条件可写为

$$\tau_{\max} = \frac{T_{\max}}{W_{\mathrm{t}}} \leqslant [\tau] \tag{9.15}$$

根据强度条件公式（9.15），可对实心或空心圆截面传动轴进行强度计算，即校核强度、设计截面尺寸或计算许可载荷。

【例 9.2】 图 9.9（a）所示阶梯状圆轴，AB 段直径 $d_1 = 120\ \mathrm{mm}$，BC 段直径 $d_2 = 100\ \mathrm{mm}$。所受外力偶矩分别为 $M_A = 22\ \mathrm{kN \cdot m}$，$M_B = 36\ \mathrm{kN \cdot m}$，$M_C = 14\ \mathrm{kN \cdot m}$。已知材料的许用切应力 $[\tau] = 80\ \mathrm{MPa}$，试校核该轴的强度。

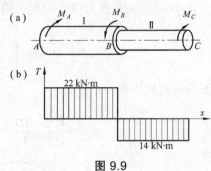

图 9.9

解：用截面法求得 AB、BC 段的扭矩，并绘制出该轴的扭矩图如图 9.9（b）所示。由扭矩图可知 AB 段的扭矩比 BC 段的扭矩大，但两段轴的直径不同，因此需分别校核两段轴的强度。

AB 段　$\tau_{1,\max} = \dfrac{T_1}{W_{\mathrm{t}1}} = \dfrac{22 \times 10^3}{\dfrac{\pi}{16}(0.12)^3}$

$\qquad\qquad = 64.84 \times 10^6\ \mathrm{Pa} = 64.84\ \mathrm{MPa} < [\tau]$

BC 段　$\tau_{2,\max} = \dfrac{T_2}{W_{\mathrm{t}2}} = \dfrac{14 \times 10^3}{\dfrac{\pi}{16}(0.1)^3} = 71.3 \times 10^6\ \mathrm{Pa} = 71.3\ \mathrm{MPa} < [\tau]$

因此，该轴满足强度条件的要求。

【例 9.3】 在例 9.1 中，若规定该传动轴的许用切应力 $[\tau] = 40\ \mathrm{MPa}$。试按强度要求确定实心轴的直径 D。在最大切应力相同的情况下，若用内外直径之比 $\alpha = d/D' = 0.8$ 的相同材料制成的空心轴代替实心轴，则空心轴的直径应为多少？比较二者的重量，并说明二者谁更节省材料。

解：在例 9.1 中已经求得 $T_{\max} = 7\ 640\ \mathrm{N \cdot m}$，由强度条件（9.15）及式（9.11）得

$$\tau_{\max} = \frac{T_{\max}}{W_{\mathrm{t}}} = \frac{T_{\max}}{\pi D^3 / 16} \leqslant [\tau]$$

$$D \geqslant \sqrt[3]{\frac{16 T_{\max}}{\pi [\tau]}} = \sqrt[3]{\frac{16 \times 7\ 640}{\pi \times 40 \times 10^6}} = 0.099\ 1\ \mathrm{m} = 99.1\ \mathrm{mm}$$

因此，按强度要求，实心轴直径可取为 $100\ \mathrm{mm}$。

若改用内外直径之比 $\alpha = 0.8$ 的空心轴，由强度条件（9.15）及式（9.13）得

$$\tau_{\max} = \frac{T_{\max}}{W_{\mathrm{t}}} = \frac{T_{\max}}{\pi D'^3 (1 - \alpha^4) / 16} \leqslant [\tau]$$

$$D' \geqslant \sqrt[3]{\frac{16 T_{\max}}{\pi (1 - \alpha^4)[\tau]}} = \sqrt[3]{\frac{16 \times 7\ 640}{\pi \times (1 - 0.8^4) \times 40 \times 10^6}} = 0.118\ 1\ \mathrm{m} = 118.1\ \mathrm{mm}$$

因此，按强度要求，空心轴直径可取为 $119\ \mathrm{mm}$。

在长度相同、材料相同的情况下，空心轴和实心轴的重量比等于二者的横截面面积之比，即

$$\frac{P'}{P} = \frac{A'}{A} = \frac{D'^2(1-\alpha^2)}{D^2} = \frac{118^2(1-0.8^2)}{99^2} = 0.51$$

可见，空心圆轴的重量只是实心圆轴的 51%，其重量减轻是非常显著的。之所以如此，是因为在横截面上切应力沿半径线性分布，圆心附近的材料切应力很低，没有得到充分利用。若将圆心附近的材料向周边移置，必将增大 I_p 和 W_t 提高圆轴的抗扭强度，这也就成为空心轴。但应注意过薄的圆筒受扭时，筒壁可能发生皱折，而丧失承载能力。

第四节 圆轴扭转时的变形及刚度计算

一、扭转时的变形

等直圆轴的扭转变形，是用两个横截面绕轴线转动的相对扭转角 φ 来度量的。式（9.7）是计算等直圆轴相对扭转角的依据。其中 $\mathrm{d}\varphi$ 表示相距为 $\mathrm{d}x$ 的两横截面间的相对扭转角。因此可得长为 l 的一段轴两端截面间的相对扭转角 φ 为

$$\varphi = \int_l \mathrm{d}\varphi = \int_0^l \frac{T}{GI_p} \mathrm{d}x \tag{a}$$

若在两横截面之间 T 的值不变，且轴为同一种材料制成的等直圆杆，则式（a）中 T/GI_p 为常量。这时式（a）可化为

$$\varphi = \frac{Tl}{GI_p} \tag{9.16}$$

φ 的单位是 rad。上式表明，GI_p 越大则相对扭转角就越小，故 GI_p 称为**圆轴的抗扭刚度**。

由于圆轴在扭转时各横截面上的扭矩可能并不相同，且圆轴的长度也各不相同，因此对于圆轴扭转的刚度通常用相对扭转角沿轴线长度的变化率 $\mathrm{d}\varphi/\mathrm{d}x$ 来度量。用 θ 表示这个量，称为**单位长度扭转角**。由式（9.7）可得

$$\theta = \frac{\mathrm{d}\varphi}{\mathrm{d}x} = \frac{T}{GI_p} \tag{9.17}$$

θ 的单位是 rad/m。显然，以上计算公式都只能适用于材料在线弹性范围内的等直圆杆。

二、扭转刚度条件

等直圆轴扭转时，除需要满足强度条件外，有时还需要满足刚度条件。例如机器的传动轴如扭转角过大，将会使机器在运转时产生较大的振动。刚度要求通常是限制其单位长度扭

转角 θ 中的最大值 $\theta_{\max}$ 不超过某一规定的允许值 $[\theta]$，即

$$\theta_{\max} = \frac{T_{\max}}{GI_p} \leqslant [\theta] \tag{9.18}$$

式（9.18）就是等直圆轴在扭转时的**刚度条件**。

工程上，$[\theta]$ 的常用单位是 $(°)/m$，这样应把式（9.18）左端的弧度换成度，故有

$$\theta_{\max} = \frac{T_{\max}}{GI_p} \times \frac{180°}{\pi} \leqslant [\theta] \tag{9.19}$$

各种轴类零件的 $[\theta]$ 值可由有关的机械设计手册中查到。这样，根据刚度条件公式（9.19），可对实心或空心圆截面传动轴进行刚度计算，即校核刚度、设计截面尺寸或计算许可载荷。

【例 9.4】 在例 9.1 中，若规定该传动轴的许可单位长度扭转角 $[\theta] = 0.3(°)/m$，切变模量 $G = 80 \text{ GPa}$。试按刚度要求确定实心轴的直径 D。

解： 在例 9.1 中已经求得 $T_{\max} = 7\,640 \text{ N·m}$，由刚度条件（9.19）及式（9.10）得

$$\theta_{\max} = \frac{T_{\max}}{GI_p} \times \frac{180°}{\pi} = \frac{T_{\max}}{G\pi D^4/32} \times \frac{180°}{\pi} \leqslant [\theta]$$

$$D \geqslant \sqrt[4]{\frac{32 T_{\max}}{G\pi[\theta]} \times \frac{180°}{\pi}} = \sqrt[4]{\frac{32 \times 7\,640}{80 \times 10^9 \times \pi \times 0.3} \times \frac{180°}{\pi}} = 0.116\,8 \text{ m} = 116.8 \text{ mm}$$

因此，按刚度要求，实心轴直径可取为 117 mm。对照例题 9.3 中对实心轴的计算，可见按照刚度要求确定的直径大于按照强度要求确定的直径，刚度成为控制因素。这在刚度要求较高的机械设计中是经常出现的。

【例 9.5】 图 9.10 所示为装有 4 个皮带轮的一根直径 $D = 105 \text{ mm}$ 的实心轴计算简图，已知 $M_A = 4.5 \text{ kN·m}$，$M_B = 9 \text{ kN·m}$，$M_C = 3 \text{ kN·m}$，$M_D = 1.5 \text{ kN·m}$，各轮间的距离 $l_1 = 0.8 \text{ m}$，$l_2 = 1.0 \text{ m}$，$l_3 = 1.2 \text{ m}$，设材料的切变模量 $G = 80 \text{ GPa}$。试求轮 A 与轮 D 之间的相对扭转角。

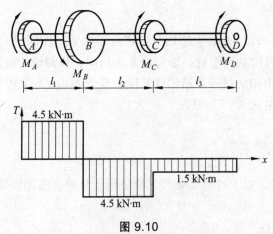

图 9.10

解：（1）先求各段的扭矩，用截面法求得 AB、BC、CD 各段的扭矩分别为 4.5 kN·m、-4.5 kN·m、-1.5 kN·m，画出扭矩图如图 9.10 所示。

（2）计算相对扭转角。根据题意可得 $D = 105 \text{ mm}$，则

$$I_p = \frac{\pi D^4}{32} = \frac{\pi \cdot 105^4}{32} = 1.193 \times 10^7 \ \text{mm}^4 = 1.193 \times 10^{-5} \ \text{m}^4$$

故轮 A 与轮 B 之间的相对扭转角

$$\varphi_{A-B} = \frac{T_{AB} \cdot l_1}{GI_p} = \frac{4.5 \times 10^3 \times 0.8}{80 \times 10^9 \times 1.193 \times 10^{-5}} = 3.77 \times 10^{-3} \ \text{rad}$$

轮 B 与轮 C 之间的相对扭转角

$$\varphi_{B-C} = \frac{T_{BC} \cdot l_2}{GI_p} = \frac{-4.5 \times 10^3 \times 1.0}{80 \times 10^9 \times 1.193 \times 10^{-5}} = -4.72 \times 10^{-3} \ \text{rad}$$

轮 C 与轮 D 之间的相对扭转角

$$\varphi_{C-D} = \frac{T_{CD} \cdot l_3}{GI_p} = \frac{-1.5 \times 10^3 \times 1.2}{80 \times 10^9 \times 1.193 \times 10^{-5}} = -1.89 \times 10^{-3} \ \text{rad}$$

所以，轮 A 与轮 D 之间的相对扭转角为

$$\varphi_{A-D} = \varphi_{A-B} + \varphi_{B-C} + \varphi_{C-D} = -2.84 \times 10^{-3} \ \text{rad}$$

小　结

拓展学习 9

9.1　圆轴扭转的外力特征与变形特点。

在轴的两端垂直于杆轴的平面内，作用着一对大小相等、转向相反的力偶；圆轴任意两个横截面都发生绕轴线的相对转动。

9.2　外力偶矩的大小可用转速、转矩与功率的关系按式（9.1）进行计算。

9.3　圆轴扭转的内力是扭矩，其符号规定用右手螺旋法则决定。

9.4　圆轴扭转时，横截面上产生切应力，其大小沿半径线性分布，圆心处切应力为零，切应力的方向垂直于半径，任一点的切应力

$$\tau_\rho = \frac{T\rho}{I_p}$$

最大切应力发生在轴的边缘，可用下式计算

$$\tau_{max} = \frac{T}{W_t}$$

I_p 是圆轴截面对圆心的极惯性矩，W_t 称为抗扭截面系数。

9.5　圆轴扭转时的强度条件，由扭矩图和轴上各段的 W_t 判断危险截面，危险截面的边缘

各点即为危险点,强度条件为

$$\tau_{\max} = \frac{T_{\max}}{W_t} \leqslant [\tau]$$

9.6 圆轴扭转时的刚度条件,圆轴扭转时的变形大小是用任两个横截面绕轴线相对转动的相对扭转角来度量的,扭转角的计算公式是

$$\varphi = \frac{Tl}{GI_p}$$

于是圆轴扭转的刚度条件为

$$\theta_{\max} = \frac{T_{\max}}{GI_p} \times \frac{180°}{\pi} \leqslant [\theta]$$

式中,GI_p 称为圆轴的抗扭刚度。

思 考 题

9.1 在减速箱中常看到高速轴的直径较小,而低速轴的直径较大,这是为什么?

9.2 什么是扭矩图?扭矩图能够说明什么问题?

9.3 圆轴扭转切应力公式是如何建立的?该公式的应用范围是什么?

9.4 扭转切应力在横截面上如何分布的?试说明图 9.11 中所示的扭转切应力分布是否正确。为什么?

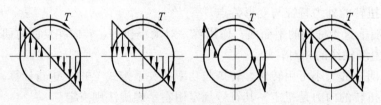

图 9.11

9.5 两根材料相同、长度相同及横截面面积相等的圆轴,一根是实心的,另一根是空心的,在相同扭矩作用下,最大切应力和单位长度扭转角是否相等?

9.6 直径和长度均相同而材料不相同的两根轴,在相同外力偶作用下,它们的最大切应力和相对扭转角是否相同?

9.7 如果轴的直径增大一倍,其他情况不变,那么最大切应力和相对扭转角将怎样变化?

习 题

9.1 作图 9.12 所示各杆的扭矩图。

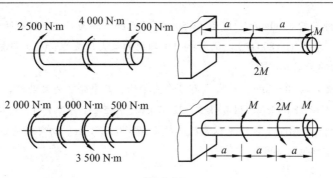

图 9.12

9.2 圆轴的直径 $D = 50$ mm，转速为 120 r/min。若该轴横截面上最大切应力等于 60 MPa，试问该轴所传递的功率为多大？

9.3 一空心圆轴的外径 $D = 90$ mm，内径 $d = 60$ mm。试计算该轴的抗扭截面系数 W_t，若在横截面面积不变的情况下，改用实心圆轴，比较两者的抗扭截面系数。

9.4 设有一实心轴，截面如图 9.13 所示，两端所受外力偶矩 $M_e = 14$ kN·m，轴的直径 $d = 10$ cm，长度为 $l = 100$ cm，$G = 80$ GPa，试计算：（1）横截面上的最大切应力；（2）该轴两端面间的相对扭转角；（3）截面上 A 点的切应力。

9.5 如图 9.14 所示，实心轴与空心轴通过牙嵌离合器连接起来，已知轴的转速 $n = 100$ r/min，传递功率 $P = 7.36$ kW，材料的许用切应力 $[\tau] = 40$ MPa，已选定空心轴的 $\alpha = 0.8$，试根据扭转强度条件确定实心轴的直径和空心轴的外径，并比较两轴的截面面积。

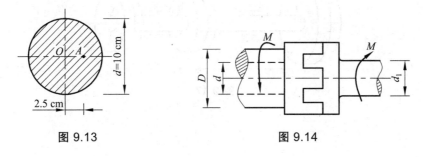

图 9.13   图 9.14

9.6 由两人操作的绞车如图 9.15 所示。若两人作用于手柄上的力都是 $P = 200$ N，已知轴的许用应力 $[\tau] = 40$ MPa，试按照强度要求估算 AB 轴的直径，并确定最大起重量 Q。

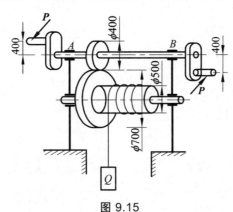

图 9.15

9.7　空心轴的外径 $D=100\text{ mm}$ ，内径 $d=50\text{ mm}$ 。已知间距为 $l=2.7\text{ m}$ 的两横截面的相对扭转角 $\varphi=1.8°$ ，材料的切变模量 $G=80\text{ GPa}$ 。试求：（1）轴内的最大切应力；（2）当轴以 $n=80\text{ r/min}$ 的速度旋转时，该轴所传递的功率。

9.8　传动轴转速 $n=200\text{ r/min}$ ，轴上带有 5 个皮带轮，其中轮 2 为主动轮，从主动轮输入的功率 $P=58.84\text{ kW}$ ，且分别以 18.39 kW、11.03 kW、22.07 kW、7.35 kW 分配到 1、3、4、5 轮上（图 9.16），设轴的许用应力为 $[\tau]=20\text{ MPa}$ ，许用单位长度扭转角 $[\theta]=0.5\,(°)/\text{m}$ ，切变模量 $G=85\text{ GPa}$ ，试设计此轴的直径。（图中尺寸单位为 mm）

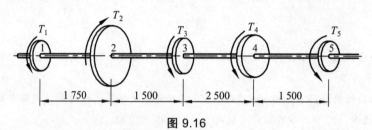

图 9.16

9.9　图 9.17 所示传动轴的转速 $n=500\text{ r/min}$ ，主动轮 1 输入功率 $P_1=368\text{ kW}$ ，从动轮 2、3 分别输出功率 $P_2=147\text{ kW}$ 和 $P_3=221\text{ kW}$ 。已知 $[\tau]=70\text{ MPa}$ ，$[\theta]=1(°)/\text{m}$ ，$G=80\text{ GPa}$ 。（1）试确定 AB 段的直径 d_1 和 BC 段的直径 d_2 ；（2）若 AB 和 BC 两端选用同一直径，试确定其数值；（3）主动轮和从动轮的位置如可以重排，试问怎样安置才比较合理？（图中尺寸单位为 mm）

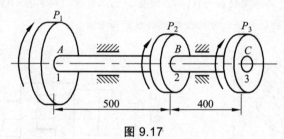

图 9.17

第十章　弯曲内力

本章包括平面弯曲的概念、梁的计算简图以及平面弯曲下梁横截面上的内力。

其主要内容是首先介绍平面弯曲的概念和梁的计算简图，然后讨论平面弯曲时梁横截面上存在的内力——剪力和弯矩，最后介绍如何计算指定截面的剪力和弯矩以及如何绘制梁的剪力图和弯矩图。

第一节　弯曲的概念

在工程实际中，存在大量的受弯构件。如图 10.1（a）所示的桥式起重机的大梁和图 10.1（b）所示的火车轮轴均为受弯构件。这类构件承受与其轴线垂直的外力，使轴线由原来的直线变为曲线。这种形式的变形称为**弯曲变形**。以弯曲变形为主要变形的构件，习惯上称为**梁**。

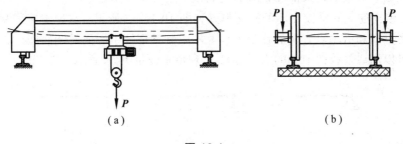

（a）　　　　　　　　　　　　　　（b）

图 10.1

实际问题中，绝大部分受弯构件的横截面都有一根对称轴，它同杆件的轴线所确定的平面形成整个杆件的纵向对称面。当作用于梁上的所有外力都处在这一纵向对称面内时（图10.2），变形后的轴线也将是位于这个对称面内的一条曲线。这是弯曲问题中最常见而且最基本的情况，称为**对称弯曲**。本章所讨论的就是这种最基本的情况。

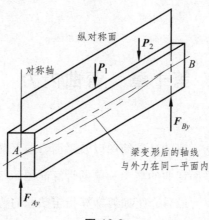

图 10.2

第二节　梁的计算简图

对于工程实际中的受弯构件，需要进行简化并建立计算简图，才能作进一步的研究。由于这里所研究的主要是等截面直梁，而且外力为作用在梁纵向对称面内的平面力系，因此在梁的计算简图中使用梁的轴线代表梁。梁计算简图中对支座的简化，则要视支座对梁的约束情况而定。

一、支座的简化

梁的支座按它对梁的约束情况，可简化为以下三种基本形式：

（1）**固定铰支座**　固定铰支座的简化形式如图 10.3（a）所示。这种支座限制梁在支座处的截面沿水平方向和沿垂直方向的移动，但并不限制梁绕铰中心的转动。因此，固定铰支座的约束反力可以用通过铰链中心的水平分量 F_x 和铅垂分量 F_y 来表示（图 10.3（d））。

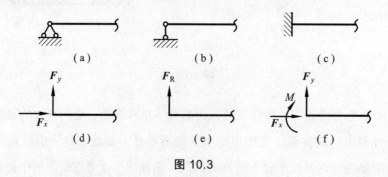

图 10.3

（2）**可动铰支座**　可动铰支座的简化形式如图 10.3（b）所示。这种支座只能限制梁在支座处的截面沿垂直于支座支承面方向的移动。因此，可动铰支座的约束反力只有一个，即垂直于支座支承面的反力 F_R 来表示（图 10.3（e））。

（3）**固定端**　固定端的简化形式如图 10.3（c）所示。这种支座使梁的端截面既不能移动，也不能转动。因此，它对梁的端截面有三个约束，相应的，就有三个支座反力，即水平支反力 F_x，铅垂支反力 F_y 和矩为 M 的支座反力偶（图 10.3（f））。

梁的实际支座通常可简化为上述三种基本形式。应当注意，梁实际支座的简化，主要是根据每个支座对梁的约束情况来确定。如图 10.4（a）所示的传动轴，轴的两端为短滑动轴承。由于支承处的间隙等原因，短滑动轴承并不能约束轴端部横截面绕 z 轴或 y 轴的微小偏转。这样就可把短滑动轴承简化为铰支座。又因轴肩与轴承的接触限制了轴线方向的位移，故可将两轴承中的一个简化为固定铰支座，另一个可简化为可动铰支座（图 10.4（b））。

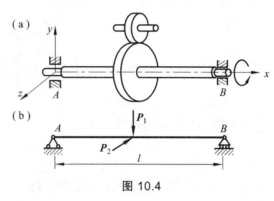

图 10.4

二、载荷的简化

梁的计算简图中，梁上作用的载荷可简化为集中力、集中力偶和分布载荷。当把载荷作用的范围看成是一个点且不影响载荷对梁的作用效应时，就可将载荷简化为一集中力，否则就应将载荷简化为分布载荷。例如梁的重力的简化，在理论力学中，我们是将其简化为一作用在刚体重心处的集中力，在只考虑重力的运动效应时，这种简化是可以的。但在材料力学中，由于要考虑重力的变形效应，因此只能简化为分布载荷。我们用 q 来表示分布载荷集度，指的是沿梁长度方向单位长度上所受到的力，其常用单位为 N/m（牛顿/米）或 kN/m（千牛/米）。

三、静定梁的基本形式

所谓静定梁是指所有支反力都能够由静力平衡方程求解的梁，其常见的形式有三种：简支梁、外伸梁和悬臂梁（图 10.5）。

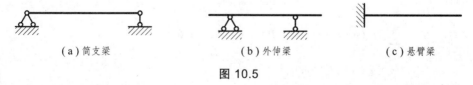

（a）简支梁　　　　　　　　（b）外伸梁　　　　　　　　（c）悬臂梁

图 10.5

有时为了工程的需要，为一个梁设置较多的支座，因而使得梁的支座反力数目多于可列的独立平衡方程的数目，这时只用静力平衡方程就不能完全确定所有的支座反力。这种梁称为超静定梁（图 10.6）。

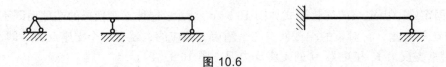

图 10.6

【例 10.1】　计算图 10.7 所示悬臂梁的约束反力。

解：画出梁的受力图。固定端 A 处的约束反力有 F_{Ax}、F_{Ay} 和一个反力偶 M_A。计算反力时，可将梁上的均布载荷用其合力 $ql/2$ 来代替，合力的作用线通过均布载荷图形的形心，即到固定端的距离为 $3l/4$。由平衡方程

$$\sum F_x = 0，\quad F_{Ax} = 0$$

$$\sum F_y = 0，\quad F_{Ay} - ql/2 = 0$$

$$\sum M_A(F) = 0，\quad M_A + ql^2/2 - (ql/2) \times (3l/4) = 0$$

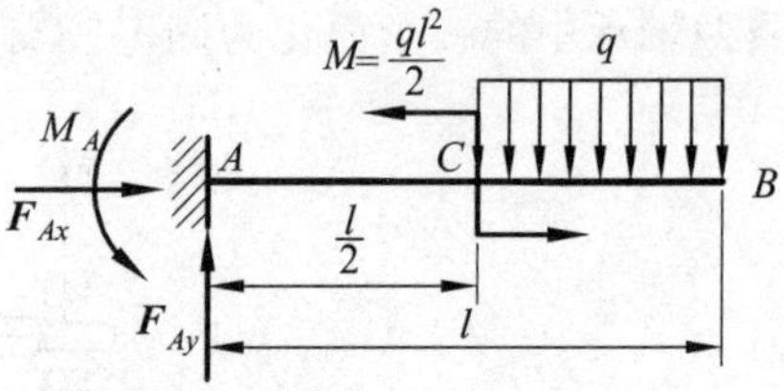

解得　　　　　　　　$F_{Ax} = 0$，$F_{Ay} = ql/2$，$M_A = -ql^2/8$。

其中的负号表示实际的反力偶的转向与假设的转向相反。

图 10.7

第三节　梁横截面上的内力

为了计算梁的应力和位移，首先应确定梁在外力作用下任一横截面上的内力。当作用在梁上的所有外力（包括载荷和支反力）已知时，我们可以利用截面法来确定。

现以图 10.8 所示的简支梁为例来分析横截面上的内力。先利用平衡方程计算出支座反力 F_{Ay}、F_{By}。再利用截面法计算距离 A 处为 x 处的横截面上的内力，将梁沿 Ⅰ—Ⅰ 截面假想地截开，分成左、右两段，现任取一段（如左段）为研究对象。由于梁处于平衡，所以梁的左段也是平衡的。在梁的左段上作用着外力 P 和 F_{Ay}，显然，要保持左段的平衡，就要求在 Ⅰ—Ⅰ 面上作用有与横截面相切的沿 y 方向上的内力，记为 F_s，由

$$\sum F_y = 0，\quad F_{Ay} - P - F_s = 0$$

得　　　　　　　　　　　$F_s = F_{Ay} - P$　　　　　　　　　　　　　　（a）

内力 F_s 称为**剪力**。同时，由平衡条件可知，若把左段上的所有的外力和内力对横截面形心 C 取矩，其力矩的代数和应为 0，一般来说，这就要求横截面上必有一内力偶，设此内力偶的矩为 M，由

$$\sum M_C(F) = 0，\quad M + P(x-a) - F_{Ay}x = 0$$

得　　　　　　　$M = F_{Ay}x - P(x-a)$　　　　　　　　　　　　　（b）

内力偶矩 M 称为**弯矩**。从上面的计算来看，Ⅰ—Ⅰ 截面上存在的内力有一个集中力和一个集中力偶，但实际上该面上的内力是一分布力系，**利用截面法计算出来的集中力和集中力偶是该分布内力系向截面形心简化后的合力和合力偶。**

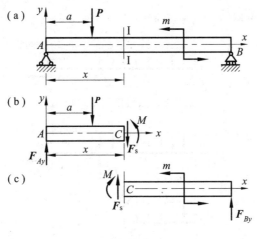

图 10.8

上面的计算是以左段为研究对象分析出来的内力，是梁的右段对左段的作用。同理，可以把右段作为研究对象，计算出 Ⅰ—Ⅰ面上的剪力和弯矩，在数值上应该与（a）、（b）式中的剪力和弯矩相等，但方向均相反。这一结果是必然的，因为它们是作用力与反作用力的关系。

为了使左、右两段梁上算得的同一横截面上的剪力和弯矩不但在数值上相等，而且符号也一致，联系变形情况对剪力和弯矩的正负号加以规定。自梁内取出 dx 微段，通常规定：**剪力 F_s 使微段错动趋势如图 10.9（a）所示，即"左上右下"时剪力为正，反之为负（图 10.9（b））；弯矩 M 使微段弯曲成向下凸（图 10.9（c））时为正，反之为负（图 10.9（d））**。按上述符号规定，计算某横截面上的内力时，无论分析左段还是右段，所得结果的数值和符号都是一样的。

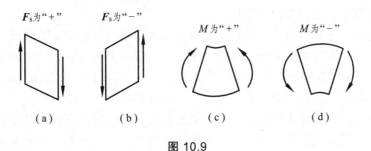

图 10.9

下面举例说明如何利用截面法计算梁指定横截面上的剪力和弯矩。

【**例 10.2**】 外伸梁如图 10.10 所示。已知 $q = 24\ \text{kN/m}$，试计算 C 截面上的内力。

解：首先计算 A、B 支座的约束反力。对梁进行受力分析，如图 10.10（b）所示。由平衡方程

$$\sum F_x = 0 ,\quad F_{Ax} = 0$$

$$\sum F_y = 0 ,\quad F_{Ay} + F_{By} - 4q = 0$$

$$\sum M_A(\boldsymbol{F}) = 0 ,\quad 2q + 4F_{By} - 4q \cdot 2 = 0$$

得 $\qquad F_{Ay} = 60 \text{ kN}$, $\quad F_{By} = 36 \text{ kN}$

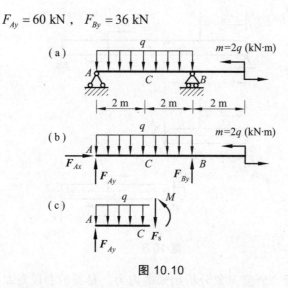

图 10.10

下面计算 C 截面的内力。将梁沿 C 截面假想截开，保留左段。画出左段上作用的载荷并在 C 截面上假设剪力 F_s 和弯矩 M 皆为正（按图 10.9 所示为正的方向），如图 10.10（c）所示。由平衡方程

$$\sum F_y = 0 , \quad F_{Ay} - F_s - 2q = 0$$
$$\sum M_C(\boldsymbol{F}) = 0 , \quad M + 2q \cdot 1 - F_{Ay} \cdot 2 = 0$$

得 $\qquad F_s = 12 \text{ kN}$, $\quad M = 72 \text{ kN} \cdot \text{m}$

计算得到的剪力和弯矩都为正，说明假设的弯矩和剪力的方向就是实际的弯矩和剪力的方向，即 C 截面上的剪力和弯矩都是正的。这里也可保留右段进行计算，得到的结果是一样的，这里就不再赘述，请读者自行分析。

为了不引起正、负号的混乱，我们在假设剪力和弯矩时最好按正号假设，最后求出的剪力和弯矩如为正号，即表明该截面的剪力为正剪力，弯矩为正弯矩，反之则都为负。另外，从理论上来说，在求弯矩时选择矩心可取平面内任一点，但我们一般取该截面的形心为矩心，这样在列平衡方程时，方程中就只有弯矩这一个内力未知量，方便计算。

在实际计算时，为了简化计算，可不必将梁假想截开，而可直接从横截面的任意一侧梁上的外力来求得该截面上的剪力和弯矩。从计算可看出，在数值上，剪力等于截面Ⅰ—Ⅰ的左侧或右侧梁段上的外力的代数和。根据对剪力的正负号的规定知，在左侧梁段上向上的外力或右侧梁段上向下的外力将引起正值剪力，反之，则引起负值剪力。而弯矩在数值上等于计算截面的左侧或右侧梁段上的外力对该截面形心的力矩的代数和。根据对弯矩的正负号的规定可知，左侧梁段上的外力对形心顺时针的力矩、右侧梁段上的外力对形心逆时针的力矩将引起正值弯矩，反之，则引起负值弯矩。

以上题为例，保留左侧时，C 截面上的剪力为：$F_s = F_{Ay} - 2q = 60 - 48 = 12 \text{ kN}$。$F_{Ay}$ 向上，所以为正，均布载荷 q 向下，所以为负。C 截面上的弯矩为：$M = F_{Ay} \cdot 2 - (2q \cdot 1) = 120 - 48 = 72 \text{ kN} \cdot \text{m}$。$F_{Ay}$ 对形心的力矩为顺时针，所以为正，均布载荷对形心的力矩为逆时针，所以为负。

当保留右侧时，也可按上述的方法来计算，会得到相同的结果。

第四节　剪力方程和弯矩方程·剪力图和弯矩图

上一节讨论了梁上任一横截面上的剪力和弯矩的计算。在一般情况下，取不同的横截面，其上的剪力和弯矩是不同的，即梁横截面上的剪力和弯矩是随横截面的位置而变化的。若以坐标 x 表示横截面在梁轴线上的位置，则横截面上的剪力和弯矩都可以表示为 x 的函数，即

$$F_s = F_s(x), \quad M = M(x)$$

上面的函数表达式即为梁的剪力方程和弯矩方程。

为了直观、形象地表现剪力和弯矩随横截面的位置变化情况，我们可仿照轴力图或扭矩图的作法，绘制剪力图和弯矩图。绘图时以平行于梁轴线的横坐标 x 表示横截面的位置，以纵坐标表示相应横截面上的剪力或弯矩。绘制剪力图和弯矩图的最基本的方法是，先分别写出梁的剪力方程和弯矩方程，然后根据方程作图。下面举例说明如何绘制剪力图与弯矩图。

【例 10.3】　试画出图 10.11 所示简支梁 AB 承受集中力 P 的剪力图和弯矩图。

解：先由静力学平衡方程求出梁的支反力。

$$\sum M_A(\boldsymbol{F}) = 0, \quad F_{By} \cdot l - P \cdot a = 0$$

$$\sum F_y = 0, \quad F_{Ay} + F_{By} - P = 0$$

得　　$F_{Ay} = \dfrac{Pb}{l}, \quad F_{By} = \dfrac{Pa}{l}$

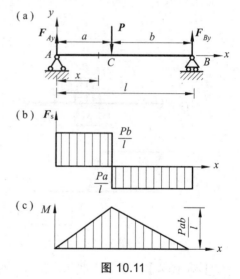

图 10.11

此梁在 C 点受集中力作用，将梁分成 AC 和 CB 两段。在两段内，剪力方程和弯矩方程不同，所以应分段考虑。

以梁的左端为坐标原点，选定坐标系如图 10.11（a）所示。在 AC 段内取距原点为 x 的任意截面，利用上节讲的直接以梁一侧的外力来计算截面上的剪力和弯矩的方法来计算，可得 AC 段的剪力方程和弯矩方程

$$F_s(x) = \frac{Pb}{l} \quad (0 < x < a) \tag{a}$$

$$M(x) = \frac{Pb}{l}x \quad (0 \leq x \leq a) \tag{b}$$

同理，在 CB 段内取距原点为 x 的任意截面进行计算，可得 CB 段的剪力方程和弯矩方程

$$F_s(x) = \frac{Pb}{l} - P = -\frac{Pa}{l} \quad (a < x < l) \tag{c}$$

$$M(x) = \frac{Pb}{l} \cdot x - P \cdot (x-a) = \frac{Pa}{l}(l-x) \quad (a \leqslant x \leqslant l) \tag{d}$$

在计算 CB 段时，为了计算简单，也可取右段计算，会得到相同的结果。

由（a）、（c）两式可看出，AC、CB 两段的剪力方程都为常数，所以此两段的剪力图是与横坐标轴平行的两条水平线，如图 10.11（b）所示。

由（b）、（d）两式可看出，AC、CB 两段的弯矩方程都是 x 的一次函数，所以此两段的弯矩图都是斜直线，绘制时只要确定两点就可以了，如取当 $x=0$ 和当 $x=l$ 时的弯矩值。画出的弯矩图如图 10.11（c）所示。从图上可看出，最大的剪力为 $|F_{smax}| = Pb/l$，最大的弯矩为 $|M_{max}| = Pab/l$。

在集中载荷 P 作用处的左、右两侧横截面上的剪力值有骤然的变化，并且两者的代数差等于此集中力的值，我们把这种内力值的骤然变化称为突变。那么在 C 截面上的剪力值究竟为多大呢？这里需要弄清楚所谓的集中力绝不可能只作用在一个几何"点"上，实际上载荷是作用在一段很小的长度上，可将集中力看成是作用在 Δx 上的均布载荷，因而在这段长度内剪力由 Pb/l 逐渐变化到 $-Pa/l$，而不是什么真正的突变（图 10.12）。

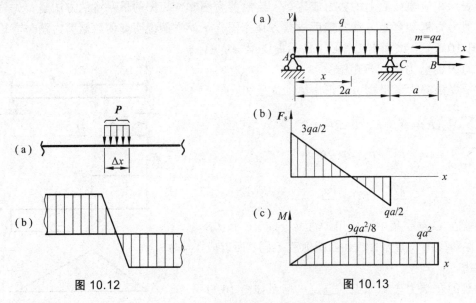

图 10.12　　　　　　　　　　　图 10.13

【例 10.4】 试画出图 10.13（a）所示外伸梁的剪力图和弯矩图。

解：先由静力学平衡方程计算出 A、C 支座的约束反力。

$$\sum M_A(F) = 0 , \quad F_{Cy} \cdot 2a + qa^2 - q \cdot 2a \cdot a = 0$$

$$\sum F_y = 0 , \quad F_{Cy} + F_{Ay} - q \cdot 2a = 0$$

得　　　　　$$F_{Ay} = \frac{3}{2}qa , \quad F_{Cy} = \frac{1}{2}qa$$

选定坐标系如图 10.13（a）所示。将梁分成 AC、CB 两段，在 AC 段内，任取一距原点为 x 的横截面进行计算，采用直接利用梁一侧外力来计算剪力和弯矩的方法，得到 AC 段的剪力方程和弯矩方程

$$F_s(x) = \frac{3}{2}qa - qx \quad (\ 0 < x < 2a\ ) \tag{a}$$

$$M(x) = \frac{3}{2}qax - \frac{1}{2}qx^2 \quad (\ 0 \leqslant x \leqslant 2a\ ) \tag{b}$$

同理可求得 CB 段的剪力方程和弯矩方程

$$F_s(x) = 0 \quad (\ 2a < x \leqslant 3a\ ) \tag{c}$$

$$M(x) = qa^2 \quad (\ 2a \leqslant x < 3a\ ) \tag{d}$$

由（a）式可知，AC 段的剪力图为一条斜率为负的直线，可取两点确定；由（c）可知，CB 段的剪力图为一条平行于梁轴的直线且值为 0，即与 x 轴重合，画出的剪力图如图 10.13（b）所示。

由（b）可知，AC 段的弯矩图为一条开口向下的抛物线，且顶点在 AC 段内，画该抛物线需确定 3 点，即起点、顶点和终点，顶点在 $F_s = 0$ 的截面处；由（d）可知，CB 段的弯矩图为一条平行于梁轴的直线，画出的弯矩图如图 10.13（c）所示。

从以上两例可看出，剪力方程和弯矩方程就如同数学中的分段函数一般，不同段有不同的方程，就会有不同的图形，所以我们在画剪力图和弯矩图之前，需要对梁进行分段。那么该如何分段呢？一般而言，梁的两个端点、集中力作用点、集中力偶作用点、分布载荷的开始处和结束处都要作为段与段之间的分界点。

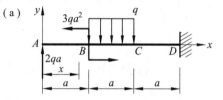

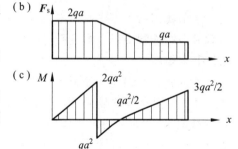

图 10.14

【例 10.5】 试画出图 10.14（a）所示悬臂梁的剪力图和弯矩图。

解：对于悬臂梁来说，可以不必计算支反力。因为我们在用截面法进行内力计算时，可保留不含固定端约束的一侧，这一侧的外力作用全是已知的。

选定坐标系如图。将梁分成 AB、BC、CD 三段。在每一段内，取一距原点为 x 的横截面进行内力计算。采用直接利用一侧外力计算剪力和弯矩的方法，可得 AB 段的剪力方程和弯矩方程

$$F_s(x) = 2qa \quad (\ 0 < x \leqslant a\ ) \tag{a}$$
$$M(x) = 2qax \quad (\ 0 \leqslant x < a\ ) \tag{b}$$

相同方法可得 BC、CD 段的剪力方程和弯矩方程。

BC 段：
$$F_s(x) = 2qa - q\cdot(x-a) = 3qa - qx \quad (\ a \leqslant x \leqslant 2a\ ) \tag{c}$$

$$M(x) = 2qax - 3qa^2 - \frac{1}{2}q(x-a)^2 \quad (\ a < x \leqslant 2a\ ) \tag{d}$$

CD 段：
$$F_s(x) = 2qa - q\cdot a = qa \quad (\ 2a \leqslant x < 3a\ ) \tag{e}$$

$$M(x) = 2qax - 3qa^2 - qa\cdot(x - \frac{3}{2}a) = qax - \frac{3}{2}qa^2 \quad (\ 2a \leqslant x < 3a\ ) \tag{f}$$

根据各段的剪力方程和弯矩方程画出的剪力图和弯矩图如图 10.14（b）、（c）所示。

通过以上例题我们可以对绘制剪力图和弯矩图的步骤归纳如下：

（1）计算梁的支座反力（对于悬臂梁可不必计算）；

（2）根据梁所受到的外力对梁进行分段，一般而言，梁的两个端点、集中力作用点、集中力偶作用点、分布载荷的开始处和结束处都要作为段与段之间的分界点；

（3）在每一段内取一距原点为 x 的横截面进行内力计算，并分段列出每段的剪力方程和弯矩方程；

（4）根据每段的剪力方程和弯矩方程分段画出每段的剪力图和弯矩图。

另外，在绘制剪力图和弯矩图时，有一些规律性的结论需注意。在集中力作用处，其左、右两侧横截面上的剪力值有突变，且突变的大小等于该集中力的大小，突变的方向与该集中力引起的剪力的正负号一致（即若引起的剪力为正，则向上突变，反之向下突变），而弯矩图在此处形成一个拐点；在集中力偶作用处，其左、右两侧横截面上的弯矩值有突变，且突变的大小等于该集中力偶的大小，突变的方向与该集中力偶引起的弯矩的正负号一致（即若引起的弯矩为正，则向上突变，反之向下突变），而剪力图在此处却无变化。全梁的最大剪力发生在全梁或各梁段的边界截面处；全梁的最大弯矩发生在全梁或各梁段的边界截面，或 $F_s = 0$ 的截面处。

第五节　载荷集度、剪力和弯矩间的关系及其应用

上节我们讨论了作剪力图和弯矩图的一般方法，从计算来看，要分段列剪力方程和弯矩方程并分段绘制图形。本节所讨论的则是利用载荷集度、剪力和弯矩间的微分关系来绘制剪力图和弯矩图。

我们首先来讨论一下载荷集度、剪力和弯矩间的导数微分关系。在图 10.15（a）所示的梁上，作用有多种载荷，设分布载荷集度为 $q(x)$，并设 $q(x)$ 向上为正。现从梁上相距为 dx 的两截面 mn 和 $m_1 n_1$ 切出一微段（图 10.15（b））来分析它的平衡。设作用于 mn 截面上的剪力 $F_s(x)$、弯矩 $M(x)$ 皆为正，方向如图。由于 $m_1 n_1$ 比 mn 截面有一增量 dx，所以 $m_1 n_1$ 截面上的内力与 mn 截面上的相比有一增量，即剪力为 $F_s(x) + dF_s(x)$，弯矩为 $M(x) + dM(x)$，其方向也按正向假设（图 10.15（b））。对于 $q(x)$，由于 dx 很微小，所以近似地认为在 dx 段上是均匀分布。考虑 dx 段的平衡，有

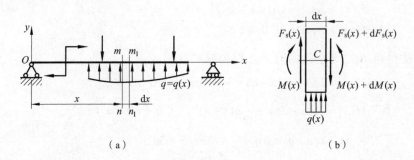

（a）　　　　　　　　　　　　　　（b）

图 10.15

$$\sum F_y = 0 , \quad F_s(x) - \left[F_s(x) + \mathrm{d}F_s(x)\right] + q(x) \cdot \mathrm{d}x = 0$$

$$\sum M_C(\boldsymbol{F}) = 0 , \quad -M(x) + [M(x) + \mathrm{d}M(x)] - F_s(x) \cdot \mathrm{d}x - q(x) \cdot \mathrm{d}x \cdot \frac{\mathrm{d}x}{2} = 0$$

整理以上两式，并略去第二式中的高阶微量 $q(x) \cdot \mathrm{d}x \cdot \dfrac{\mathrm{d}x}{2}$，得

$$\frac{\mathrm{d}F_s(x)}{\mathrm{d}x} = q(x) \tag{10.1}$$

$$\frac{\mathrm{d}M(x)}{\mathrm{d}x} = F_s(x) \tag{10.2}$$

从以上两式可知，将弯矩方程 $M(x)$ 对 x 求一阶导数，即得剪力方程 $F_s(x)$；将剪力方程 $F_s(x)$ 对 x 求一阶导数，即得分布载荷集度 $q(x)$。

由（10.1）式可知：剪力图在任一点 x_0 处的切线的斜率等于分布载荷集度 $q(x)$ 在该点处的值 $q(x_0)$；由（10.2）式可知：弯矩图在任一点 x_0 处的切线的斜率等于剪力 $F_s(x)$ 在该点处的值 $F_s(x_0)$。

根据以上的表述，我们可总结以下规律，见表 10.1。

表 10.1 不同载荷情况下的内力图特征

梁上的载荷情况	向下的均布载荷 q	无分布载荷	集中力 P C	集中力偶 M C
剪力图上的特征	斜率为负的直线	水平直线	在 C 处有突变 C P	在 C 处无变化 C
弯矩图上的特征	开口向下的二次抛物线	一般为斜直线或水平直线 或	在 C 处有尖角 或	在 C 处有突变 M

由 $\dfrac{\mathrm{d}F_s(x)}{\mathrm{d}x} = q(x)$ 可得 $\mathrm{d}F_s(x) = q(x) \cdot \mathrm{d}x$，两端同时积分有 $\displaystyle\int_a^b \mathrm{d}F_s(x) = \int_a^b q(x)\mathrm{d}x$，得 $F_s(b) - F_s(a) = \displaystyle\int_a^b q(x)\mathrm{d}x$。可知 a、b 两截面的剪力值的差就等于该两截面间的分布载荷与 x 轴围成的面积。需注意的是，该面积是有正有负的，当 $q(x)$ 向下时，就为负，向上为正。

同理有 $M(b) - M(a) = \displaystyle\int_a^b F_s(x)\mathrm{d}x$，即 a、b 两截面的弯矩值的差就等于该两截面间的剪力图与 x 轴围成的面积，同样该面积可正可负：当 $F_s(x)$ 为负时，该面积为负，反之为正。

【例 10.6】 利用 q、F_s、M 间的微分关系绘制如图 10.16（a）所示外伸梁的剪力图和弯矩图。

解：先计算梁的支反力。由静力学平衡方程 $\displaystyle\sum M_A(\boldsymbol{F}) = 0$，$\displaystyle\sum F_y = 0$ 解得

$$F_{Ay} = 3.5 \text{ kN} , \quad F_{By} = 14.5 \text{ kN}$$

将梁分成 AC、CB、BD 三段。先绘制剪力图，计算出 A 偏右截面的剪力值为 3.5 kN。下面分段绘制剪力图。

由 AC 段上无分布载荷作用可知，该段的剪力图为一条平行于 x 轴的直线，而 A 偏右截面的剪力值为 3.5 kN，所以该段内各截面的剪力值都为 3.5 kN。

由 CB 段上作用向下的均布载荷可知，该段的剪力图为一条斜率为 –3 的直线。由于 C 点无集中力作用，所以剪力图在该点处无突变，所以 C 点左右两截面的剪力值相等。而 B 点偏左截面的剪力值可利用面积进行计算，即 $F_s(B_-) = 3.5 - 3 \times 4 = -8.5$ kN。

由 BD 段上作用向下的均布载荷可知，该段的剪力图为一条斜率为 –3 的直线。由于 B 点处有集中力 F_{By} 作用，所以剪力图会产生向上的突变，且突变的值等于 F_{By}，所以 B 点偏右截面的剪力值为 6 kN（=–8.5+14.5）。而 D 偏左截面的剪力值利用面积计算，即为 0（=6–3×2）。

弯矩图也可按上述方法进行绘制。需注意的是，在 CB 段内，抛物线的顶点在 $F_s = 0$ 处。因为在 $F_s = 0$ 处，弯矩图在该点处的切线的斜率为 0，而抛物线切线斜率为 0 的点就是其顶点。画出的剪力图和弯矩图如图 10.16（b）和 10.16（c）所示。

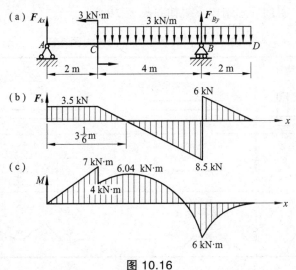

图 10.16

拓展学习 10

小　结

本章讨论了平面弯曲的概念，平面弯曲梁横截面上的内力和剪力图，以及弯矩图的绘制。

10.1　当构件承受与其轴线垂直的外力，使轴线由原来的直线变为曲线，这种形式的变形称为弯曲变形。

若受弯构件具有一纵向对称面，当作用于梁上的所有外力都处在这一纵向对称面内时，变形后的轴线也将是位于这个对称面内的一条曲线，这是弯曲问题中最常见而且最基本的情况，称为平面弯曲。

10.2　梁的计算简图中，用梁的轴线表示梁。梁的支座有三种简化形式，即固定铰支座、可动铰支座和固定端；载荷有三种简化形式，即集中力、集中力偶和分布力。常见的静定梁有简支梁、外伸梁和悬臂梁。

10.3 梁的横截面上的内力是作用在截面上的一分布力系，简化后得到一集中力和一集中力偶，即剪力和弯矩。

10.4 一般情况下，梁的各横截面上的剪力和弯矩不相等。用函数的形式来表示各截面的内力，即为剪力方程和弯矩方程；剪力方程和弯矩方程的几何图形就是剪力图和弯矩图。剪力图和弯矩图比较直观地表示了各横截面上的内力情况。

10.5 载荷集度、剪力和弯矩间具有的微分关系为

$$\frac{\mathrm{d}F_s(x)}{\mathrm{d}x} = q(x) \qquad \frac{\mathrm{d}M(x)}{\mathrm{d}x} = F_s(x)$$

体现出的几何关系为：剪力图在一点 x_0 处的切线的斜率等于分布载荷集度 $q(x)$ 在该点处的值 $q(x_0)$；弯矩图在一点 x_0 处的切线的斜率等于剪力 $F_s(x)$ 在该点处的值 $F_s(x_0)$。

思 考 题

10.1 写 F_s、M 方程时，在何处需要分段？

10.2 在求梁横截面上的内力时，可直接由该截面任一侧梁上的外力来计算，为什么？

10.3 在计算剪力方程和弯矩方程时，x 的取值范围为什么在有的点取"≤"，有的点却取"＜"？有什么规律。

10.4 载荷集度、剪力和弯矩间的微分关系式（10.1）、（10.2）的应用条件是什么？在集中力和集中力偶作用处此关系能否适用？

10.5 若将坐标轴 x 的原点取在梁的右端，以指向左为正，剪力方程和弯矩方程有无不同之处？

10.6 （1）图 10.17（a）所示梁中，AC 段和 CB 段剪力图曲线的斜率是否相同？为什么？（2）图（b）所示梁在集中力偶作用处，左右两段弯矩图曲线的斜率是否相同？为什么？

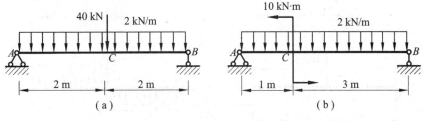

图 10.17

习 题

10.1 利用截面法求图 10.18 中各梁指定截面上的剪力和弯矩。截面 1—1、2—2 无限接近于截面 C 或截面 D。

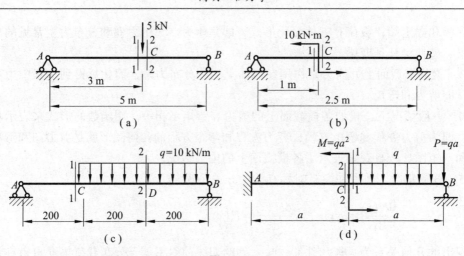

图 10.18

10.2　试列出图 10.19 所示各梁的剪力方程和弯矩方程，作剪力图和弯矩图，并求出 $|F_s|_{max}$ 和 $|M|_{max}$。

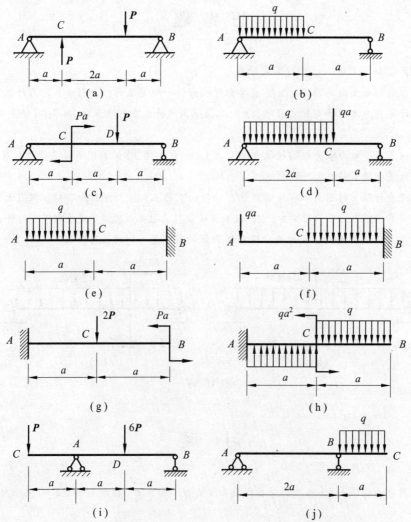

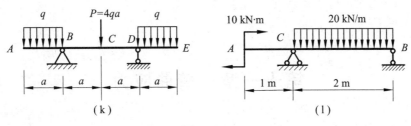

(k)   (1)

图 10.19

10.3 试利用弯矩、剪力和载荷集度间的微分关系绘制图 10.20 所示各梁的剪力图、弯矩图。

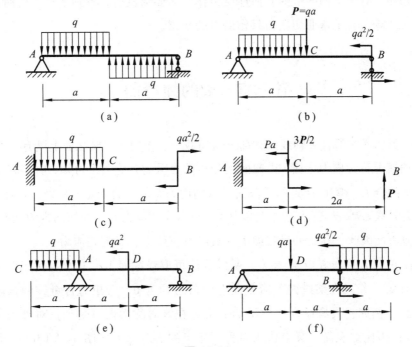

图 10.20

10.4 如图 10.21 所示,起吊一根自重为 q (kN/m) 的等截面钢筋混凝土杆。问吊装时的起点位置 x 应为多少最合理(最不易使杆折断)?

10.5 在桥式起重机大梁上行走的小车(图 10.22),其上每个轮子对大梁的压力均为 P,试问小车在什么位置时梁内弯矩为最大值?并求出这一最大弯矩。

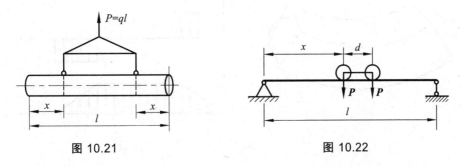

图 10.21   图 10.22

第十一章　弯曲应力

前一章讨论了梁发生对称弯曲时的内力，本章主要讨论的是梁在对称弯曲时，横截面上的正应力。另外，对于平面图形的几何性质也作了简要的概述，特别是计算弯曲正应力时用到的惯性矩的计算。对于弯曲切应力只作简单的介绍。

第一节　梁的纯弯曲

一般情况下，梁在垂直于轴线的载荷（横向载荷）作用下，横截面上既有弯矩 M，又有剪力 F_s，这种情况称为横力弯曲。由截面上分布内力系的合成关系可知，剪力 F_s 是与横截面相切的内力系的合力，弯矩 M 是与横截面垂直的内力系的合力偶矩。所以，只有与正应力有关的法向内力元素 $dN = \sigma \cdot dA$ 才能合成为弯矩；只有与切应力有关的切向内力元素 $dF_s = \tau \cdot dA$ 才能合成为剪力。因此，在梁的横截面上一般既有正应力，又有切应力。

由于弯曲正应力只与弯矩 M 有关，所以我们可取横截面上只有弯矩而无剪力的纯弯曲梁作为研究对象。若梁在某段内各横截面上的剪力均为 0，弯矩为常量，则该段梁的弯曲就称为纯弯曲。例如，具有纵向对称平面的梁，在该对称面内只受到一对外力偶作用（图 11.1（a））时；再比如在简支梁上作用对称于中点的一对力 P（图 11.1（b）），则在 CD 段内，横截面上就只有弯矩而无剪力。

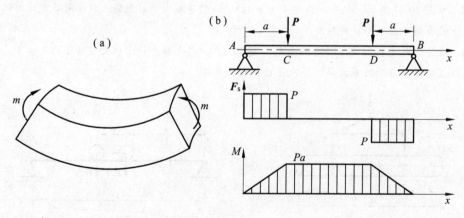

图 11.1

第二节　纯弯曲时梁横截面上的正应力

取图 11.1（a）所示的纯弯曲矩形截面梁来研究。由截面法知，该梁的任一横截面上将只有弯矩 M，其值等于外力偶的矩 m。现在来推导此梁在横截面上的正应力的计算公式。为此，与推导圆轴在扭转时的切应力所用的方法相似，要综合考虑几何、物理和静力学三个方面。

一、几何方面

为了得到横截面上的正应力的变化规律，首先从与正应力对应的线应变入手，找出纵向线应变的变化规律。为此，在给梁加载以前，先在梁的表面作出与梁轴线平行的纵向线段和横向线段（图 11.2（a））。在梁两端施加力偶 M，使梁发生纯弯曲（图 11.2（b）），可观察到以下现象：变形后，纵向线段变成弧线，横向线段 ab、ef 仍保持为直线，它们相对转动了一个角度后仍然与弯曲后的纵向线段垂直；靠近顶面的纵向线段缩短，而靠近底面的纵向线段伸长。

根据以上变形的表面现象，可作出如下假设：即认为梁在受力弯曲后，梁的横截面仍为平面，它绕其上的某一轴旋转了一个角度，且仍垂直于变形后的梁轴线。这就是弯曲变形的**平面假设**。此假设虽然是一假设，但以它为基础得到的应力和变形计算公式被实验结果所证实，而且与按弹性理论的方法进行理论分析的结果也是一致的。

设想梁是由平行于轴线的众多相同的纵向纤维组成。在梁受力弯曲后，从图 11.2（b）可看出，靠近底面的纤维明显伸长，而靠近顶面的纤维明显缩短。因为横截面仍保持为平面，且材料为连续的，所以纵向纤维由底面的伸长连续地逐渐变成顶面的缩短，中间必有一层纤维长度不变，仅仅是弯曲成弧线，这一层称为**中性层**。中性层与横截面的交线称为**中性轴**（图 11.3）。不难理解，平面假设中所说的横截面绕其上某轴转动，实际上是绕中性轴转动。在对称弯曲情况下，梁的变形是对称于梁的纵向对称平面的，所以中性轴应垂直于纵向对称面和横截面的纵向对称轴。

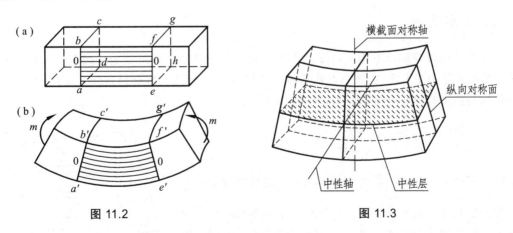

图 11.2　　　　　　　　　　　　　　　　图 11.3

现从纯弯曲梁上取一微段 dx 来分析。以横截面的纵向对称轴为 y 轴，且向下为正。以中性

轴为 z 轴，但它的位置尚未确定，x 轴就暂时认为是横截面的法线（图 11.4（a））。现研究在横截面上距中性轴为 y 的任意一点处的纵向线应变。根据平面假设，相距为 dx 的两个横截面，变形后绕中性轴相对转动了一个 dθ 角，并保持为平面，使距中性层为 y 的纤维 bb 的长度变为

$$\widehat{b'b'} = (\rho + y)\mathrm{d}\theta$$

式中，ρ 为弯曲后中性层的曲率半径。纤维 bb 的原长为 $\overline{bb} = \mathrm{d}x = \overline{OO}$。由于变形前后中性层内的纤维 OO 的长度不变，故由图 11.4（a）和 11.4（b）知

$$\overline{bb} = \mathrm{d}x = \overline{OO} = \widehat{O'O'} = \rho\mathrm{d}\theta$$

所以纤维 bb 的线应变为

$$\varepsilon = \frac{(\rho + y)\mathrm{d}\theta - \rho\mathrm{d}\theta}{\rho\mathrm{d}\theta} = \frac{y}{\rho} \qquad (\text{a})$$

式（a）表达了横截面上任一点处的纵向线应变随该点在截面上的位置而变化的规律。由于对于同一横截面上的各点来说，ρ 是个常量，所以 ε 与 y 成正比，而与 z 无关。

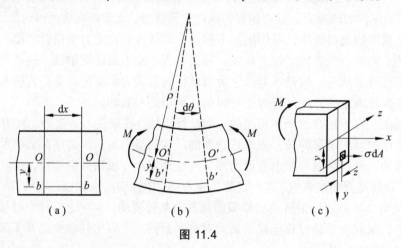

图 11.4

二、物理方面

若设各纵向纤维间没有因纯弯曲而引起的相互挤压作用，则可认为横截面上各点处的纵向纤维均处于单向受力状态，即各纤维为轴向拉伸或压缩。于是，当材料在线弹性范围内工作，且拉伸和压缩弹性模量相同时，由胡克定律知

$$\sigma = E \cdot \varepsilon = E \cdot \frac{y}{\rho} \qquad (\text{b})$$

对于同一横截面上各点，$\dfrac{E}{\rho}$ 为常量，（b）式就是横截面上正应力的分布规律。由此式可知，横截面上任一点处的正应力与该点到中性轴的距离成正比，而在距中性轴为 y 的同一横线上各点处的正应力相等，如图 11.5 所示。

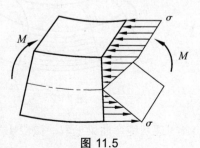

图 11.5

三、静力学方面

根据上面的分析，已经得到了正应力在横截面上的分布规律，但还不能直接用（b）式来计算弯曲正应力，因为中性层的曲率半径 ρ 以及中性轴的位置尚未确定。这可以从静力学方面来解决。

横截面上的微内力 $\sigma \cdot \mathrm{d}A$ 组成垂直于横截面的空间平行力系（图 11.4（c）只画出了力系中的一个微内力 $\sigma \cdot \mathrm{d}A$）。这一力系只可能简化成三个内力分量，即平行于 x 轴的轴力 F_{N}，对 y 轴和 z 轴的力偶 M_y 和 M_z。它们分别是

$$F_{\mathrm{N}} = \int_A \sigma \cdot \mathrm{d}A , \qquad M_y = \int_A z\sigma \cdot \mathrm{d}A , \qquad M_z = \int_A y\sigma \cdot \mathrm{d}A$$

为纯弯曲时，通过截面法，根据梁上只有外力偶 m 这一受力条件可知，横截面上的轴力 F_{N} 和对 y 轴的力偶矩 M_y 均等于零，而 M_z 就是横截面上的弯矩 M，它在数值上等于 m。因此有

$$F_{\mathrm{N}} = \int_A \sigma \cdot \mathrm{d}A = 0 \tag{c}$$

$$M_y = \int_A z\sigma \cdot \mathrm{d}A = 0 \tag{d}$$

$$M_z = \int_A y\sigma \cdot \mathrm{d}A = M \tag{e}$$

现将式（b）代入以上三式得

$$\int_A E\frac{y}{\rho}\mathrm{d}A = \frac{E}{\rho}\int_A y\mathrm{d}A = \frac{E}{\rho}S_z = 0 \tag{f}$$

$$\int_A E\frac{y}{\rho}z\mathrm{d}A = \frac{E}{\rho}\int_A yz\mathrm{d}A = 0 \tag{g}$$

$$\int_A E\frac{y}{\rho}y\mathrm{d}A = \frac{E}{\rho}\int_A y^2\mathrm{d}A = M \tag{h}$$

由于 E、ρ 对于同一横截面上各点来说是常量，故提到积分号前。对于（f）式，因为 $\dfrac{E}{\rho}$ 不可能等于零，所以必有 $S_z = \int_A y\mathrm{d}A = 0$（$S_z$ 为横截面对 z 轴的静矩，见下节）。所以**中性轴 z 轴必过横截面的形心**（形心的概念见下节）。同时也确定了 x 轴的位置，它通过截面形心且垂直于截面，同变形前的梁轴线重合。中性轴通过截面形心又包含于中性层内，所以梁截面形心的连线（即轴线）也在中性层内，变形后轴线的长度不变。

对于（g）式，由于 y 轴是横截面的对称轴，所以 $\int_A yz\mathrm{d}A$ 必然为零，因此（g）式是自然满足的。

对于（h）式，$\int_A y^2\mathrm{d}A = I_z$，是横截面对中性轴 z 轴的**惯性矩**（惯性矩见下节）。于是（h）式可写成

$$\frac{1}{\rho} = \frac{M}{EI_z} \tag{11.1}$$

式中的 $1/\rho$ 是梁变形后中性层和轴线的曲率。上式表明，EI_z 越大，则曲率 $1/\rho$ 越小，即弯曲变形越小，所以 EI_z 称为**梁的抗弯刚度**。将式（11.1）代入式（b）消去 $1/\rho$ 有

$$\sigma = \frac{My}{I_z} \tag{11.2}$$

这就是纯弯曲时，梁横截面上弯曲正应力的计算公式。在图 11.4（c）所取的坐标系下，将弯矩 M 和坐标 y 按规定的正负号代入，所得到的正应力 σ 若为正值，即为拉应力，若为负值则为压应力。通常可根据梁变形的情况直接判断 σ 是拉应力还是压应力：以中性层为界，梁变形后凸出一侧的应力必为拉应力，凹入一侧的应力必为压应力。这样在利用式（11.2）时，就可把 y 看作是横截面上一点到中性轴距离的绝对值。

从公式（11.2）可看出，横截面上的正应力与该截面上的弯矩 M 及点到中性轴的距离成正比，与横截面的惯性矩 I_z 成反比，正应力沿 y 轴呈线性分布，而中性轴上各点的正应力为零。显然，横截面上的最大正应力发生在距离中性轴最远的边缘各点处，其值为

$$\sigma_{\max} = \frac{My_{\max}}{I_z} = \frac{M}{W_z} \tag{11.3}$$

式中，$W_z = I_z / y_{\max}$，称为**梁的抗弯截面系数**。

应注意式（11.2）的应用条件和范围：① 该式虽然是由矩形截面梁导出的，但也适用于以 y 轴为对称轴的其他横截面形状的梁，如圆形、工字形和 T 形截面梁；② 该式虽然是由纯弯曲情况下导出，但在横力弯曲下，当梁的跨距 l 与梁横截面高 h 之比 $l/h > 5$ 时，公式仍然可用，误差很小；③ 在推导过程中应用了胡克定律，所以要求材料在线弹性范围内工作；④ 公式是等截面直梁在对称弯曲情况下推导出的，对于非对称弯曲，可参考有关文献。

【例 11.1】 如图 11.6（a）所示的矩形截面悬臂梁，已知 $I_z = bh^3/12$，试求：（1）固定端截面上的 k 点处的弯曲正应力；（2）固定端截面上的最大弯曲正应力；（3）梁上的最大弯曲正应力。

解：画出梁的弯矩图，如图 11.6（b）所示。

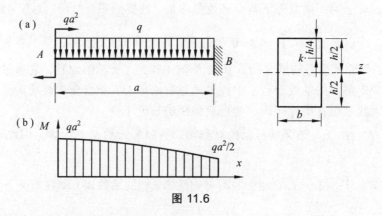

图 11.6

（1）求 B 截面上 k 点处的弯曲正应力。

由弯矩图知：$M_B = qa^2 / 2$

因为 M_B 为正，k 点在中性轴以上，故为压应力，即

$$\sigma_k = -\frac{M_B \cdot \left(\dfrac{h}{2} - \dfrac{h}{4}\right)}{I_z} = -\frac{3qa^2}{2bh^2}$$

（2）求 B 截面上的最大正应力。

由于横截面关于中性轴对称，所以截面上边缘的最大压应力和下边缘的最大拉应力数值相等。所以有

$$\sigma_{\max}^B = \frac{M_B y_{\max}}{I_z} = \frac{M_B}{W_z} = \frac{qa^2/2}{bh^2/6} = \frac{3qa^2}{bh^2}$$

（3）求梁上的最大正应力。梁上的最大正应力发生在弯矩最大的横截面上距离中性轴最远的各点处，并且最大的拉应力和最大的压应力相等，所以有

$$\sigma_{\max} = \frac{M_{\max}}{W_z} = \frac{qa^2}{bh^2/6} = \frac{6qa^2}{bh^2}$$

第三节　惯性矩的计算·平行移轴公式

在应用梁弯曲正应力公式(11.2)时，需先计算出横截面对中性轴 z 的惯性矩 $I_z = \int_A y^2 \mathrm{d}A$。从表达式可看出，$I_z$ 只与横截面的几何形状和尺寸有关，它反映了截面的几何性质。下面讨论平面图形的一些几何性质。

一、静矩和形心的概念

设任意平面图形如图 11.7 所示，其面积为 A。在任意点处 (x, y) 取微面积 $\mathrm{d}A$，遍及整个图形面积 A 的积分

$$\left.\begin{aligned} S_z &= \int_A y\mathrm{d}A \\ S_y &= \int_A z\mathrm{d}A \end{aligned}\right\} \tag{11.4}$$

分别定义为图形 A 对 z 轴和 y 轴的静矩。设想有一厚度极小的均质薄板，平分其厚度的中间平面的形状同图 11.7 中的图形相同。由静力学知，在 yOz 坐标系中，该薄板的重心坐标为

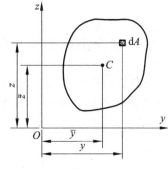

图 11.7

$$\overline{y} = \frac{\int_A y \mathrm{d}A}{A}, \quad \overline{z} = \frac{\int_A z \mathrm{d}A}{A} \tag{11.5}$$

而均质薄板的重心与该薄板平面图形的形心是重合的，所以（11.5）式也是用来计算平面图形形心坐标的公式。利用（11.4）式可将（11.5）式改写为

$$\overline{y} = \frac{S_z}{A}, \quad \overline{z} = \frac{S_y}{A} \tag{11.6a}$$

因此，平面图形的形心坐标可用该图形对 z 轴和 y 轴的静矩除以其面积得到。式（11.6a）还可写成

$$S_z = A \cdot \overline{y}, \quad S_y = A \cdot \overline{z} \tag{11.6b}$$

所以，平面图形对轴 z 和 y 轴的静矩，分别等于该图形的面积 A 乘以形心坐标 $\overline{y}$ 和 $\overline{z}$。

从式（11.6）可看出，若 $S_z = 0$（或 $S_y = 0$）则 $\overline{y} = 0$（或 $\overline{z} = 0$），即若平面图形对某一轴的静矩等于零，则该轴必通过该平面图形的形心；反之，若某一轴通过平面图形的形心，则平面图形对该轴的静矩等于零。

【例 11.2】 求图 11.8 所示半径为 r 的半圆形对其直径轴 x 轴的静矩及形心坐标 $\overline{y}$。

解：在图形内任取一微面积为 $\mathrm{d}A$，显然，利用极坐标进行积分较简单，所以有

$$y = \rho \cdot \sin\theta, \quad \mathrm{d}A = \rho \cdot \mathrm{d}\rho \cdot \mathrm{d}\theta$$

由式（11.4）有

$$
\begin{aligned}
S_x &= \int_A y \mathrm{d}A \\
&= \int_0^\pi \sin\theta \cdot \mathrm{d}\theta \int_0^r \rho^2 \cdot \mathrm{d}\rho = \frac{2}{3} r^3
\end{aligned}
$$

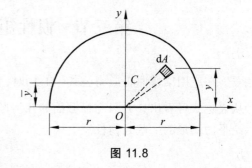

图 11.8

将上式代入（11.5）有

$$\overline{y} = \frac{S_x}{A} = \frac{\dfrac{2}{3} r^3}{\dfrac{\pi \cdot r^2}{2}} = \frac{4r}{3\pi}$$

二、组合图形的形心和静矩

有些复杂图形可以看成是由几个简单图形（如矩形、圆形等）组合而成，故常称为组合图形。组合图形的静矩，根据分块积分原理，等于其中的各部分图形的静矩之和，即当 $A = A_1 + A_2 + \cdots + A_n$ 时，则

$$S_z = \int_A y \mathrm{d}A = \int_{A_1} y \mathrm{d}A + \int_{A_2} y \mathrm{d}A + \cdots + \int_{A_n} y \mathrm{d}A = S_{z1} + S_{z2} + \cdots + S_{zn}$$

由式（11.6b）有

$$S_z = A_1\overline{y}_1 + A_2\overline{y}_2 + \cdots + A_n\overline{y}_n = \sum_{i=1}^{n} A_i\overline{y}_i \tag{11.7}$$

式中，$\overline{y}_1, \overline{y}_2, \cdots, \overline{y}_n$ 分别是 $A_1, A_2, \cdots, A_n$ 的形心坐标。

将上式代入式（11.6a）可得组合图形形心坐标的计算公式

$$\overline{y} = \frac{\sum_{i=1}^{n} A_i\overline{y}_i}{\sum_{i=1}^{n} A_i}, \quad \overline{z} = \frac{\sum_{i=1}^{n} A_i\overline{z}_i}{\sum_{i=1}^{n} A_i} \tag{11.8}$$

【**例 11.3**】　求图 11.9 所示图形的形心。（图中尺寸单位为 mm）

解：将此图形分割成两个矩形，并建立如图所示的坐标系 yOz。则由公式（11.8）有

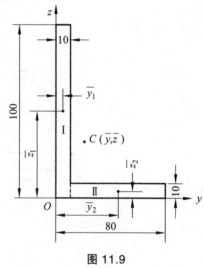

$$\overline{y} = \frac{A_1\overline{y}_1 + A_2\overline{y}_2}{A_1 + A_2}$$

$$= \frac{(10\times100)\times5 + (10\times70)\times(10+35)}{10\times100 + 10\times70}$$

$$\approx 21.5 \text{ mm}$$

$$\overline{z} = \frac{A_1\overline{z}_1 + A_2\overline{z}_2}{A_1 + A_2}$$

$$= \frac{(10\times100)\times50 + (10\times70)\times5}{10\times100 + 10\times70}$$

$$\approx 31.5 \text{ mm}$$

图 11.9

三、简单图形的惯性矩

对于一些简单图形，如矩形、圆形等，其惯性矩可由定义 $I_z = \int_A y^2\mathrm{d}A$ 直接积分得到。

设矩形的高和宽分别为 h 和 b，如图 11.10 所示，试计算矩形对其形心轴 y 和 z 的惯性矩。先求对 y 轴的惯性矩。取如图所示的微面积 $\mathrm{d}A = b\mathrm{d}z$，由惯性矩的定义

$$I_y = \int_A z^2\mathrm{d}A = \int_{-h/2}^{h/2} bz^2\mathrm{d}z = \frac{bh^3}{12}$$

用相同的方法求得　$I_z = \dfrac{hb^3}{12}$。

下面计算图 11.11（a）所示的圆形对其形心轴 y、z 的惯性矩。在坐标（y, z）处取微面积 $\mathrm{d}A$，其与圆心距离为 ρ。由前面可知，圆形对圆心 O 的极惯性矩为

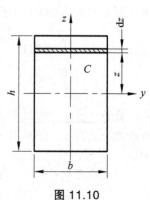

$$I_\mathrm{p} = \int_A \rho^2\mathrm{d}A = \frac{\pi d^4}{32}$$

图 11.10

由图知 $\rho^2 = y^2 + z^2$，代入上式得

$$I_p = \int_A \rho^2 \mathrm{d}A = \int_A (y^2 + z^2)\mathrm{d}A = \int_A y^2 \mathrm{d}A + \int_A z^2 \mathrm{d}A = I_z + I_y$$

由图的对称性，显然有 $I_z = I_y$，所以 $I_p = 2I_z = 2I_y$。由此可得圆形对其形心轴 y、z 的惯性矩为

$$I_z = I_y = \frac{I_p}{2} = \frac{\pi d^4}{64}$$

对于外径为 D、内径为 d 的圆环（图 11.11（b）），按同样的方法可得

$$I_z = I_y = \frac{I_p}{2} = \frac{\pi D^4}{64}(1 - \alpha^4)$$

式中，$\alpha = d/D$。

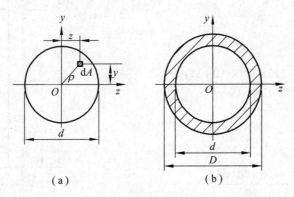

（a）　　　　　　　　　　（b）

图 11.11

四、平行移轴公式　组合图形的惯性矩

1. 平行移轴公式

同一平面图形对平行的两对坐标轴的惯性矩并不相同，当其中一对是图形的形心轴时，它们之间有比较简单的关系。

图 11.12 所示的平面图形，C 为它的形心，y_C 和 z_C 是通过形心 C 的坐标轴。图形对 y_C 和 z_C 的惯性矩记为

$$\left. \begin{array}{l} I_{yC} = \int_A z_C^2 \mathrm{d}A \\ I_{zC} = \int_A y_C^2 \mathrm{d}A \end{array} \right\} \qquad （a）$$

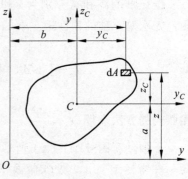

若 y 轴平行于 y_C 轴，且两者的距离为 a；z 轴平行于 z_C 轴，两者的距离为 b。图形对 y 轴和 z 轴的惯性矩为

$$I_y = \int_A z^2 \mathrm{d}A, \qquad I_z = \int_A y^2 \mathrm{d}A \qquad （b）$$

图 11.12

由图 11.12 可以看出

$$y = y_C + b, \quad z = z_C + a \tag{c}$$

将式（c）代入式（b）有

$$I_y = \int_A z^2 \mathrm{d}A = \int_A (z_C + a)^2 \mathrm{d}A = \int_A z_C^2 \mathrm{d}A + 2a \int_A z_C \mathrm{d}A + a^2 \int_A \mathrm{d}A$$

$$I_z = \int_A y^2 \mathrm{d}A = \int_A (y_C + b)^2 \mathrm{d}A = \int_A y_C^2 \mathrm{d}A + 2b \int_A y_C \mathrm{d}A + b^2 \int_A \mathrm{d}A$$

在上面的式子中，$\int_A z_C \mathrm{d}A$ 和 $\int_A y_C \mathrm{d}A$ 分别是图形对其形心轴 y_C 和 z_C 的静矩，所以等于零。结合式（a）有

$$I_y = I_{y_C} + a^2 A, \quad I_z = I_{z_C} + b^2 A \tag{11.9}$$

式（11.9）称为**平行移轴公式**，即平面图形对任一轴的惯性矩，等于它对于与该轴平行的形心轴的惯性矩加上图形面积与两轴间距离平方的乘积。

2. 组合图形的惯性矩

对于由几个简单图形组成的组合图形，在求对某轴的惯性矩时，根据分块原理，等于各部分图形对该轴的惯性矩之和，即当 $A = A_1 + A_2 + \cdots + A_n$ 时

$$I_z = \int_A y^2 \mathrm{d}A = \int_{A_1} y^2 \mathrm{d}A + \int_{A_2} y^2 \mathrm{d}A + \cdots + \int_{A_n} y^2 \mathrm{d}A$$
$$= (I_z)_1 + (I_z)_2 + \cdots + (I_z)_n$$

【例 11.4】　试求图 11.13 所示图形对过形心的轴 y_C、z_C 的惯性矩（图中单位为 mm）。

解：（1）确定整个图形的形心位置。

将此图形分割为 A_1、A_2、A_3 三部分，为了计算简单，以图形的铅垂对称轴为 y 轴，过 A_2、A_3 的形心且与 y 轴垂直的轴线取为 z 轴。由式（11.8）有

$$\overline{y} = \frac{A_1 \overline{y}_1 + A_2 \overline{y}_2 + A_3 \overline{y}_3}{A_1 + A_2 + A_3} = \frac{(200 \times 10) \times (150 + 5) + 2 \times (10 \times 300) \times 0}{200 \times 10 + 2 \times (10 \times 300)} = 38.75 \text{ mm}$$

由于对称，所以 $\overline{z} = 0$。

（2）求各部分对形心轴 y_C、z_C 的惯性矩。由于各部分自身的形心轴同整个图形的形心轴不全部重合，所以需用平行移轴公式。

A_1 对 y_C 轴的惯性矩

$$I_{1y_C} = \frac{10 \times 200^3}{12} \approx 6.667 \times 10^6 \text{ mm}^4$$

A_2、A_3 对 y_C 轴的惯性矩

$$I_{2y_C} = I_{3y_C} = \frac{300 \times 10^3}{12} + (100 - 5)^2 \times (300 \times 10) = 2.710 \times 10^7 \text{ mm}^4$$

A_1 对 z_C 轴的惯性矩

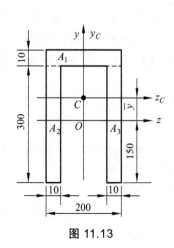

图 11.13

$$I_{1z_C} = \frac{200 \times 10^3}{12} + (150 + 5 - 38.75)^2 \times (200 \times 10) \approx 2.704 \times 10^7 \text{ mm}^4$$

A_2、A_3 对 z_C 轴的惯性矩

$$I_{2z_C} = I_{3z_C} = \frac{10 \times 300^3}{12} + 38.75^2 \times (300 \times 10) \approx 2.700 \times 10^7 \text{ mm}^4$$

（3）求整个图形对 y_C、z_C 轴的惯性矩。

$$I_{y_C} = I_{1y_C} + I_{2y_C} + I_{3y_C} = 6.667 \times 10^6 + 2 \times 2.71 \times 10^7 = 6.087 \times 10^7 \text{ mm}^4$$

$$I_{z_C} = I_{1z_C} + I_{2z_C} + I_{3z_C} = 2.704 \times 10^7 + 2 \times 2.700 \times 10^7 = 8.104 \times 10^7 \text{ mm}^4$$

本题还可以采用相减的算法，即将图形看成是两个矩形相减，公式中的运算符号也该相应地改变，即加号也应变成减号。

第四节　梁的切应力

梁在横力弯曲时，横截面上有弯矩还有剪力。所以在一般情况下，梁的横截面上不仅有正应力 σ，同时还存在着切应力 τ。由于决定梁强度的主要因素是正应力，切应力影响较小，所以在这里只简单介绍几种常用截面形状的最大切应力。

1. 矩形截面梁

设矩形截面梁的高为 h，宽为 b，在截面上的 y 方向有剪力 $\boldsymbol{F}_s$，如图 11.14（a）所示。对于矩形截面梁横截面上的切应力作出如下假设：

（1）横截面上任一点的切应力的方向与剪力 $\boldsymbol{F}_s$ 平行；

（2）距离中性轴 z 相等的各点处的切应力大小相等。

在此两个假设的基础上得到的切应力沿横截面高度方向按二次抛物线规律变化（图 11.14（a））。距中性轴为 y 处的横线上各点切应力为

$$\tau = \frac{F_s}{2I_z}\left(\frac{h^2}{4} - y^2\right)^{[1]} \tag{11.10}$$

从上式可知，在横截面上、下边缘各点处的切应力为零；在中性轴上各点有最大的切应力，其值为

$$\tau_{max} = \frac{3}{2} \cdot \frac{F_s}{A} \tag{11.11}$$

---

[1] 详细推导过程请参考刘鸿文主编《材料力学（Ⅰ）》（第四版）第 148~150 页。

2. 工字形截面梁

通过计算得知，由上、下翼缘和中间腹板组成的工字形横截面上，剪力 F_s 主要分布在腹板上，且腹板上的切应力变化不大（图 11.14（b））。最大切应力仍在中性轴上，其值近似等于剪力 F_s 在腹板上均匀分布，即

$$\tau_{\max} \approx \frac{F_s}{A_{腹板}} \tag{11.12}$$

3. 圆形截面梁

通过计算得知，圆形截面梁横截面上的最大切应力仍发生在中性轴上（图 11.14（c）），其值为

$$\tau_{\max} = \frac{4}{3} \cdot \frac{F_s}{A} \tag{11.13}$$

综合以上各种横截面形状梁的弯曲最大切应力计算公式，可写成一般形式为

$$\tau_{\max} = k \frac{F_s}{A} \tag{11.14}$$

其中的 k 为系数，不同的形状对应不同的值。矩形为 3/2，工字形为 1，圆形为 4/3。

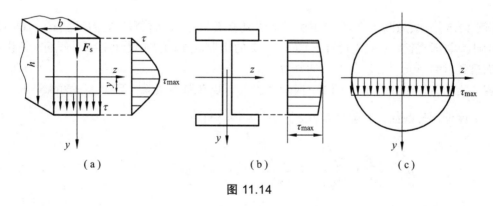

图 11.14

第五节 弯曲正应力的强度计算

为了保证梁安全地工作，须建立梁的强度条件。对于发生横力弯曲的等直梁，最大正应力一般发生在弯矩最大的截面上离中性轴最远各点处，即

$$\sigma_{\max} = \frac{M_{\max} y_{\max}}{I_z} \tag{11.15}$$

引入**抗弯截面系数** $W_z = \frac{I_z}{y_{\max}}$。对于高为 h、宽为 b 的矩形截面，则

$$W_z = \frac{I_z}{y_{max}} = \frac{bh^3/12}{h/2} = \frac{bh^2}{6}$$

若是直径为 d 的圆形截面，则

$$W_z = \frac{I_z}{y_{max}} = \frac{\pi d^4/64}{d/2} = \frac{\pi d^3}{32}$$

由此，式（11.15）变为

$$\sigma_{max} = \frac{M_{max}}{W_z} \qquad (11.16)$$

梁横截面上的最大工作正应力不得超过材料的许用弯曲应力，即得强度条件

$$\sigma_{max} = \frac{M_{max}}{W_z} \leqslant [\sigma] \qquad (11.17)$$

需注意的是，对抗拉和抗压强度相等的材料，只要绝对值最大的工作正应力不超过材料的许用应力即可。对抗拉和抗压强度不等的材料（如铸铁），则最大工作拉应力和最大工作压应力（注意两者往往并不发生在同一横截面上）要求分别不超过材料的许用拉应力和许用压应力。

【例 11.5】 试为图 11.15（a）中所示梁设计截面尺寸，设材料的许用应力 $[\sigma]=160$ MPa。（1）设计圆截面直径 d；（2）设计 $b:h=1:2$ 的矩形截面；（3）设计工字形截面。请说明哪种截面最省材料。

解：梁的弯矩图如图 11.15（b）所示。最大弯矩在跨中截面，且 $M_{max}=20$ kN·m。

（1）设计圆形截面，由强度条件 $\sigma_{max} = \frac{M_{max}}{W_z} \leqslant [\sigma]$ 有

$$W_z = \frac{\pi d^3}{32} \geqslant \frac{M_{max}}{[\sigma]} = \frac{20 \times 10^6}{160} = 1.25 \times 10^5 \text{ mm}^3$$

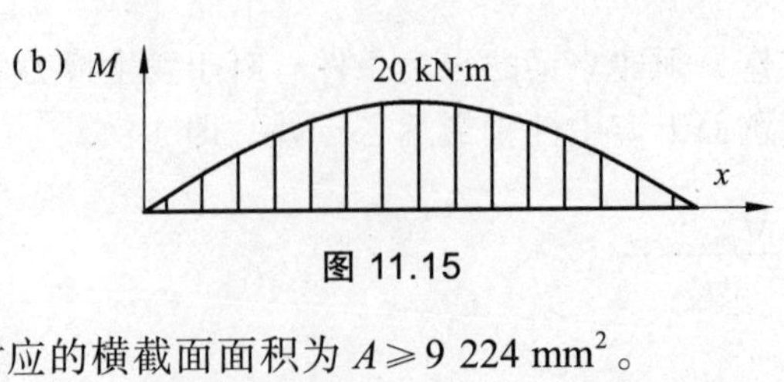

图 11.15

解得：$d \geqslant 108.4$ mm，对应的横截面面积为 $A \geqslant 9\ 224$ mm^2。

（2）设计 $b:h=1:2$ 的矩形截面，由强度条件 $\sigma_{max} = \frac{M_{max}}{W_z} \leqslant [\sigma]$ 有

$$W_z = \frac{bh^2}{6} = \frac{2b^3}{3} \geqslant \frac{M_{\max}}{[\sigma]} = \frac{20 \times 10^6}{160} = 1.25 \times 10^5 \text{ mm}^3$$

解得：$b \geqslant 57.2$ mm，对应的横截面面积为 $A \geqslant 6\,543$ mm^2。

（3）设计工字形截面，由强度条件 $\sigma_{\max} = \dfrac{M_{\max}}{W_z} \leqslant [\sigma]$ 有

$$W_z \geqslant \frac{M_{\max}}{[\sigma]} = \frac{20 \times 10^6}{160} = 1.25 \times 10^5 \text{ mm}^3$$

通过查表可知，选择 NO.16 工字钢，其 $W_z = 1.41 \times 10^5$ mm^3，面积 $A = 2\,610$ mm^2。

通过对上面三种截面面积的比较，显然采用工字形截面最省材料。

【例 11.6】　图 11.16（a）所示的悬臂梁，已知 $I_z = 5.066 \times 10^7$ mm^4，材料的许用应力为 $[\sigma] = 160$ MPa，试确定许用力偶矩 $[m]$。

解：梁的弯矩图如图 11.16（b）所示。最大弯矩为 $M_{\max} = 2m$。由强度条件有

$$M_{\max} \leqslant [\sigma] \cdot W_z = [\sigma] \frac{I_z}{y_{\max}}$$

$$2m \leqslant 160 \times \frac{5.066 \times 10^7}{100} = 8.1 \times 10^7 \text{ N} \cdot \text{mm} = 81.06 \text{ kN} \cdot \text{m}$$

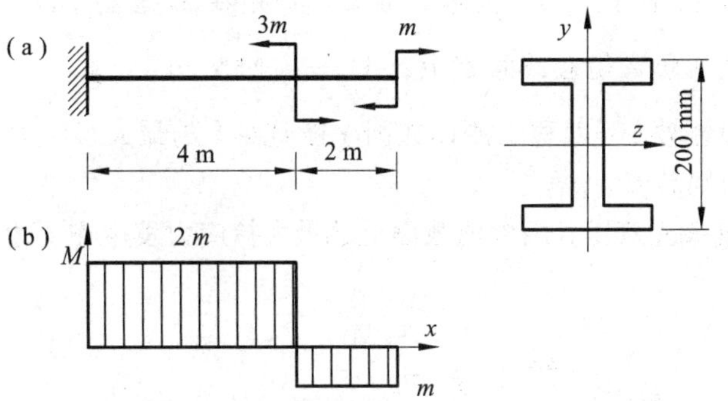

图 11.16

所以 $[m] \leqslant 40.53$ kN·m。

【例 11.7】　铸铁梁的横截面为 T 形，截面尺寸（单位 mm）和载荷如图 11.17（a）所示。铸铁的许用拉应力为 $[\sigma_t] = 25$ MPa，许用压应力为 $[\sigma_c] = 50$ MPa，试校核梁的强度。

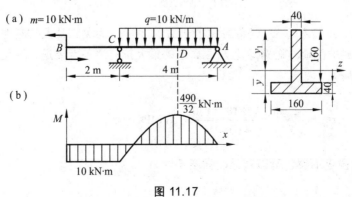

图 11.17

解：根据截面尺寸确定形心位置，并求出截面对中性轴 z 的惯性矩。

$$\bar{y} = \frac{\sum_{i=1}^{n} A_i \bar{y}_i}{\sum_{i=1}^{n} A_i} = \frac{(160 \times 40) \times 20 + (160 \times 40) \times (40 + 80)}{2 \times (160 \times 40)} = 70 \text{ mm}$$

$$I_z = I_{z1} + I_{z2}$$

$$= \left[\frac{160 \times 40^3}{12} + (70 - 20)^2 \times (160 \times 40) \right] +$$

$$\left[\frac{40 \times 160^3}{12} + (40 + 80 - 70)^2 \times (160 \times 40) \right]$$

$$= 4.65 \times 10^7 \text{ mm}^4$$

由静力学平衡方程易求出梁的支反力为

$$F_{Ay} = 17.5 \text{ kN}, \qquad F_{Cy} = 22.5 \text{ kN}$$

作梁的弯矩图如图 11.17（b）所示。最大正弯矩在 D 截面（D 距 A 为 1.75 m）上，$M_D = \dfrac{490}{32}$ kN·m。最大负弯矩在截面 C 上，$M_C = -10$ kN·m。

由于截面关于中性轴 z 不对称，所以在同一横截面上的最大拉应力和最大压应力的值并不相等，在此必须分别计算。

在 D 截面上有最大正弯矩，因此该截面上的最大拉应力发生在下边缘各点，最大压应力发生在上边缘各点。

$$\sigma_{tD} = \frac{M_D \bar{y}}{I_z} = \frac{\frac{490}{32} \times 10^6 \times 70}{4.65 \times 10^7} = 23.1 \text{ MPa} < [\sigma_t]$$

$$\sigma_{cD} = \frac{M_D y_1}{I_z} = \frac{\frac{490}{32} \times 10^6 \times (200 - 70)}{4.65 \times 10^7} = 42.8 \text{ MPa} < [\sigma_c]$$

在截面 C 上，虽然弯矩 M_C 的绝对值小于 M_D，但 M_C 为负，最大拉应力发生在上边缘各点处，而这些点到中性轴的距离却比 D 截面上的最大拉应力各点要远，因此就有可能发生比 D 截面还大的拉应力。

$$\sigma_{tC} = \frac{M_C y_1}{I_z} = \frac{10 \times 10^6 \times 130}{4.65 \times 10^7} = 28 \text{ MPa} > [\sigma_t]$$

即 C 截面的抗拉强度不够，所以该梁的强度不够。

第六节　提高梁弯曲强度的措施

在工程中，为了使梁既经济又安全，应采用较少的材料同时又具有较高的强度。由于弯曲正应力是影响梁强度的主要因素，所以主要依据正应力强度条件来讨论提高梁强度的措施。由正应力强度条件

$$\sigma_{max} = \frac{M_{max}}{W_z} \leqslant [\sigma]$$

可知，要提高强度，就应降低梁的最大工作应力 σ_{max}。可以看出，要达到这一目的，可通过两方面考虑，一是降低 M_{max} 的数值，二是提高 W_z 的数值。

一、合理配置梁的载荷和支座

合理配置梁的载荷，可降低 M_{max} 的数值，如图 11.18（a）所示简支梁，当在跨中承受集中力 P 作用时，在梁内产生的最大弯矩为 $M_{max} = Pl/4$；若能将 P 布置在靠近支座的地方（图 11.18（b）），则最大弯矩只有 $M_{max} = 5Pl/36$；如果 P 的位置要求比较高，不能随便改变作用点，这时可采用一个辅梁（图 11.18（c）），使集中力 P 通过辅梁再作用到梁上，则最大弯矩降低为 $M_{max} = Pl/8$。

同理，合理地设置支座位置，也可降低梁内的最大弯矩。以均布载荷作用下的简支梁为例（图 11.19（a）），最大弯矩为

$$M_{max} = \frac{ql^2}{8} = 0.125ql^2$$

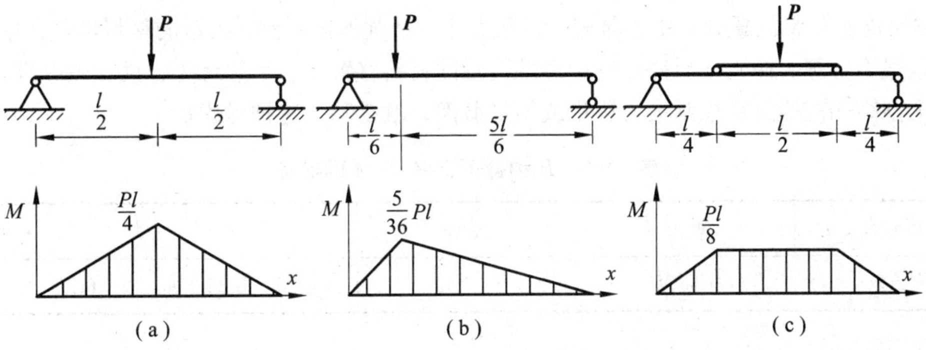

图 11.18

若将两端支座各向中点移动 $0.2l$（图 11.19（b）），则最大弯矩减小为

$$M_{max} = \frac{ql^2}{40} = 0.025ql^2$$

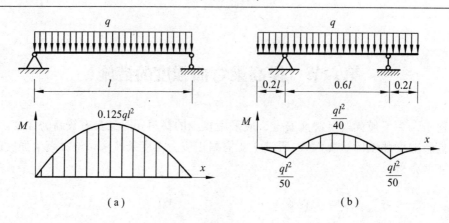

图 11.19

只有前者的 1/5。也就是说，如按图 11.19（b）布置支座，载荷增加 4 倍，梁内的最大的工作弯曲正应力才同图 11.19（a）所示的一样大。图 11.20 所示的门式起重机的立柱位置就考虑了降低由梁载荷和自重所产生的最大弯矩。

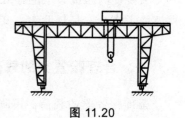

图 11.20

二、合理选择截面形状

将弯曲正应力的强度条件改写成 $M_{max} \leqslant [\sigma]W_z$。由此式可知，梁能承担的最大弯矩与抗弯截面系数成正比。当然，横截面面积越大，抗弯截面系数也越大。但不能一味地去增大横截面的尺寸，这样会使材料使用过多，梁的自重也会增大。所以梁的合理截面应是使用最小的截面面积 A（少用材料），得到大的抗弯截面系数 W_z。所以一般采用 W_z 和 A 的比值 W_z/A 来衡量截面形状的合理性。W_z/A 较大，就表示截面较为合理。几种常用截面的比值已列入表 11.1 中。从表中可看出，矩形截面比圆截面合理，而工字形和槽形又比矩形合理。这可以从正应力在横截面上的分布规律来解释。正应力沿横截面高度按线性规律分布，离中性轴越远，正应力越大。为充分利用材料，应尽可能把材料放置到离中性轴较远的位置上。从圆形截面看，大量的材料堆积在中性轴附近，所以很不合理。而工字形截面把中性轴附近的材料移置上、下边缘处，就比较合理。所以，工程中大型结构的梁，往往制成工字形或箱形截面，就是基于这种考虑。

表 11.1   几种截面的 W_z 和 A 的比值

截面形状	矩形	圆形	槽钢	工字钢
W_z/A	$0.167h$	$0.125d$	$（0.27 \sim 0.31）h$	$（0.27 \sim 0.31）h$

截面形状还应考虑材料的性能。合理的截面形状应该使截面上的最大拉应力和最大压应力同时达到材料的许用应力。对抗拉和抗压强度相等的材料，宜采用对称于中性轴的截面形状，如圆形、矩形、工字形等；对抗压强度大于抗拉强度的材料，如铸铁，宜采用中性轴偏近于受拉一侧的截面，如图 11.21 中的一些截面。对于这类截面，应使中性轴的位置符合下列关系

$$\frac{\sigma_{t,max}}{\sigma_{c,max}} = \frac{y_1}{y_2} = \frac{[\sigma_t]}{[\sigma_c]}$$

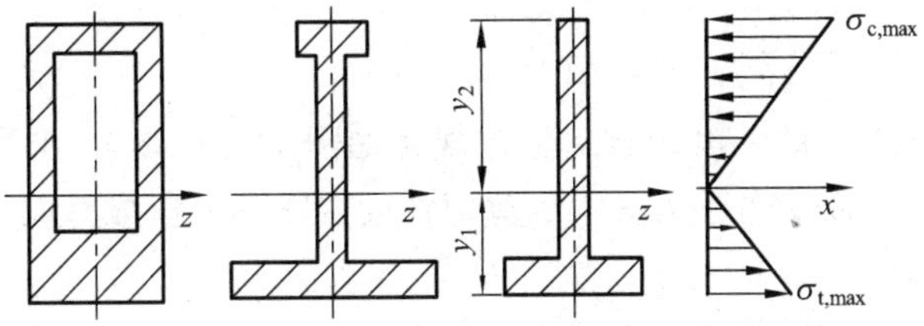

图 11.21

三、采用等强度梁

在正应力的强度条件中，最大正应力发生在弯矩最大的横截面上距离中性轴最远的各点处。也就是说，当最大弯矩截面上的最大正应力达到材料的许用应力时，其余各横截面上的最大正应力都还小于材料的许用应力。因此，为了节省材料，减轻自重，可根据每个截面上的弯矩来设计各自的截面尺寸，即弯矩较大的地方采用较大的截面，在弯矩较小的地方采用较小的截面。这种沿轴线截面尺寸变化的梁就是变截面梁。若使变截面梁各横截面上的最大正应力都等于许用应力，则称为等强度梁。设梁的任一横截面上的弯矩为 $M(x)$，同一横截面的抗弯截面系数为 $W(x)$，按等强度梁的要求有

$$\sigma_{max} = \frac{M(x)}{W(x)} = [\sigma] \tag{11.18}$$

由上式，可根据弯矩变化规律确定等强度梁的截面变化规律。

【例 11.8】 图 11.22（a）所示为一矩形截面简支梁。设截面高度 h 不变，改变其宽度，使其成为一等强度梁。

解：由于对称，所以只分析 $0 \leqslant x \leqslant l/2$ 的左半段。

弯矩方程为：$M(x) = \dfrac{P}{2}x$ （$0 \leqslant x \leqslant l/2$）

由式（11.18）有

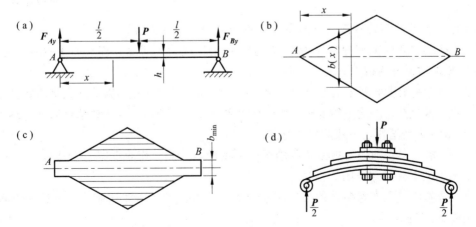

图 11.22

$$W(x) = \frac{b(x)h^2}{6} = \frac{M(x)}{[\sigma]} = \frac{Px/2}{[\sigma]}$$

可得
$$b(x) = \frac{3P}{[\sigma]h^2}x$$

可见截面宽度 $b(x)$ 是 x 的一次函数，变化规律如图 11.22（b）。在 $x=0$ 处，有 $b(x)=0$，表明端截面的宽度为 0，显然这是无法满足剪切强度要求的，应按剪切强度要求确定其宽度。

$$\tau_{\max} = \frac{3}{2} \cdot \frac{F_s}{A} = \frac{3}{2} \cdot \frac{P/2}{b_{\min}h} = [\tau]$$

得 $b_{\min} = \dfrac{3P}{4h[\tau]}$。

如果把这一等强度梁分成若干窄条（图 11.22（c）），然后重叠起来，就成为汽车上的叠板弹簧（图 11.22（d））。

当然，在这里也可让宽度 b 保持不变，而改变截面高度 h，按相同的方法可求得

$$h(x) = \sqrt{\frac{3Px}{b[\sigma]}}$$

而最小高度通过剪切强度要求有：$h_{\min} = \dfrac{3P}{4b[\tau]}$。

按上述条件确定的梁的外形，是工程中常见的鱼腹梁（图 11.23）。

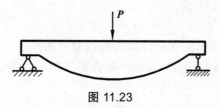

图 11.23

拓展学习 11

小　结

本章讨论了平面弯曲横截面上的应力计算及平面弯曲的强度计算。

11.1　梁的横截面上只有弯矩 M 而无剪力 F_s 的情况为纯弯曲；横截面上既有弯矩 M，又有剪力 F_s 的情况称为横力弯曲。

11.2　纯弯曲梁横截面上的正应力沿梁高线性分布。以中性轴为界，分成受拉和受压两个区域，凸边一侧受拉，凹边一侧受压。中性轴上各点正应力为零，离中性轴越远应力越大。计算公式 $\sigma = My/I_z$ 也适用于一般的横力弯曲。

11.3　静矩、形心和惯性矩是平面图形的一些几何性质。弯曲正应力的计算公式（11.2）中的 I_z 是截面对其形心轴 z 的惯性矩。

11.4　梁的切应力在影响梁的强度因素中属于次要因素。弯曲切应力在中性轴上各点处最大，边缘各点处为零。

11.5　弯曲正应力的强度条件是 $\sigma_{\max} = \dfrac{M_{\max}}{W_z} \leqslant [\sigma]$。其中的 W_z 为抗弯截面系数，它与截面的几何形状和尺寸有关。

11.6　提高梁的弯曲强度就要降低梁的最大工作应力。常见的措施主要是降低梁的最大弯矩 $M_{\max}$，提高 W_z/A 的比值和采用等强度梁。

思 考 题

11.1　推导平面弯曲正应力公式时做了哪些假设？在什么条件下这些假设才是正确的？

11.2　直梁弯曲时为何中性轴必定过截面的形心？

11.3　指出梁在纯弯曲时弯曲正应力公式的使用范围，它在什么条件下可推广到横力弯曲中？

11.4　试问图 11.24 所示截面的惯性矩是否可按照 $I_z = \dfrac{BH^3}{12} - \dfrac{bh^3}{12}$ 来计算？为什么？抗弯截面系数是否可按照 $W_z = \dfrac{BH^2}{6} - \dfrac{bh^2}{6}$ 来计算？为什么？

11.5　如图 11.25 所示同一梁按图（a）和图（b）两种方式放置，试问两梁的最大弯曲正应力是否相同？

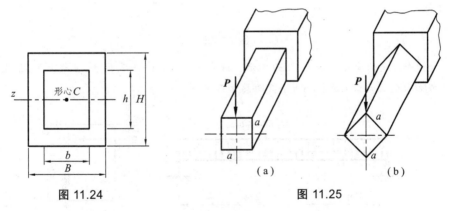

图 11.24　　　　　　　　　　　图 11.25

11.6　由四根 $100\,\text{mm} \times 80\,\text{mm} \times 10\,\text{mm}$ 不等边角钢焊成一体的梁，在纯弯曲条件下按图 11.26 所示四种形式组合，试问哪一种强度最高？哪种最低？

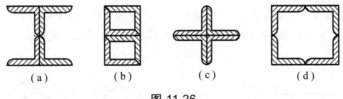

（a）　　　　（b）　　　　（c）　　　　（d）

图 11.26

习　题

11.1　确定图 11.27 所示图形的形心位置。（图中尺寸单位为 mm）

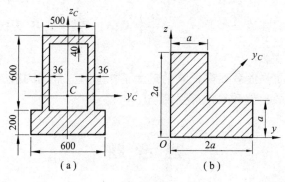

图 11.27

11.2 求图 11.28 所示各图形对形心轴 z 的惯性矩 I_z。（图中尺寸单位为 mm）

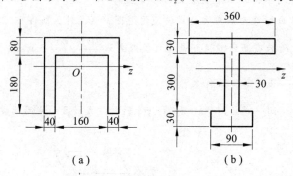

图 11.28

11.3 受均布载荷的简支梁如图 11.29 所示，试计算：（1）1—1 截面 A—A 线上 1、2 两点的正应力；（2）此截面上的最大正应力；（3）全梁的最大正应力。

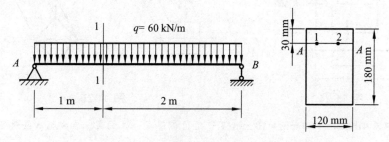

图 11.29

11.4 均布载荷作用下的简支梁如图 11.30 所示。若分别采用截面面积相等的实心和空心圆截面，且 $D_1 = 40$ mm，$d_2 / D_2 = 3 / 5$，试分别计算它们的最大正应力，并问空心截面比实心截面的最大正应力减小了百分之几?

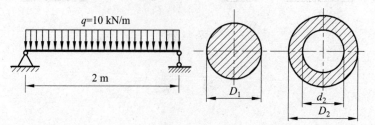

图 11.30

11.5　一根直径 d 为 1 mm 的直钢丝绕于直径 $D = 600$ mm 的圆轴上（图 11.31），钢的弹性模量 $E = 210$ GPa，试求钢丝由于（弹性）弯曲而产生的最大弯曲正应力。材料的屈服极限 $\sigma_s = 700$ MPa，求不使钢丝产生残余变形的轴直径 D_1 应为多大？

11.6　T 形截面纯弯曲梁尺寸如图 11.32 所示。若弯矩 $M = 31$ kN·m，截面对中性轴 z 的惯性矩 $I_z = 53.13 \times 10^6$ mm^4，试求：（1）该梁的最大拉应力和最大压应力；（2）试证明截面上正应力的合力为零，而合力矩等于截面上的弯矩。（图中尺寸单位为 mm）

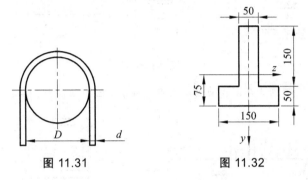

图 11.31　　　　　　　　　　图 11.32

11.7　一矩形截面梁，尺寸如图 11.33 所示，许用应力 $[\sigma] = 160$ MPa。试按下列两种情况校核此梁：（1）使此梁的 120 mm 边竖直放置；（2）使 120 mm 边水平放置。

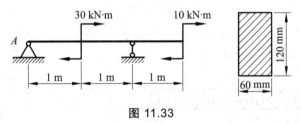

图 11.33

11.8　20a 工字梁的支承和受力情况如图 11.34 所示，若 $[\sigma] = 160$ MPa，试求许可载荷。

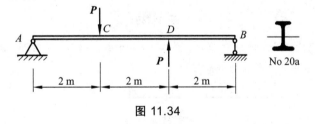

图 11.34

11.9　矩形截面悬臂梁如图 11.35 所示，已知 $l = 4$ m，$\dfrac{b}{h} = \dfrac{2}{3}$，$q = 10$ kN/m，$[\sigma] = 10$ MPa，试确定横截面的尺寸 h 和 b。

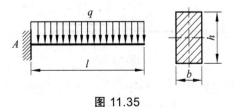

图 11.35

11.10 压板的尺寸和载荷如图11.36所示。材料为45钢，$\sigma_s = 380\,\text{MPa}$，取安全系数$n = 1.5$。试校核压板的强度。（图中尺寸单位为mm）

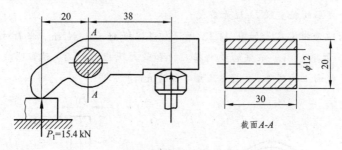

图 11.36

11.11 试确定图11.37所示箱式截面梁的许用载荷q，已知$[\sigma] = 160\,\text{MPa}$。

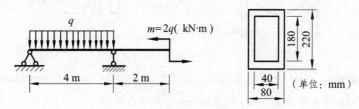

图 11.37

11.12 图11.38所示梁$[\sigma] = 160\,\text{MPa}$，求（1）按正应力强度条件选择圆形和矩形两种截面尺寸；（2）比较两种截面的W_z/A，并说明哪种截面好。

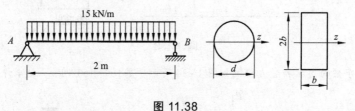

图 11.38

11.13 螺栓压板夹紧装置如图11.39所示，已知$a = 50\,\text{mm}$，$[\sigma] = 140\,\text{MPa}$。试计算压板作用于工件的最大允许压紧力。（图中尺寸单位为mm）

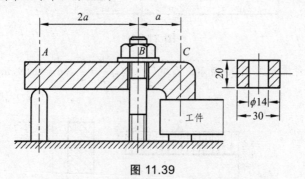

图 11.39

11.14 图11.40所示为一铸铁梁，$P_1 = 9\,\text{kN}$，$P_2 = 4\,\text{kN}$，许用拉应力$[\sigma_t] = 30\,\text{MPa}$，许用压应力$[\sigma_c] = 60\,\text{MPa}$，$I_z = 7.63 \times 10^{-6}\,\text{m}^4$，试校核此梁的强度。

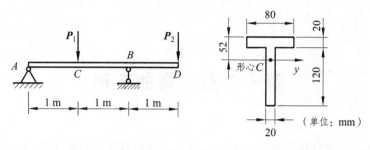

图 11.40

11.15　铸铁梁的载荷及截面尺寸如图 11.41 所示。许用拉应力 $[\sigma_t]=40$ MPa，许用压应力 $[\sigma_c]=160$ MPa。试按正应力强度条件校核梁的强度。如果载荷不变，但将 T 形截面倒置成为 ⊥ 形，是否合理？为什么？

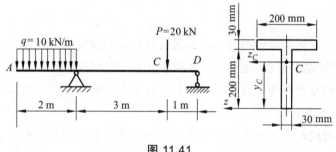

图 11.41

11.16　起重机下的梁由两根工字钢组成，如图 11.42 所示。起重机自重 $Q=50$ kN，起吊重量 $P=10$ kN。许用应力 $[\sigma]=160$ MPa，$[\tau]=100$ MPa。若暂不考虑梁的自重，试按正应力强度条件选定工字钢型号，再按切应力强度条件进行校核。

11.17　我国宋朝的《营造法式》中，已给出梁截面的高、宽比 h/b 约为 3/2。试从理论上证明这是由直径为 d 的圆木中锯出一个强度最大的矩形截面梁的最佳比值（图 11.43）。

提示：所得截面的 W_z 必须是最大值。

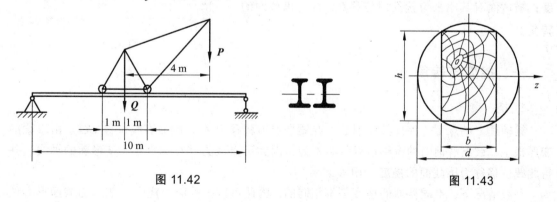

图 11.42　　　　　　　　　　　　　图 11.43

第十二章　弯曲变形

本章讨论等直梁在对称弯曲时的变形问题。主要内容包括挠度及转角的概念、挠曲线近似微分方程及其积分、计算梁变形的叠加法、梁的刚度设计及提高梁刚度的措施。

第一节　梁的变形

在工程实际中，对某些受弯构件，除要求具有足够的强度外，还要求有足够的刚度，即要求其变形量限制在规定允许的范围内。如钢板轧机的轧辊，在轧制过程中变形量过大，将导致钢板沿宽度方向厚度不均，影响产品质量。为了在工程实际中限制或利用弯曲构件的变形，必须研究梁的变形规律。

平面弯曲时，梁的轴线在外力作用下变成一条连续、光滑的平面曲线，该曲线称为梁的**挠曲线**。在线弹性范围内的挠曲线也称为**弹性曲线**。

为了表示梁的变形情况，建立坐标系 xAy，如图 12.1 所示。以梁左端为原点，x 轴沿梁的轴线方向，向右为正。在梁的纵向对称平面内取与 x 轴相垂直的轴为 y 轴，向上为正。度量梁变形后横截面位移的两个基本量是：横截面形心（即轴线上的点）在垂直于 x 轴方向的线位移 w，称为该截面的**挠度**；横截面对其原来位置的角位移 θ，称为该截面的**转角**。

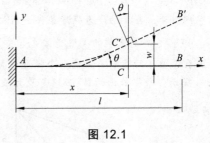

图 12.1

一、挠度与转角

1. 挠　度

梁轴线上的点 C（该横截面形心）在梁变形后将移至 C'，因而有线位移 CC'。由于梁的变形很小，C' 点沿轴向的位移可以忽略不计，因此可以认为 CC' 垂直于梁变形前的轴线，并将此线位移称为该截面的**挠度**，用 w 表示。

一般情况下，不同截面的挠度是不相同的，因此可以把截面的挠度 w 表示为截面形心位置 x 的函数

$$w = w(x)$$

上式称为梁的**挠曲线方程**。挠度与 y 轴正方向一致时为正，反之为负。

2. 转　角

梁变形时，不仅横截面形心有线位移，而且整个横截面还将绕其中性轴相对转过一个角度，因而又有角位移，并将此角位移称为该截面的**转角**，用 θ 表示。由图 12.1 可见，过挠曲线上任意一点作切线，它与 x 轴的夹角就等于 C 点所在截面的转角 θ。不同横截面的转角不同，因此转角 θ 也是截面位置 x 的函数，即

$$\theta = \theta(x)$$

上式称为梁的**转角方程**。转角的正负号规定为：逆时针转动为正；顺时针转动为负。转角的单位是弧度（rad）或度（°）。

3. 挠度与转角之间的关系

由微分学可知，过挠曲线上任一点的切线与 x 轴的夹角的正切就是挠曲线在该点的斜率，即

$$\tan\theta = \frac{\mathrm{d}w}{\mathrm{d}x}$$

由于变形非常微小，θ 角也很小，故有

$$\theta \approx \tan\theta = \frac{\mathrm{d}w}{\mathrm{d}x} = w'(x) \tag{12.1}$$

上式表明：任意横截面的转角 θ 等于挠曲线在该截面形心处的斜率。可见，只要知道了挠曲线方程，就可以确定梁上任一横截面的挠度和转角。表达式（12.1）称为**转角方程**。

二、挠曲线的近似微分方程

在上一章中推导梁的正应力计算公式时，曾导出梁弯曲后的曲率与弯矩和抗弯刚度之间的关系为

$$\frac{1}{\rho} = \frac{M}{EI} \tag{1}$$

在横力弯曲的情况下，通常梁的跨度远大于截面的高度，剪力对梁的变形影响很小，可以略去不计，因而式（1）仍然适用；只是梁的各截面的弯矩和挠曲线的曲率都随截面的位置而改变，即它们都是 x 的函数，故式（1）可写为

$$\frac{1}{\rho(x)} = \frac{M(x)}{EI} \tag{2}$$

设沿 x 方向相距为 $\mathrm{d}x$ 的两横截面间的相对转角为 $\mathrm{d}\theta$，并设这两横截面间的挠曲线弧长为 $\mathrm{d}s$，则由图 12.2 可见，它与曲率半径的关系为

$$|\mathrm{d}s| = \rho(x)\,|\mathrm{d}\theta|, \quad \frac{1}{\rho(x)} = \left|\frac{\mathrm{d}\theta}{\mathrm{d}s}\right|$$

这里取绝对值是因为未曾考虑 $\frac{\mathrm{d}\theta}{\mathrm{d}s}$ 的符号。由于是小变形，θ 很微小，$\cos\theta \approx 1$，因此有

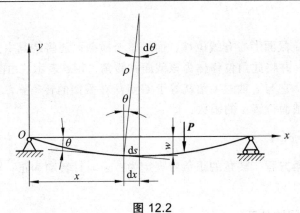

图 12.2

$$ds = \frac{dx}{\cos\theta} \approx dx$$

得
$$\frac{1}{\rho(x)} = \left|\frac{d\theta}{ds}\right| \approx \left|\frac{d\theta}{dx}\right|$$

又由式（12.1）得

$$\frac{1}{\rho(x)} = \left|\frac{d^2w}{dx^2}\right| \qquad\qquad (3)$$

将式（3）代入式（2），最后得到

$$w'' = \frac{d^2w}{dx^2} = \pm\frac{M(x)}{EI} \qquad\qquad (4)$$

式中，$M(x)$ 为梁的弯矩。

d^2w/dx^2 与弯矩 $M(x)$ 的关系如图 12.3 所示，图中坐标轴 y 以向上为正。由该图可以看出：当梁段承受正弯矩时，挠曲线为凹曲线（图 12.3（a）），d^2w/dx^2 为正；反之，当梁段承受负弯矩时，挠曲线为凸曲线（图 12.3（b）），d^2w/dx^2 也为负。可见，如果弯矩的正负号仍按以前规定，并选用坐标轴 y 以向上的坐标系，则弯矩 M 与 d^2w/dx^2 恒为同号。至于 x 轴的方向向左或向右，并不影响 d^2w/dx^2 的正负，所以，式（12.2）同样适用于坐标轴 x 向左的坐标系。

由此，可将（4）式写为

$$\frac{d^2w}{dx^2} = \frac{M(x)}{EI} \qquad\qquad (12.2)$$

该式称为**梁的挠曲线近似微分方程**。之所以说是近似，因为在推导这一公式的过程中，略去了剪力对变形的影响，并近似地认为 $ds = dx$。实践表明，由此方程求得的挠度和转角，对于工程应用已足够精确。

上面得到的是梁的挠曲线近似微分方程，它是研究弯曲变形的基本方程。解微分方程（12.2）即可求得挠度 w，然后由式（12.1）求得截面转角 θ。这些都将在下一节讨论。

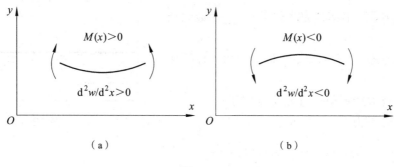

图 12.3

第二节　用积分法求梁的变形

现在研究对梁的挠曲线近似微分方程进行积分。对于等截面直梁，EI 为常数，其挠曲线近似微分方程（12.2）又可改写为

$$EIw'' = M(x) \tag{12.3}$$

将上述方程相继积分两次，依次得

$$EIw' = EI\theta = \int M(x)\mathrm{d}x + C \tag{12.4}$$

$$EIw = \iint M(x)\mathrm{d}x\mathrm{d}x + Cx + D \tag{12.5}$$

式（12.4）和（12.5）中出现了两个积分常数 C 和 D，它们可以分别由梁的支座处的已知变形条件确定，这些变形条件通常称为**梁的位移边界条件**。例如简支梁在两端支座处的挠度为零（图 12.4（a）），即在 $x=0$ 处，$w_A = 0$；在 $x=l$ 处，$w_B = 0$。悬臂梁固定端的挠度和转角均为零（图 12.4（b）），即在 $x=0$ 处，$w_A = 0$ 和 $\theta_A = 0$。将这些已知的边界条件代入式（12.4）和（12.5），即可定出积分常数 C 和 D。将已确定的积分常数再代回式（12.4）和（12.5），就可以得到梁的转角方程和挠曲线方程，从而可以确定梁任意截面处的转角和挠度。上述这种求梁变形的方法，通常称为**积分法**。下面通过例题来说明积分法的具体应用。

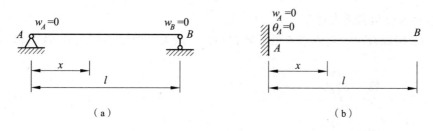

图 12.4

【**例 12.1**】　一悬臂梁 AB，在自由端 B 作用一集中力 P，如图 12.5 所示。试求梁的转角

方程和挠曲线方程，并确定最大转角 $|\theta|_{\max}$ 和最大挠度 $|w|_{\max}$。

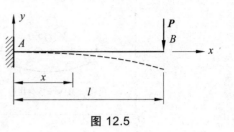

图 12.5

解：以梁左端 A 点为原点，取一直角坐标系如图 12.5 所示。

（1）建立挠曲线近似微分方程并积分。

梁的弯矩方程为

$$M(x) = -P(l-x) = -Pl + Px$$

将弯矩方程代入式（12.3）

$$EIw'' = -Pl + Px$$

将上述微分方程相继积分两次，依次得

$$EI\theta = -Plx + \frac{P}{2}x^2 + C \tag{a}$$

$$EIw = -\frac{Pl}{2}x^2 + \frac{P}{6}x^3 + Cx + D \tag{b}$$

（2）确定积分常数。

悬臂梁在固定端处的挠度和转角均为零，即在 $x=0$ 处

$$\theta = 0 , \quad w = 0$$

将上述边界条件分别代入式（a）与（b），得

$$C = 0 , \quad D = 0$$

（3）建立转角与挠曲线方程。

将所得积分常数值代入式（a）与（b），于是得梁的转角与挠曲线方程分别为

$$\theta = \frac{1}{EI}\left(-Plx + \frac{P}{2}x^2 \right) \tag{c}$$

$$w = \frac{1}{EI}\left(-\frac{Pl}{2}x^2 + \frac{P}{6}x^3 \right) \tag{d}$$

（4）求最大转角和最大挠度。

由图 12.5 可以看出，自由端 B 处的转角和挠度最大。以 $x=l$ 代入式（c）和（d）可得

$$\theta_B = -\frac{Pl^2}{2EI}$$

即

$$|\theta|_{\max} = \frac{Pl^2}{2EI}$$

$$w_B = -\frac{Pl^3}{3EI}$$

即 $$|w|_{\max} = \frac{Pl^3}{3EI}$$

所得结果中，转角为负，说明横截面绕其中性轴作顺时针方向转动；挠度为负值，说明 B 点的位移向下。

【例 12.2】 一简支梁如图 12.6 所示，在全梁上受集度为 q 的均布载荷作用。试求此梁的转角方程和挠曲线方程，并确定最大转角 $|\theta|_{\max}$ 和最大挠度 $|w|_{\max}$。

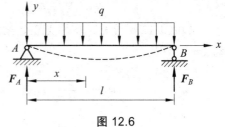

图 12.6

解：选取直角坐标系如图 12.6 所示。

（1）求支座反力，列弯矩方程。由对称关系得梁的支座反力为

$$F_A = F_B = \frac{ql}{2}$$

以 A 为原点，列出梁的弯矩方程为

$$M(x) = \frac{ql}{2}x - \frac{q}{2}x^2 \qquad (a)$$

（2）建立挠曲线近似微分方程并积分。将弯矩方程代入式（12.3）可得

$$EIw'' = \frac{ql}{2}x - \frac{q}{2}x^2 \qquad (b)$$

通过两次积分，得

$$EI\theta = \frac{ql}{4}x^2 - \frac{q}{6}x^3 + C \qquad (c)$$

$$EIw = \frac{ql}{12}x^3 - \frac{q}{24}x^4 + Cx + D \qquad (d)$$

（3）确定积分常数。此梁的位移边界条件为：在 $x = 0$ 处，$w_A = 0$；在 $x = l$ 处，$w_B = 0$。分别代入式（d）可得

$$D = 0, \quad C = -\frac{ql^3}{24}$$

（4）建立转角与挠曲线方程。将所得积分常数值代入式（c）与（d），于是得梁的转角与挠度方程分别为

$$\theta = \frac{1}{EI}\left(\frac{ql}{4}x^2 - \frac{q}{6}x^3 - \frac{q}{24}l^3\right) = -\frac{q}{24EI}(l^3 - 6lx^2 + 4x^3) \qquad (e)$$

$$w = \frac{1}{EI}\left(\frac{ql}{12}x^3 - \frac{q}{24}x^4 - \frac{ql^3}{24}x\right) = -\frac{qx}{24EI}(l^3 - 2lx^2 + x^3) \qquad (f)$$

（5）求最大转角和最大挠度。梁上载荷和边界条件均对称于梁跨中点 C，故梁的挠曲线也必对称。由此可知，最大挠度必在梁的中点处，以 $x = l/2$ 代入式（f），得

$$w_C = -\frac{5ql^4}{384EI}$$

故

$$|w|_{\max} = \frac{5ql^4}{384EI}$$

又由图 12.6 可见，在两支座处横截面的转角相等，均为最大。将 $x = 0$ 及 $x = l$ 分别代入式（e）可得

$$\theta_A = -\frac{ql^3}{24EI} , \quad \theta_B = +\frac{ql^3}{24EI}$$

故

$$|\theta|_{\max} = \frac{ql^3}{24EI}$$

转角式中的负号表明为顺时针方向转动，正号则表明为逆时针方向转动；挠度式中的负号表明挠度向下。而最大转角或最大挠度则仅按绝对值衡量，与其转向或移向无关。

在以上两例中，全梁只有一个弯矩方程，因此只需列解一个微分方程。但当梁上的外力使梁各段的弯矩方程不同时，则梁各段的挠曲线微分方程也将不同。相应的，每段都会出现两个积分常数，而边界条件总共只会有两个。因此，为确定这些积分常数，除利用边界条件外，还需根据挠曲线为一光滑连续曲线这一特性，利用相邻两段梁在交接处的变形必须连续的条件，称为梁的光滑连续条件，求得全部积分常数，进而得出各段梁的转角方程和挠曲线方程。

【例 12.3】　一简支梁如图 12.7 所示，在梁上受一集中力 P 作用，试求此梁的转角方程和挠曲线方程。

解：（1）求支座反力，列弯矩方程。集中力 P 将梁分成 AC 和 CB 两段，由梁的静力平衡条件可求得支座反力

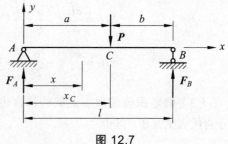

图 12.7

$$F_A = \frac{Pb}{l} , \quad F_B = \frac{Pa}{l}$$

分段列出弯矩方程：

AC 段：

$$M_1(x) = \frac{Pb}{l}x \quad (0 \leqslant x \leqslant a)$$

CB 段：

$$M_2(x) = \frac{Pb}{l}x - P(x - a) \quad (a \leqslant x \leqslant l)$$

（2）两段的微分方程及其积分：

AC 段 $(0 \leqslant x \leqslant a)$

$$EIw_1'' = \frac{Pb}{l}x$$

$$EI\theta_1 = EIy_1' = \frac{Pb}{2l}x^2 + C_1$$

$$EIw_1 = \frac{Pb}{6l}x^3 + C_1 x + D_1$$

CB 段 $(a \leqslant x \leqslant l)$

$$EIw_2'' = \frac{Pb}{l}x - P(x-a)$$

$$EI\theta_2 = EIy_2' = \frac{Pb}{2l}x^2 - \frac{P(x-a)^2}{2} + C_2$$

$$EIw_2 = \frac{Pb}{6l}x^3 - \frac{P(x-a)^3}{6} + C_2 x + D_2$$

（3）确定积分常数并建立转角及挠曲线方程。

上述积分后出现 4 个积分常数，需要 4 个已知的变形条件才能确定，而简支梁的边界条件只有 2 个，即在 $x = 0$ 处，$w_{1A} = 0$，在 $x = l$ 处，$w_{2B} = 0$。需要再找两个条件。因为工程实际中梁的变形很小，且在弹性限度内，所以梁在变形后其挠曲线必为一光滑连续曲线。因此左、右两段梁在交界处的截面应具有相同的挠度和转角。这样又可得到在两段梁交接处的变形条件，即在 $x = a$ 处，$\theta_1 = \theta_2$，$w_1 = w_2$，这就是梁的**光滑连续条件**。先将光滑连续条件代入积分后的转角方程，使 $\theta_1 = \theta_2$，得 $C_1 = C_2$，再代入挠度方程，使 $w_1 = w_2$，得 $D_1 = D_2$。

再由边界条件，容易得到 $D_1 = D_2 = 0$，$C_1 = C_2 = -\frac{Pb}{6l}(l^2 - b^2)$。

积分常数确定后，两段梁的转角和挠曲线方程也就可以求得。以下的演算与前面两例类似，在此不再赘述。

积分法是求梁变形的基本方法，其优点是可以求得转角和挠曲线的普遍方程式。但当梁上的载荷复杂时，需分段列弯矩方程和挠曲线微分方程，并分段积分。分段越多，积分常数越多，根据边界条件和变形连续条件来确定积分常数的运算十分烦琐，所以积分法常用于梁上载荷比较简单的场合。

第三节　用叠加法求梁的变形

由上节例题可知，用积分法可以求出梁的挠曲线方程和转角方程。但当梁上作用的载荷比较复杂时，用积分法计算梁的变形就显得过于累赘。当只需求梁某特定截面的挠度和转角时，积分法尤为烦琐，此时可采用叠加法来计算。

叠加法的基本原理是：梁的变形很小并且符合胡克定律，挠度和转角都与载荷呈线性关系，即某一载荷引起的变形不受其他载荷的影响。因此，当梁同时受几个载荷作用时，可分别计算出每一个载荷单独作用时所引起的在某个指定截面处的变形，然后叠加，便可得到该截面的总变形。

用叠加法求等截面梁的变形时，每个简单载荷作用下的变形可查表 12.1。

表 12.1　梁在载荷作用下的变形

序号	梁的简图	挠曲线方程	端截面转角	最大挠度
1		$w = -\dfrac{M_e x^2}{2EI}$	$\theta_B = -\dfrac{M_e l}{EI}$	$w_B = -\dfrac{M_e l^2}{2EI}$
2		$w = -\dfrac{Fx^2}{6EI}(3l - x)$	$\theta_B = -\dfrac{Fl^2}{2EI}$	$w_B = -\dfrac{Fl^3}{3EI}$
3		$w = -\dfrac{Fx^2}{6EI}(3a - x)$ $(0 \leqslant x \leqslant a)$ $w = -\dfrac{Fa^2}{6EI}(3x - a)$ $(a \leqslant x \leqslant l)$	$\theta_B = -\dfrac{Fa^2}{2EI}$	$w_B = -\dfrac{Fa^2}{6EI}(3l - a)$
4		$w = -\dfrac{qx^2}{24EI}(x^2 - 4lx + 6l^2)$	$\theta_B = -\dfrac{ql^3}{6EI}$	$w_B = -\dfrac{ql^4}{8EI}$
5		$w = -\dfrac{M_e x}{6EIl}(l - x)(2l - x)$	$\theta_A = -\dfrac{M_e l}{3EI}$ $\theta_B = \dfrac{M_e l}{6EI}$	$x = \left(1 - \dfrac{1}{\sqrt{3}}\right)l,$ $w_{max} = -\dfrac{M_e l^2}{9\sqrt{3}EI}$ $x = \dfrac{l}{2}, w_{\frac{1}{2}} = -\dfrac{M_e l^2}{16EI}$
6		$w = -\dfrac{M_e x}{6EIl}(l^2 - x^2)$	$\theta_A = -\dfrac{M_e l}{6EI}$ $\theta_B = \dfrac{M_e l}{3EI}$	$x = \dfrac{l}{\sqrt{3}},$ $w_{max} = -\dfrac{M_e l^2}{9\sqrt{3}EI}$ $x = \dfrac{l}{2}, w_{\frac{1}{2}} = -\dfrac{M_e l^2}{16EI}$
7		$w = \dfrac{M_e x}{6EIl}(l^2 - 3b^2 - x^2)$ $(0 \leqslant x \leqslant a)$ $w = \dfrac{M_e}{6EIl}[-x^3 + 3l(x - a)^2] +$ $(l^2 - 3b^2)x]$ $(a \leqslant x \leqslant l)$	$\theta_A = \dfrac{M_e}{6EIl}(l^2 - 3b^2)$ $\theta_B = \dfrac{M_e}{6EIl}(l^2 - 3a^2)$	$x_1 = \dfrac{\sqrt{l^2 - 3b^2}}{\sqrt{3}},$ $w_{1max} = \dfrac{M_e(l^2 - 3b^2)^{3/2}}{9\sqrt{3}EI}$ $x_2 = \dfrac{\sqrt{l^2 - 3a^2}}{\sqrt{3}},$ $w_{2max} = \dfrac{M_e(l^2 - 3a^2)^{3/2}}{9\sqrt{3}EI}$

续表

序号	梁的简图	挠曲线方程	端截面转角	最大挠度
8	A θ_A F θ_B B w_{max} $\frac{l}{2}$ $\frac{l}{2}$	$w = -\dfrac{Fx}{48EI}(3l^2 - 4x^2)$ $\left(0 \leqslant x \leqslant \dfrac{l}{2}\right)$	$\theta_A = -\theta_B = -\dfrac{Fl^2}{16EI}$	$w_{max} = -\dfrac{Fl^3}{48EI}$
9	A θ_A F θ_B B a b l	$w = -\dfrac{Fbx}{6EIl}(l^2 - x^2 - b^2)$ $(0 \leqslant x \leqslant a)$ $w = -\dfrac{Fb}{6EIl}\left[\dfrac{l}{b}(x-a)^3 + (l^2 - b^2)x - x^3\right]$ $(a \leqslant x \leqslant l)$	$\theta_A = -\dfrac{Fab(l+b)}{6EIl}$ $\theta_B = \dfrac{Fab(l+a)}{6EIl}$	设 $a > b$，在 $x = \sqrt{\dfrac{l^2 - b^2}{3}}$ 处，$w_{max} = -\dfrac{Fb(l^2-b^2)^{3/2}}{9\sqrt{3}EIl}$ 在 $x = \dfrac{l}{2}$ 处，$w_{\frac{l}{2}} = -\dfrac{Fb(3l^2 - 4b^2)}{4EI}$
10	A q B w_{max} θ_A θ_B $\frac{l}{2}$ $\frac{l}{2}$	$w = -\dfrac{qx}{24EI}(l^3 - 2lx^2 + x^3)$	$\theta_A = -\theta_B = -\dfrac{ql^3}{24EI}$	$w_{max} = -\dfrac{5ql^4}{384EI}$

【例 12.4】 试用叠加法求 12.8（a）所示悬臂梁截面 A 处的挠度。

解：悬臂梁受 P 和 M 两个载荷作用，可分别计算 P、M 单独作用时 A 处的挠度，然后相叠加。

P 单独作用时（见图 12.8（b）），由表 12.1 可得

$$(w_A)_P = -\frac{Pa^2}{6EI}(3 \times 2a - a) = -\frac{5Pa^3}{6EI}$$

M 单独作用时（见图 12.8（c）），由表 12.1 可得

$$(w_A)_M = \frac{M(2a)^2}{2EI} = \frac{2Pa^3}{EI}$$

两个挠度相加

$$w_A = (w_A)_P + (w_A)_M = \frac{7Pa^3}{6EI}$$

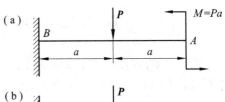

(a)

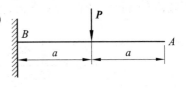

(b)

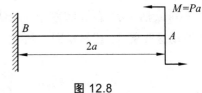

(c)

图 12.8

【例 12.5】 外伸梁 AC，已知梁的抗弯刚度 EI 为常数，如图 12.9（a）所示。试计算截面 C 的挠度。

解：由于由表 12.1 能查出外伸臂部分受均布载荷时的变形，因此需将此梁分为两段来研究，以便利用表 12.1 进行计算。

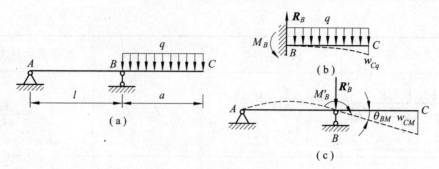

图 12.9

（1）假想用横截面将梁截为两段，把左段 AB 视为简支梁，右段 BC 视为固定于截面 B 上的悬臂梁。当悬臂梁 BC 变形时，截面 C 垂直下移，如图 12.9（b）所示；当简支梁 AB 变形时，截面 B 转动，从而使截面 C 也垂直下移，如图 12.9（c）所示。

（2）悬臂梁 BC 段仅有均布载荷 q 作用，由表 12.1 查得自由端 C 截面的挠度

$$w_{Cq} = \frac{-qa^4}{8EI}$$

悬臂梁 B 端的支座约束力

$$M_B = \frac{1}{2}qa^2 , \quad R_B = qa$$

（3）简支梁 AB 段的 B 截面上，由于原梁被切成两段，故在所切的截面上有弯矩 M_B' 和 R_B'，其数值与 BC 段所截的截面处的弯矩和反力大小相等，方向相反，分别为

$$M_B' = -\frac{1}{2}qa^2 , \quad R_B' = -qa$$

集中力 R_B' 直接作用在支座 B 上，故对梁的变形无影响。集中力偶 M_B' 作用在支座 B 上，使 B 截面有转角，由表 12.1 查出为

$$\theta_{BM} = \frac{-\dfrac{qa^2}{2} \times l}{3EI} = -\frac{qa^2 l}{6EI}$$

（4）AB、BC 段是固连在一起的，因而根据连续性条件，简支梁 AB 段的 B 截面转动也将带动悬臂梁 BC 段转动同一角度，引起 BC 段自由端 C 截面的挠度

$$w_{CM} = \theta_{BM} a = -\frac{qa^3 l}{6EI}$$

所以，均布载荷单独作用在外伸梁上时，在外伸端 C 处所引起的挠度等于两段梁所产生挠度的总和，为

$$w_C = w_{Cq} + w_{CM} = \frac{-qa^4}{8EI} - \frac{qa^3 l}{6EI} = \frac{-qa^3}{24EI}(3a+4l)$$

确定梁位移的方法还有多种。对于某些构件（如变截面梁、阶梯轴等），当载荷比较复杂时，用这些传统方法计算工作量都十分繁重。当前，数值计算法（如有限差分法）已有广泛应用，并可得到相当满意的结果。

第四节　梁的刚度计算及提高弯曲刚度的措施

一、梁的刚度计算

掌握了梁的变形计算后，就可以对弯曲构件进行刚度计算了。如前所述，在工程实际中对某些弯曲构件，除要求其满足强度条件之外，还要有足够的刚度，就是要求其最大挠度或最大转角不得超过某一规定的限度，即

$$|w_{max}| \leqslant [w] \tag{12.6}$$

$$|\theta_{max}| \leqslant [\theta] \tag{12.7}$$

式中，$[w]$ 为构件的许用挠度；$[\theta]$ 为构件的许用转角，单位为弧度（rad）。

上式称为弯曲构件的刚度条件。式中的许用挠度和许用转角，对不同要求的构件有不同的规定。例如吊车梁的许用挠度为 $\left(\dfrac{1}{750} \sim \dfrac{1}{400}\right)l$，架空管道的许用挠度为 $\dfrac{l}{500}$，其中 l 为梁的跨度。一般机械的各种零部件的挠度和转角的许用值可查阅有关机械设计手册。

【例 12.6】　图 12.10（a）所示矩形截面梁，已知 $q = 10\,\text{kN/m}$，$l = 3\,\text{m}$，$E = 196\,\text{GPa}$，$[\sigma] = 118\,\text{MPa}$，许用挠度 $[w] = \dfrac{l}{250}$。试设计截面尺寸（$h = 2b$）。

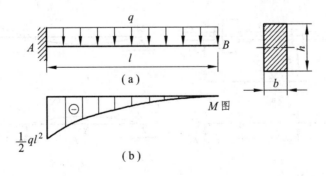

图 12.10

解：（1）按强度条件设计。画弯矩图，如图 12.10（b）。最大弯矩

$$M_{max} = \frac{1}{2}ql^2 = 45\,\text{kN·m}$$

矩形截面抗弯截面模量

$$W = \frac{bh^2}{6} = \frac{2b^3}{3}$$

由强度条件

$$\sigma_{max} = \frac{M_{max}}{W} \leqslant [\sigma]$$

得

$$b \geqslant \sqrt[3]{\frac{3M_{max}}{2[\sigma]}} = \sqrt[3]{\frac{3 \times 45 \times 10^6}{2 \times 118}} = 83 \text{ mm}$$

（2）按刚度设计。由表 12.1 查得最大挠度值为

$$w_{max} = |w_B| = \frac{ql^4}{8EI}$$

矩形截面的惯性矩

$$I = \frac{bh^3}{12} = \frac{2b^4}{3}$$

根据刚度条件式（12.6）有

$$\frac{ql^4}{8EI} \leqslant \frac{l}{250}$$

$$b \geqslant \sqrt[4]{\frac{3 \times 250ql^3}{2 \times 8E}} = \sqrt[4]{\frac{2 \times 250 \times 10 \times (3 \times 10^3)^3}{2 \times 8 \times 196 \times 10^3}} = 89.6 \text{ mm}$$

取 $b = 90$ mm，$h = 180$ mm。

（3）根据强度和刚度设计结果，确定截面尺寸。比较以上两个计算结果，应取刚度设计得到的尺寸作为梁的最终设计尺寸，即 $b = 90$ mm，$h = 180$ mm。

【例 12.7】 图 12.11（a）所示为某车床主轴受力简图，若工作时最大切削力 $F_1 = 2$ kN，齿轮给轴的径向力 $F_2 = 1$ kN，空心轴外径 $D = 80$ mm，内径 $d = 40$ mm，$l = 400$ mm，$a = 200$ mm，$E = 210$ GPa，截面 C 处许可挠度 $[w] = 0.000\ 1l$。试校核其刚度。

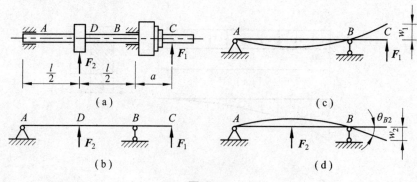

图 12.11

解：受力简图（b）可用图（c）和图（d）表示。

（1）截面惯性矩

$$I = \frac{\pi}{64}(D^4 - d^4) = \frac{\pi}{64}(80^4 - 40^4) = 189 \times 10^4 \text{ mm}^4$$

（2）按图（c）所示，由表 12.1 查得

$$w_1 = \frac{F_1 a^2}{3EI}(l+a) = \frac{2\times10^3\times200^2}{3\times210\times10^3\times189\times10^4}\times(400+200)$$
$$= 4.03\times10^{-2} \text{ mm}$$

（3）按图（d）所示，由表 12.1 查得

$$\theta_{B2} = -\frac{F_2 l^2}{16EI}$$

$$w_2 = \theta_{B2}a = -\frac{F_2 l^2 a}{16EI} = -\frac{1\times10^3\times400^2\times200}{16\times210\times10^3\times189\times10^4}$$
$$= -0.504\times10^{-2} \text{ mm}$$

（4）由叠加法求挠度 y_C

$$w_C = w_1 + w_2 = 4.03\times10^{-2} - 0.504\times10^{-2} = 3.53\times10^{-2} \text{ mm}$$

（5）许用挠度 $[w] = 0.000\,1l = 0.000\,1\times400 = 4\times10^{-2}$ mm
由于 $w_C < [w]$，所以满足刚度条件。

二、提高梁弯曲刚度的措施

由表 12.1 可见，梁的挠度和转角除了与梁的支承和载荷情况有关外，还取决于以下因素：

材料——梁的变形与材料的弹性模量 E 成反比。

截面——梁的变形与截面的惯性矩 I 成反比。

跨长——梁的变形与跨长 l 的 n 次幂成正比（由表 12.1 可知，在各种不同载荷作用下，n 分别等于 1、2、3 或 4）。

所谓提高梁的刚度，是指在外载荷作用下产生尽可能小的弹性变形。为了达到提高梁刚度的目的，常采用以下措施：

1. 增大截面惯性矩

因为各类钢材的弹性模量 E 的数值极为接近，采用优质钢材对提高弯曲刚度意义不大，而且还造成浪费。所以，一般选择合理的截面形状，以增大截面的惯性矩。在工程上，常采用工字形、箱形、空心圆轴等形状的截面，这样既提高了梁的强度，又提高了梁的刚度。

2. 尽量减小梁的跨度

如上所述，梁的挠度和转角与梁的跨长 l 的 n 次幂成正比，因此如能设法缩短梁的跨度，将能显著地减小其挠度和转角。这是提高梁刚度的一个很有效的措施。例如桥式起重机的箱形钢梁或桁架钢梁，通常采用两端外伸的结构，如图 12.12（a）所示。其原因之一，就是为了缩短跨长，从而减小梁的最大挠度值。另外，由于这种梁的外伸部分的自重作用，将使梁的 AB 跨产生向上的挠度，如图 12.12（b）所示，从而使 AB 跨的向下挠度能够被抵消一部分而有所减小。

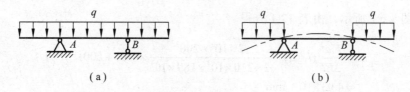

图 12.12

3. 增加支座

增加支座也是提高梁刚度的有效措施之一。在梁的跨度不能缩短时，可采用增加支座的办法，以提高梁的刚度。例如在悬臂梁的自由端或简支梁的跨中增加一个支座，都可以使梁的挠度显著地减小。但采用这种措施后，原来的静定梁就变成了超静定梁（即静不定梁）。有关超静定梁的问题将在下一节中讨论。

4. 合理布置载荷，减小弯矩

弯矩是引起梁弯曲变形的主要因素。变更载荷位置或方式，减小梁内弯矩，可达到减小变形提高刚度的目的。

*第五节　简单静不定梁

以前讨论的一些梁，其反力用静力平衡方程即可确定，这种梁称为**静定梁**。在工程中，为了提高梁的强度和刚度，或者由于结构上的其他要求，常在静定梁上增加支承，使得梁的反力个数多于独立的静力平衡方程的个数，因而仅由平衡方程不能求解出全部反力，这种梁称为**超静定梁**或**静不定梁**。增加的支承，对于在载荷作用下保持梁的平衡并不是必需的，而是多余的，称为**多余约束**，与之相应的约束力称之为**多余约束反力**。多余约束的个数，称为梁的**静不定次数**。显然，静不定次数等于全部约束反力的数目减去平衡方程的数目。

解静不定梁的方法很多，这里仅介绍解简单静不定梁常用的变形比较法。解静不定问题的关键是建立变形补充方程。现举例说明解静不定梁的方法。

【例 12.8】　图 12.13（a）所示为一等截面梁，若 q、l、EI 均为已知，求全部约束反力，并绘出梁的剪力图和弯矩图。

解：（1）确定静不定梁次数。在 A、B 处共有 4 个约束反力，根据静力平衡条件可列 3 个平衡方程，故为一次静不定梁。

（2）选择基本静定系，建立相当系统。除去梁上多余的约束，使原来的静不定梁变为静定梁，此静定梁称为**基本静定系**或**静定基**。例如对图 12.13（a）中的梁，若取支座 B 为多余约束并解除之，则得到图 12.13（b）所示的悬臂梁，此即相应的基本静定梁。

在基本静定系上加上作用在原静不定梁上的全部外载荷，即除原来的均布载荷外，还应加上多余约束反力 R_B，如图 12.13（c）所示，此系统称为原静不定梁的相当系统。

（3）列变形补充方程，求多余约束反力。为保证相当系统与原静不定梁完全等效，即二者的受力和变形应完全相同，所以相当系统在多余约束处的变形必须符合原静不定梁的约束条件，即满足变形协调条件。由图 12.13（a）知，原静不定梁在 B 点处为铰支座，不可能产生挠度，所以挠度为零，即

$$w_B = 0 \qquad\qquad (1)$$

根据叠加法，由表 12.1 查得在外力 q 和 $\boldsymbol{R}_B$ 作用下，相当系统在截面 B 的挠度为

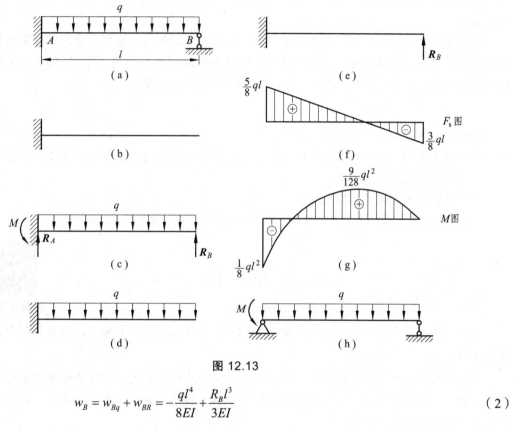

图 12.13

$$w_B = w_{Bq} + w_{BR} = -\frac{ql^4}{8EI} + \frac{R_B l^3}{3EI} \qquad\qquad (2)$$

将式（2）代入式（1），得到变形补充方程为

$$-\frac{ql^4}{8EI} + \frac{R_B l^3}{3EI} = 0$$

由此式解得多余约束反力

$$R_B = \frac{3}{8}ql$$

（4）列静力平衡方程，求其余约束反力。由相当系统的平衡（图 12.13（c）），列平衡方程

$$\sum M_A = 0 \qquad M - ql\frac{l}{2} + R_B l = 0$$

$$\sum F_y = 0 \qquad R_A + R_B - ql = 0$$

解得
$$R_A = \frac{5}{8}ql, \quad M = \frac{1}{8}ql^2$$

（5）绘剪力图和弯矩图。从剪力图（图 12.13（f））知，最大剪力 $F_{s\max} = \frac{5}{8}ql$，从弯矩图（图 12.13（g））知，最大弯矩 $M_{\max} = \frac{1}{8}ql^2$。若与没有支座 B 的静定梁相比，静不定梁的最大剪力和最大弯矩比静定梁分别减小 $\frac{3}{8}ql$ 和 $\frac{3}{8}ql^2$。可见静不定梁由于增加了支座，其强度和刚度提高了。

应该指出，相当系统的选取不是唯一的。例如图 12.13（a）也可将固定端处限制横截面 A 转动的约束作为多余约束，并以多余约束反力偶矩 M 代替其作用，则原梁的相当系统如图 12.13（h）所示。此时变形协调条件为截面 A 的转角为零，即

$$\theta_A = 0$$

由此求出的约束反力与上述的完全相同。

上例分析表明，求解静不定梁的关键是确定多余约束反力，解算它的主要步骤如下：

（1）判断梁的静不定次数；

（2）选取多余约束及相当系统；

（3）根据梁的变形协调条件、物理关系列补充方程，并由此解得多余未知力。

小　结

本章讨论了弯曲变形的度量及求解、梁的刚度条件及提高弯曲刚度的措施和简单静不定梁的求解。

12.1　求解变形的方法有多种，本章介绍了积分法和叠加法。积分法是求梁变形的一种基本方法，掌握这种方法，可以加深对梁的挠曲线、挠度和转角等概念的理解；叠加法在实际计算中有较大的实用意义。

12.2　积分法求梁变形的步骤：

（1）求支座反力，列弯矩方程；

（2）列出梁的挠曲线近似微分方程，并对其逐次积分；

（3）利用边界条件或连续条件确定积分常数；

（4）确定转角方程和挠度方程；

（5）求最大转角和最大挠度。

12.3　梁的刚度条件是：

$$w_{\max} \leqslant [w]$$
$$|\theta|_{\max} \leqslant [\theta]$$

式中的许用挠度 $[w]$ 和许用转角 $[\theta]$ 从有关规范中查得。

　12.4　提高梁的刚度的主要措施：

（1）增大截面惯性矩；

（2）尽量减小梁的跨度；

（3）增加支座；

（4）合理布置载荷，减小弯矩。

　12.5　用变形比较法解超静定梁的步骤：

（1）选取静定基，列出变形条件，要求静定基的变形与原超静定梁的变形必须一致；

（2）求出在多余约束处，解除约束代之以约束反力后的挠度和转角，以及原超静定梁在该处的挠度和转角；

（3）将上述两种情况在多余约束处求得的挠度和转角代入变形条件，建立补充方程，并解出多余约束反力；

（4）由静力平衡方程解出全部约束反力；

（5）按静定梁进行强度和刚度计算。

思 考 题

　12.1　何为挠曲线？何为挠度与转角？挠度与转角之间有何关系？该关系成立的条件是什么？

　12.2　挠曲线近似微分方程是如何建立的？应用条件是什么？该方程与坐标轴 x 与 y 的选取有何关系？

　12.3　如何利用积分法计算梁位移？如何根据挠度与转角的正负判断位移的方向？最大挠度处的横截面转角是否一定为零？

　12.4　何为叠加法？成立的条件是什么？如何利用该方法分析梁的位移？

　12.5　何为多余约束与多余支反力？何为静定基？如何求解静不定梁？

　12.6　试述提高弯曲刚度的主要措施？提高梁的刚度与提高其强度的措施有何不同？

习 题

　12.1　如图 12.14 所示，各梁的弯曲刚度 EI 均为常数，试根据梁的弯矩图与约束条件画出挠曲线的大致形状，并用积分法计算最大转角和最大挠度。

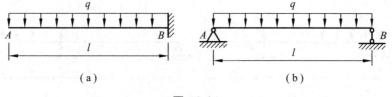

（a）　　　　　　　　　　　　　　　（b）

图 12.14

　12.2　如图 12.15 所示，各梁的弯曲刚度 EI 为常数，试用积分法计算截面 C 的挠度与转角。

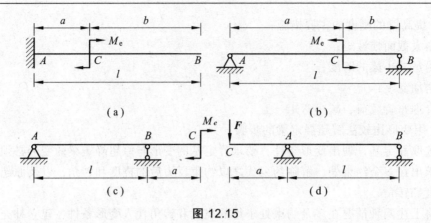

图 12.15

12.3　如图 12.16 所示，各梁的弯曲刚度 EI 为常数，试根据梁的载荷与支座情况，写出用积分法计算梁位移时，积分常数的个数及确定积分常数的边界条件。

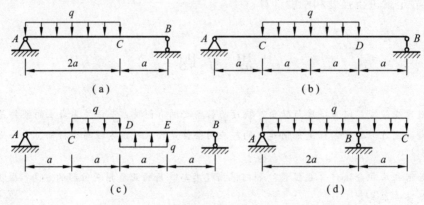

图 12.16

12.4　如图 12.17 所示，各梁的弯曲刚度 EI 为常数，试用叠加法计算梁的最大转角和最大挠度。

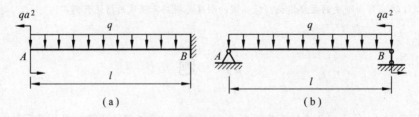

图 12.17

12.5　如图 12.18 所示，各梁的弯曲刚度 EI 为常数，试用叠加法计算截面 B 的转角和截面 C 的挠度。

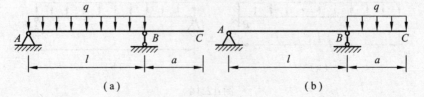

图 12.18

12.6　如图 12.19 所示，各梁的弯曲刚度 EI 为常数，试用叠加法计算自由端截面的转角和挠度。

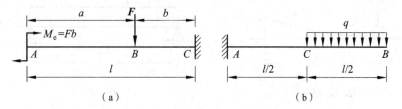

图 12.19

12.7　用叠加法求图 12.20 所示阶梯悬臂梁自由端的挠度。

12.8　试用叠加法求图 12.21 中所示悬臂梁中点处的挠度和自由端的挠度。

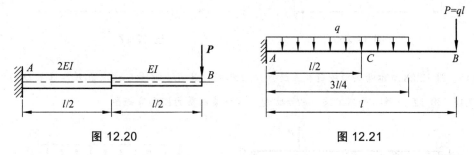

图 12.20　　　　　　　　　　图 12.21

12.9　如图 12.22 所示，直角拐 AB 与 AC 轴刚性连接，A 处为一轴承，允许 AC 轴的端截面在轴承内自由转动，但不能上下移动。已知 $P = 60\,\text{N}$，$E = 210\,\text{GPa}$，$G = 0.4E$。试求截面 B 的垂直位移。

12.10　图 12.23 所示为一等截面直梁，EI 已知，梁下面有一曲面，方程为 $y = -Ax^3$。欲使梁变形后刚好与该曲面密合（曲面不受压力），梁上需加什么载荷？大小、方向如何？作用在何处？

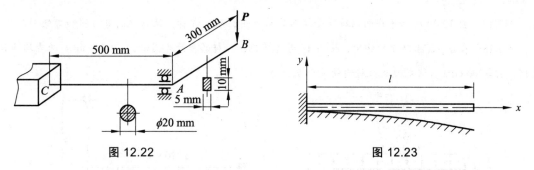

图 12.22　　　　　　　　　　图 12.23

12.11　载荷 P 沿等截面悬臂梁移动，如图 12.24 所示，若使载荷移动时总保持相同的高度，试问应将梁轴线预弯成怎样的曲线？

12.12　简支梁如图 12.25 所示，若 E 为已知，试求 A 点的水平位移（提示：可认为轴线上各点，在变形后无水平位移）。

12.13　图 12.26 所示桥式起重机的最大载荷为 $P = 20\,\text{kN}$。起重机的大梁为 32a 工字钢，$E = 210\,\text{GPa}$，$l = 8.76\,\text{m}$，规定 $[w] = \dfrac{l}{500}$。试校核大梁的刚度。

12.14　滚轮沿等截面简支梁移动时，要求滚轮恰好走一水平路径，试问须将图 12.27 所示梁的轴线预弯成怎样的曲线？

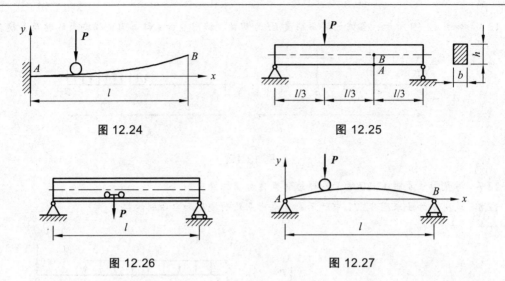

图 12.24　　　　　　　　　　　　　图 12.25

图 12.26　　　　　　　　　　　　　图 12.27

12.15　图 12.28 所示两梁由铰链相互连接，EI 相同，且 $EI =$ 常量。试求力 P 作用点 D 的位移。

*12.16　图 12.29 所示静不定梁，$EI =$ 常量。试作梁的剪力图和弯矩图。

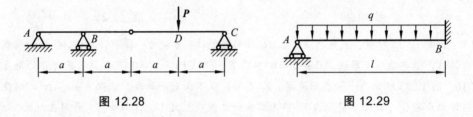

图 12.28　　　　　　　　　　　　　图 12.29

*12.17　图 12.30 所示等截面双跨梁受均布载荷作用，$EI =$ 常量。试作梁的剪力图和弯矩图。

*12.18　在图 12.31 所示结构中，梁为 16 号工字钢；拉杆的截面为圆形，$d = 10$ mm。两者均为低碳钢，$E = 200$ GPa。试求梁及拉杆内的最大正应力。

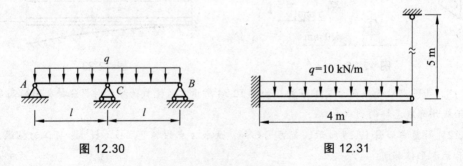

图 12.30　　　　　　　　　　　　　图 12.31

*12.19　图 12.32 所示二梁的材料相同，截面惯性矩分别为 I_1 和 I_2。在载荷 P 作用前两梁刚好接触。试求在载荷 P 作用下，两梁分别负担的载荷。

*12.20　图 12.33 所示悬臂梁的抗弯刚度 $EI = 30 \times 10^3$ N·m²。弹簧刚度为 175 kN/m。若梁与弹簧间的空隙为 1.25 mm，$P = 450$ N。试问弹簧将分担多大的力？

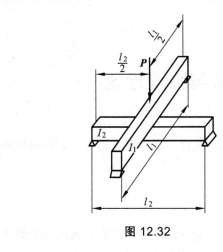

图 12.32

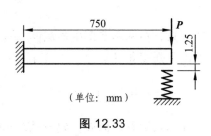

（单位：mm）

图 12.33

第十三章　应力状态分析与强度理论

由前面章节可知，在基本变形中横截面为构件的危险截面，且危险点处只有正应力或切应力，并建立了以下强度条件

$$\sigma_{\max} \leqslant [\sigma] , \quad \tau_{\max} \leqslant [\tau]$$

但构件的破坏并非总是沿着横截面，如铸铁圆轴扭转时，沿 45° 螺旋面断裂；飞机螺旋桨轴同时受拉伸和扭转，横截面危险点处不仅有正应力 σ，还有切应力 τ。显然，之前建立的强度条件对它们不再适用。为研究构件破坏的形式和原因，并建立各种变形情形下的强度条件，必须对构件内某点处的应力进行分析。

第一节　应力状态的基本概念

受力构件内一点处不同截面上应力集合，称为**一点的应力状态**。研究构件内一点的应力状态时，可围绕该点用三对相互正交的平面截取一个微单元体（正六面体），单元体的表面就是应力的作用面，由于单元体的尺寸无限小，所以各表面的应力都可认为是均匀分布的，而且每一对平行平面的应力大小相等方向相反。当单元体三对互相垂直的截面上的应力均为已知时，通过该点的其他截面上的应力可用截面法求得。于是，该点的应力状态就完全确定了。

例如，在受拉杆件中任一点，围绕该点用横截面和纵截面取一单元体，如图 13.1（b）。横截面上的正应力 $\sigma = \dfrac{P}{A}$，与横截面成 α 角的斜截面上的应力为 $p_\alpha = \dfrac{P}{A_\alpha} = \dfrac{P}{A}\cos\alpha = \sigma\cos\alpha$，则该斜截面上的正应力和切应力分别为

$$\sigma_\alpha = p_\alpha \cos\alpha = \sigma\cos^2\alpha \tag{13.1}$$

$$\tau_\alpha = p_\alpha \sin\alpha = \frac{\sigma}{2}\sin 2\alpha \tag{13.2}$$

以上公式表明，σ_α 和 τ_α 都是 α 的函数，斜截面的方位不同应力也就不同。当 $\alpha = 0$ 时，即横截面上，$\tau_\alpha = 0$，σ_α 为最大，且 $\sigma_{\max} = \sigma$；当 $\alpha = \dfrac{\pi}{4}$ 时，τ_α 为最大，且 $\tau_{\max} = \dfrac{\sigma}{2}$。

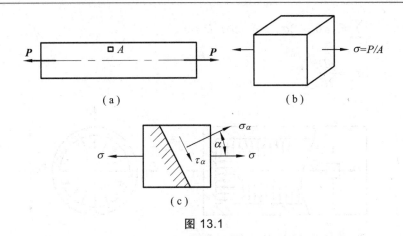

图 13.1

低碳钢在轴向拉伸发生塑性变形时,可发现沿轴线成 45°出现滑移线,而此时与轴线成 45°的斜截面上切应力为最大。可见,材料内部的相对滑移与最大切应力有关。当 $\alpha = \dfrac{\pi}{2}$ 时,$\sigma_\alpha = \tau_\alpha = 0$。这说明在平行于轴线的纵向截面上,既无正应力也无切应力。

在图 13.1（b）的单元体中,各个面上均无切应力,这种无切应力作用的平面称为**主平面**,主平面上的正应力称为**主应力**;主应力的方向称为**主方向**;若单元体的各个侧面均为主平面,则该单元体称为**主单元体**。可以证明,受力构件上任一点都可找到三对互相垂直的主平面,因而每一点都有三个主应力。通常用 σ_1、σ_2、σ_3 来表示三个主应力,它们按代数值的大小顺序排列,即 $\sigma_1 \geqslant \sigma_2 \geqslant \sigma_3$。按不为零的主应力数目可将一点处的应力状态分为以下三类:

（1）单向应力状态:三个主应力中只有一个不为零。如轴向拉伸或压缩时,只有一个主应力不为零。

（2）二向应力状态:三个主应力中有两个不为零。如圆轴扭转时,有两个主应力不为零。

（3）三向应力状态:三个主应力均不为零。如齿轮啮合时接触点的应力。

单向及二向应力状态常称为**平面应力状态**,二向和三向应力状态又统称**复杂应力状态**。本章将重点讨论平面应力状态,对三向应力状态仅作一般介绍。

【**例 13.1**】　图 13.2 为承受内压的圆柱形薄壁容器,平均直径为 D,壁厚为 δ,承受内压为 p。试计算容器上由纵横截面组成的单元体上的应力。

解:在内压作用下,容器将产生沿轴向和径向方向的变形,故在容器的横截面和纵截面上均受到拉应力的作用。由于壁很薄,可认为应力沿壁厚均匀分布。

（1）横截面上的应力。用横截面将容器截开,受力如图 13.2（b）所示,根据平衡方程

$$\sum F_x = 0 , \quad \sigma_x \cdot \pi D \delta - p \cdot \frac{\pi D^2}{4} = 0$$

可得　　　　　　　$$\sigma_x = \frac{pD}{4\delta}$$

（2）纵截面上的应力。在圆筒中部截取一段（单位长度）,再用包含轴线的纵截面截开,受力如图 13.2（c）所示,根据平衡方程

$$\sum F_y = 0, \quad 2\sigma_y \cdot l \cdot \delta - p \cdot l \cdot D = 0$$

可得
$$\sigma_y = \frac{pD}{2\delta}$$

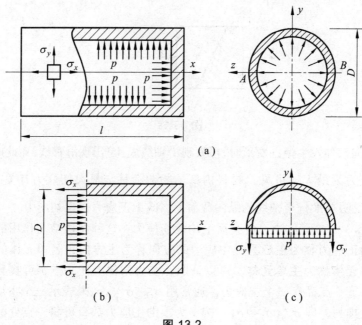

（a）

（b）　　　　　　　　　　　　（c）

图 13.2

圆柱形容器的横向和纵向截面都相当于轴向拉伸的横截面，这些面上均无切应力，故该单元体为主单元体，其三个主应力为

$$\sigma_1 = \frac{pD}{2\delta}, \quad \sigma_2 = \frac{pD}{4\delta}, \quad \sigma_3 = 0$$

由上可见，纵截面上的应力比横截面上的应力大 1 倍，故容器受内压破裂时，其裂缝常沿纵截面发生。

第二节　平面应力状态分析

平面应力状态是工程中最常见的。如图 13.3（a）所示的单元体为平面应力状态的一般情形。在构件中截取单元体时，总是选取这样的截面位置，即使得单元体上所作用的正应力和切应力均为已知或容易求得。平面应力状态分析的目的就是通过一点的某些截面的应力来研究任意斜截面上应力的变化规律，并确定该点的主应力和主平面。

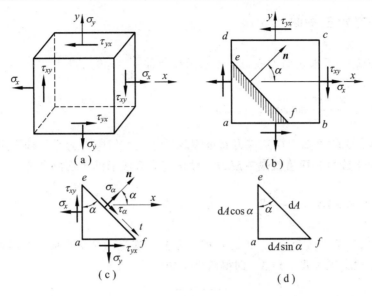

图 13.3

一、斜截面上的应力

在图 13.3（a）所示的单元体的各面上，设应力 σ_x、σ_y 和 τ_{xy} 均为已知，由于其前后两平面上没有应力，可将该单元体用平面图形来表示，如图 13.3（b）。应力分量的下标具有如下含义：σ_x 和 σ_y 分别表示垂直于 x 轴和 y 轴的侧面上的正应力；τ_{xy} 则表示垂直于 x 轴的侧面上的切应力，其指向与 y 轴平行，τ_{yx} 与 τ_{xy} 类似。根据切应力互等定理，$\tau_{xy} = \tau_{yx}$。现要求与 z 轴平行的任意斜截面 ef 上的应力。设斜截面 ef 的外法线 n 与 x 轴成 α 角，以后简称该斜截面为 α 面，其上的正应力和切应力分别用 σ_α 及 τ_α 表示。为便于计算，将应力分量、α 角正负号规定为：使单元体受拉的正应力为正，反之为负；使单元体产生顺时针方向转动趋势的切应力为正，反之为负；从 x 轴转至 α 面的外法线，逆时针转为正，反之为负。

为了求得 α 面上的正应力和切应力，利用截面法，沿斜截面 ef 将单元体截开，并选截面下方部分 aef 为研究对象（图 13.3（c））。设截面 ef 的面积为 dA，则截面 ae 与 af 的面积分别为 $dA\cos\alpha$ 与 $dA\sin\alpha$，如图 13.3（d）所示。

由平衡方程 $\sum F_n = 0$ 和 $\sum F_\tau = 0$ 可得

$$\sigma_\alpha = \sigma_x \cos^2\alpha + \sigma_y \sin^2\alpha - \tau_{xy} \cdot 2\cos\alpha\sin\alpha$$
$$= \frac{1}{2}(\sigma_x + \sigma_y) + \frac{1}{2}(\sigma_x - \sigma_y)\cos 2\alpha - \tau_{xy}\sin 2\alpha \tag{13.3}$$

$$\tau_\alpha = (\sigma_x - \sigma_y)\sin\alpha\cos\alpha + \tau_{xy}(\cos^2\alpha - \sin^2\alpha)$$
$$= \frac{1}{2}(\sigma_x - \sigma_y)\sin 2\alpha + \tau_{xy}\cos 2\alpha \tag{13.4}$$

由此可知，任意斜截面上的正应力 σ_α 与切应力 τ_α 是 α 角的函数。

二、主应力和主平面

根据式（13.3），可求正应力极值，由求极值条件 $\dfrac{\mathrm{d}\sigma_\alpha}{\mathrm{d}\alpha}=0$，得

$$\frac{\sigma_x-\sigma_y}{2}\sin 2a+\tau_{xy}\cos 2a=0$$

与式（13.4）比较可知，在正应力有极值的平面上，切应力为零。即**正应力有极值的平面为主平面，而正应力的极值就是主应力**。设正应力有极值的平面倾角为 α_0，则由上式得

$$\tan 2\alpha_0=-\frac{2\tau_{xy}}{\sigma_x-\sigma_y} \tag{13.5}$$

式（13.5）给出两个倾角值 α_0 和 $\alpha_0\pm 90°$，由此可确定两个主平面，它们相互垂直。将相应值 $\sin 2\alpha_0$、$\cos 2\alpha_0$ 代入式（13.3）即得两个主应力

$$\left.\begin{array}{r}\sigma_{\max}\\\sigma_{\min}\end{array}\right\}=\frac{\sigma_x+\sigma_y}{2}\pm\sqrt{\left(\frac{\sigma_x-\sigma_y}{2}\right)^2+\tau_{xy}^2} \tag{13.6}$$

通常计算两个主应力时，都直接应用式（13.6），而不必将两个倾角 α_0 和 $\alpha\pm 90°$ 重复代入（13.3）。

三、切应力极值及其所在平面

将式（13.4）对 α 求导，可确定切应力极值及所在平面，由 $\dfrac{\mathrm{d}\tau_\alpha}{\mathrm{d}\alpha}=0$，得

$$(\sigma_x-\sigma_y)\cos 2\alpha-2\tau_{xy}\sin 2\alpha=0$$

设切应力有极值的平面倾角为 α_1，则由上式得

$$\tan 2\alpha_1=\frac{\sigma_x-\sigma_y}{2\tau_{xy}} \tag{13.7}$$

式（13.7）给出两个倾角值 α_1 和 $\alpha_1\pm 90°$，由此可确定两个相互垂直的平面。将相应值 $\sin 2\alpha_1$、$\cos 2\alpha_1$ 代入式（13.4）即得两个切应力极值

$$\left.\begin{array}{r}\tau_{\max}\\\tau_{\min}\end{array}\right\}=\pm\sqrt{\left(\frac{\sigma_x-\sigma_y}{2}\right)^2+\tau_{xy}^2} \tag{13.8}$$

比较式（13.5）与式（13.7）两式，可得

$$\tan 2\alpha_1=-\cot 2\alpha_0=\tan 2\left(\alpha_0\pm\frac{\pi}{4}\right)$$

故有

$$\alpha_1 = \alpha_0 \pm \frac{\pi}{4} \tag{13.9}$$

上式表明切应力极值所在平面与主平面的夹角为 45°。

比较式（13.8）与式（13.6）两式，可得

$$\left.\begin{array}{c}\tau_{\max}\\ \tau_{\min}\end{array}\right\} = \pm \frac{\sigma_{\max} - \sigma_{\min}}{2} \tag{13.10}$$

上式表明切应力极值的数值，等于两个主应力差值的一半。

【例 13.2】　单元体的应力状态如图 13.4 所示，试求：
（1）主应力及主平面的位置；（2）最大切应力及其作用平面的位置。

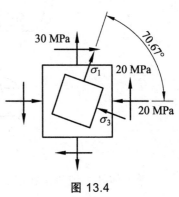

图 13.4

解：按应力的符号规则，由图 13.4 可得 $\sigma_x = -20$ MPa、$\sigma_y = 30$ MPa、$\tau_{xy} = -20$ MPa。

（1）计算主应力。由式（13.6），得

$$\left.\begin{array}{c}\sigma_{\max}\\ \sigma_{\min}\end{array}\right\} = \frac{\sigma_x + \sigma_y}{2} \pm \sqrt{\left(\frac{\sigma_x - \sigma_y}{2}\right)^2 + \tau_{xy}^2}$$

$$= \frac{-20+30}{2} \pm \sqrt{\left(\frac{-20-30}{2}\right)^2 + (-20)^2}$$

$$= \begin{cases} 37 \\ -27 \end{cases} \text{MPa}$$

按主应力记号规定：$\sigma_1 \geqslant \sigma_2 \geqslant \sigma_3$，得单元体的三个主应力分别为

$$\sigma_1 = 37 \text{ MPa}, \quad \sigma_2 = 0, \quad \sigma_3 = -27 \text{ MPa}$$

由式（13.5），得

$$\tan 2\alpha_0 = -\frac{2\tau_{xy}}{\sigma_x - \sigma_y} = -\frac{2 \times (-20)}{-20-30} = -0.8$$

所以 $\alpha_0 = -19.33°$ 或 $70.67°$。要判断哪个主平面上作用 σ_1 或 σ_3，可将 α_0 代回式（13.3）便可确定，例如 $\alpha_0 = 70.67°$ 时，$\sigma_\alpha = 37$ MPa $= \sigma_1$，故 σ_1 的作用平面是 70.67°。

一般规律是：若 $\sigma_x \geqslant \sigma_y$，则 α_0 和 $\alpha \pm 90°$ 两个倾角中，绝对值较小的一个确定 $\sigma_{\max}$ 所在的主平面；若 $\sigma_x < \sigma_y$，则绝对值较大的一个确定 $\sigma_{\max}$ 所在的主平面。

（2）计算最大切应力。由式（13.8）得最大切应力为

$$\tau_{\max} = \sqrt{\left(\frac{\sigma_x - \sigma_y}{2}\right)^2 + \tau_{xy}^2} = \sqrt{\left(\frac{-20-30}{2}\right)^2 + (-20)^2} = 32 \text{ MPa}$$

由式（13.7），可得最大切应力作用的平面

$$\tan 2\alpha_1 = \frac{\sigma_x - \sigma_y}{2\tau_{xy}} = \frac{-20-30}{2\times(-20)} = 1.25$$

所以 $\alpha_1 = 25.67°$ 或 $115.67°$。

【例 13.3】　分析图 13.5（a）所示圆轴受扭时的破坏规律。

解： 在受扭圆轴表面上任选一点 A（图 13.5（a）），围绕该点用横截面和纵截面截取一单元体（图 13.5（b））。

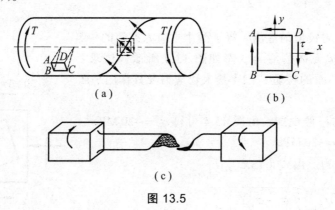

（a）　　　　　　　　　　（b）

（c）

图 13.5

单元体处于纯剪切状态，应力为

$$\sigma_x = \sigma_y = 0 , \quad \tau_{xy} = \tau = \frac{T}{W_t}$$

将上述应力代入式（13.5）和式（13.6），得

$$\left.\begin{matrix}\sigma_{max}\\\sigma_{min}\end{matrix}\right\} = \frac{\sigma_x + \sigma_y}{2} \pm \sqrt{\left(\frac{\sigma_x - \sigma_y}{2}\right)^2 + \tau_{xy}^2} = \pm\tau$$

$$\tan 2\alpha_0 = -\frac{2\tau_{xy}}{\sigma_x - \sigma_y} \rightarrow -\infty$$

所以 $\alpha_0 = \pm 45°$。

由此得 $\sigma_1 = \tau$，$\sigma_2 = 0$，$\sigma_3 = -\tau$。所以，纯剪切状态的两个主应力的绝对值相等，都等于切应力 τ，但一个为拉应力，另一个为压应力。以上结果表明，由 x 轴量起，按顺时针方向转 45°可确定主应力 σ_1 的主平面，按顺时针方向转 135°可确定主应力 σ_3 的主平面。铸铁圆轴受扭时，表层各点 σ_{max} 所在的主平面连成倾角为 45°的螺旋面，由于铸铁抗拉强度较低，试件将沿 45°螺旋面被拉断（图 13.5（c））。

四、应力状态分析的图解法——应力圆

关于平面应力状态的应力分析，也可用图解法进行，其优点是简明直观。

1. 应力圆

由式（13.3）与式（13.4）可知，正应力 σ_α 与切应力 τ_α 均为 α 的函数，上述二式可看做

是以 α 为参数的参数方程。为消去 α，将二式改写为

$$\sigma_\alpha - \frac{\sigma_x + \sigma_y}{2} = \frac{\sigma_x - \sigma_y}{2}\cos 2\alpha - \tau_{xy}\sin 2\alpha$$

$$\tau_\alpha = \frac{\sigma_x - \sigma_y}{2}\sin 2\alpha + \tau_{xy}\cos 2\alpha$$

将上面二式平方后相加，消去参数 α，得

$$\left(\sigma_\alpha - \frac{\sigma_x + \sigma_y}{2}\right)^2 + \tau_\alpha^2 = \left(\frac{\sigma_x - \sigma_y}{2}\right)^2 + \tau_{xy}^2 \tag{13.11}$$

因上式中 σ_x、σ_y、τ_{xy} 均为已知量，故上式是以 σ_α 与 τ_α 为变量的圆的参数方程。在以 σ 为横坐标，τ 为纵坐标的坐标系中，可以画出一个圆心为 $\left(\frac{\sigma_x + \sigma_y}{2}, 0\right)$，半径为 $\sqrt{\left(\frac{\sigma_x - \sigma_y}{2}\right)^2 + \tau_{xy}^2}$ 的圆，这个圆称为**应力圆**或**莫尔圆**（Mohr circle）。应力圆上任一点的坐标值，表示单元体相应截面上的正应力与切应力，它们之间有一一对应的关系。

2. 应力圆的绘制与应用

如图 13.6 所示，建立 σ-τ 应力坐标系，按选好的比例尺，首先定出两点 $D_1(\sigma_x, \tau_{xy})$ 和 $D_2(\sigma_y, \tau_{yx})$，它们分别代表横截面和纵截面的应力。连接 D_1 与 D_2，交 σ 轴于 C 点，以 C 为圆心，CD_1 为半径作圆，即为所求应力圆。从图 13.6 易证明该圆的圆心为 $\left(\frac{\sigma_x + \sigma_y}{2}, 0\right)$，半径为 $\sqrt{\left(\frac{\sigma_x - \sigma_y}{2}\right)^2 + \tau_{xy}^2}$，即为式（13.11）所代表的应力圆。

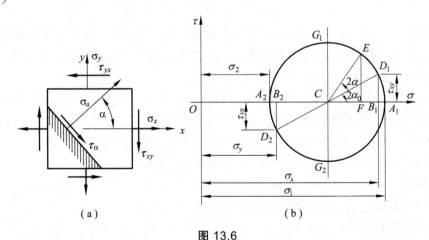

图 13.6

为了利用应力圆对单元体作应力分析，必须掌握应力圆上的点与单元体内任意斜截面上应力的对应关系。从图 13.6 可以看出，在单元体上夹角为 90° 的横截面 D_1 与纵截面 D_2 上的应力，在应力圆上则表示为圆心角为 180° 的两个坐标点 D_1 与 D_2。由此可以推知：在单元体上相差 α 角的两个截面的应力，对应在应力圆上为相差 2α 圆心角的两个坐标点。如要确定单

元体 α 截面上的应力，只需将半径 CD_1 按方位角 α 的转向旋转 2α 至 CE 处，所得 E 点的纵横坐标即为 α 截面上的正应力 σ_α 与切应力 τ_α。兹证明如下。

$$\overline{OF} = \overline{OC} + \overline{CF} = \overline{OC} + \overline{CE} \cdot \cos(2\alpha_0 + 2\alpha)$$
$$= \overline{OC} + \overline{CD_1}(\cos 2\alpha_0 . \cos 2\alpha - \sin 2\alpha_0 . \sin 2\alpha)$$

同理可证

$$\overline{CD_1} \cdot \cos 2\alpha_0 = \frac{\sigma_x - \sigma_y}{2}$$

$$CD_1 \sin 2\alpha_0 = \tau_{xy}$$

$$\overline{OF} = \frac{\sigma_x + \sigma_y}{2} + \frac{\sigma_x - \sigma_y}{2} \cos 2\alpha - \tau_{xy} \sin 2\alpha = \sigma_\alpha$$

$$\overline{EF} = \tau_\alpha$$

利用应力圆可以求出主应力并确定主平面方位。从图 13.6（b）可以看出，A_1 和 A_2 两点的正应力为极值，切应力为零，故 A_1 和 A_2 两点的横坐标即为单元体的两个不为零的主应力，即

$$\sigma_1 = \overline{OA_1} = \overline{OC} + \overline{CA_1} = \frac{\sigma_x + \sigma_y}{2} + \sqrt{\left(\frac{\sigma_x - \sigma_y}{2}\right)^2 + \tau_{xy}^2}$$

$$\sigma_2 = \overline{OA_2} = \overline{OC} - \overline{CA_2} = \frac{\sigma_x + \sigma_y}{2} - \sqrt{\left(\frac{\sigma_x - \sigma_y}{2}\right)^2 + \tau_{xy}^2}$$

从图 13.6（b）可以看出，应力圆上 D_1 点按顺时针方向转 $2\alpha_0$ 角到 A_1 点，在单元体中横截面 D_1 的外法线 x 也按顺时针方向转 α_0 角，这就确定了 σ_1 所在主平面的法线位置。同理，也可确定 σ_2 所在的主平面，它与 σ_1 的主平面相互垂直。

利用应力圆还可以求出切应力的极值，由图 13.6（b）不难看出，应力圆上的 G_1 与 G_2 两点的纵坐标即为切应力的极值，其所在截面与主平面成 45°。

【例 13.4】 用应力圆求图 13.4 所示单元体的主应力和主平面的位置。

解：按应力圆的作法，在 σ-τ 坐标系内，按选定的比例尺，以 $\sigma_x = -20\ \text{MPa}$，$\tau_{xy} = -20\ \text{MPa}$ 为坐标得到 D_1 点，D_1 点对应 x 截面。以 $\sigma_y = 30\ \text{MPa}$，$\tau_{yx} = 20\ \text{MPa}$ 为坐标得到 D_2 点，D_2 点对应 y 截面。连接 D_1 与 D_2，交 σ 轴于 C 点，以 C 为圆心，CD_1 为半径作应力圆（图 13.7），应力圆和 σ 轴相交于 A_1 和 A_2 两点，即为两个不为零的主应力值，按所用比例尺由图中量得

$$\sigma_1 = \overline{OA_1} = 37\ \text{MPa}, \qquad \sigma_3 = \overline{OA_2} = -27\ \text{MPa}$$

另一个主应力 $\sigma_2 = 0$。在应力圆上由 D_1 到 A_1 为逆时针的

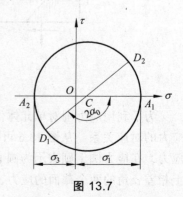

图 13.7

$\angle D_1CA_1 = 2\alpha_0 = 141.34°$。在单元体中从 x 轴以逆时针量取 $\alpha_0 = 70.67°$，便确定了 σ_1 所在主平面的法线。

第三节　三向应力状态简介

当受力物体内某一点处的三个主应力 σ_1、σ_2 和 σ_3 均已知时（图 13.8），利用应力圆可确定该点处的最大正应力和最大切应力。可以将这种应力状态分解为三种平面应力状态，分析平行于三个主应力的三组特殊方向面上的应力。现研究平行于 σ_3 的各个截面上的应力。设想用平行于 σ_3 的任意截面将单元体切开，任取其中一部分来研究，如图 13.8（b）所示，在 σ_3 的前后作用面，由于面积相等，且应力相同，故作用力相互平衡，不会在斜截面上产生应力。即平行于 σ_3 截面上的应力与 σ_3 无关，只取决于 σ_1 和 σ_2，相当于二向应力状态。因此，对平行于 σ_3 截面上的应力，可由 σ_1 和 σ_2 所确定的应力圆上的点的坐标来表示。同理，平行于 σ_2 截面上的应力，可由 σ_1 和 σ_3 所确定的应力圆上的点的坐标来表示。平行于 σ_1 截面上的应力，可由 σ_2 和 σ_3 所确定的应力圆上的点的坐标来表示。进一步的研究证明，表示与三个主应力都不平行的任意斜截面上应力的 D 点，必位于上述三个应力圆所围成的阴影区域内，如图 13.8（c）所示。从图中可见，最大和最小正应力及最大切应力分别为

$$\sigma_{max} = \sigma_1 , \quad \sigma_{min} = \sigma_3 , \quad \tau_{max} = \frac{\sigma_1 - \sigma_3}{2} \qquad (13.12)$$

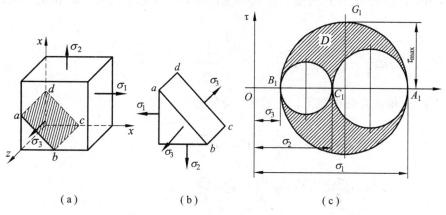

图 13.8

最大切应力所在平面平行于 σ_2，与 σ_1 和 σ_3 两个主平面各成 45°。上述结论同样适用于单向与二向应力状态，只需将具体问题中的主应力求出，并按代数值 $\sigma_1 \geqslant \sigma_2 \geqslant \sigma_3$ 的顺序排列。

第四节　广义胡克定律

在三向应力状态下，单元体同时受到主应力 σ_1、σ_2 和 σ_3 的作用，如图 13.9（a）所示，这时，和主应力方向相同的线应变叫主应变，一般用 ε_1、ε_2 及 ε_3 来表示。对于各向同性材料，在线弹性范围内，可将这种应力状态视为三个单向应力状态叠加来求主应变。

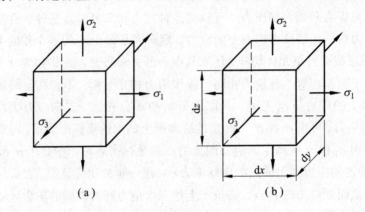

图 13.9

根据单向拉压时的胡克定律 $\varepsilon = \dfrac{\sigma}{E}$ 及横向变形公式 $\varepsilon' = -\mu\varepsilon = -\mu\dfrac{\sigma}{E}$ 可分别计算 σ_1、σ_2 和 σ_3 单独作用时单元体所产生的应变。在 σ_1 单独作用下，沿主应力 σ_1、σ_2 和 σ_3 方向的线应变分别为

$$\varepsilon_1' = \frac{\sigma_1}{E}, \quad \varepsilon_2' = -\mu\frac{\sigma_1}{E}, \quad \varepsilon_3' = -\mu\frac{\sigma_1}{E}$$

同理，在 σ_2 和 σ_3 单独作用下，上述应变分别为

$$\varepsilon_1'' = -\mu\frac{\sigma_2}{E}, \quad \varepsilon_2'' = \frac{\sigma_2}{E}, \quad \varepsilon_3'' = -\mu\frac{\sigma_2}{E}$$

$$\varepsilon_1''' = -\mu\frac{\sigma_3}{E}, \quad \varepsilon_2''' = -\mu\frac{\sigma_3}{E}, \quad \varepsilon_3''' = \frac{\sigma_3}{E}$$

应用叠加方法，得

$$\left.\begin{aligned} \varepsilon_1 &= \frac{1}{E}[\sigma_1 - \mu(\sigma_2 + \sigma_3)] \\ \varepsilon_2 &= \frac{1}{E}[\sigma_2 - \mu(\sigma_3 + \sigma_1)] \\ \varepsilon_3 &= \frac{1}{E}[\sigma_3 - \mu(\sigma_1 + \sigma_2)] \end{aligned}\right\} \tag{13.13}$$

有时单元体的正应力并非主应力，则单元体各面上将作用有正应力和切应力。对于各向同性材料，在线弹性范围内、小变形条件下，正应力不会引起切应变，切应力对线应变的影响也可忽略不计。因此，线应变也可以按叠加法求得，切应变可利用剪切胡克定律求得

$$
\begin{cases}
\varepsilon_x = \dfrac{1}{E}[\sigma_x - \mu(\sigma_y + \sigma_z)], \quad \gamma_{xy} = \dfrac{\tau_{xy}}{G} \\[2mm]
\varepsilon_y = \dfrac{1}{E}[\sigma_y - \mu(\sigma_x + \sigma_z)], \quad \gamma_{yz} = \dfrac{\tau_{yz}}{G} \\[2mm]
\varepsilon_z = \dfrac{1}{E}[\sigma_z - \mu(\sigma_x + \sigma_y)], \quad \gamma_{zx} = \dfrac{\tau_{zx}}{G}
\end{cases}
\tag{13.14}
$$

式中，G 为剪切弹性模量，式（13.13）或式（13.14）称为**广义胡克定律**。材料的三个弹性常数之间的关系参看式（9.4）。

在主应力 σ_1、σ_2 和 σ_3 的作用下，单元体的体积也将发生变化，现讨论体积变化与应力间的关系。如图 13.9（b），设单元体变形前各边长为 dx、dy、dz，变形前体积为 $V = dx \cdot dy \cdot dz$。在主应力 σ_1、σ_2 和 σ_3 的作用下，单元体变形后各棱边的长度分别为 $(1+\varepsilon_1)dx$、$(1+\varepsilon_2)dy$ 及 $(1+\varepsilon_3)dz$，因为 ε_1、ε_2 及 ε_3 均为小量，略去高阶小量后，单元体变形后的体积为

$$
V_1 = (1+\varepsilon_1)dx(1+\varepsilon_2)dy(1+\varepsilon_3)dz \approx (1+\varepsilon_1+\varepsilon_2+\varepsilon_3)dxdydz
$$

所以，单位体积的变化率为

$$
\theta = \frac{V_1 - V}{V} = \varepsilon_1 + \varepsilon_2 + \varepsilon_3
\tag{13.15}
$$

θ 称为**体积应变**。以式（13.13）代入上式，化简后得

$$
\begin{aligned}
\theta &= \frac{1-2\mu}{E}(\sigma_1 + \sigma_2 + \sigma_3) \\[2mm]
&= \frac{3(1-2\mu)}{E}\left(\frac{\sigma_1 + \sigma_2 + \sigma_3}{3}\right) = \frac{\sigma_m}{K}
\end{aligned}
\tag{13.16}
$$

式中，$K = \dfrac{E}{3(1-2\mu)}$；$\sigma_m = \dfrac{\sigma_1 + \sigma_2 + \sigma_3}{3}$。$\sigma_m$ 是三个主应力的平均值；K 称为**体积弹性模量**。式（13.16）称为**体积胡克定律**。它表明，θ 只与三个主应力的代数和成比例，所以无论是作用三个不相等的主应力，还是用它们的平均应力 σ_m 来代替，θ 仍然是相同的。

【**例 13.5**】　一铝质立方块边长为 10 mm，材料的弹性模量 $E = 70$ GPa，$\mu = 0.33$。如图 13.10 所示，铝块放进宽深均为 10 mm 的刚性槽中，在其上施加均布压力，总压力为 $F = 6$ kN。试求：立方块的三个主应力及三个主应变（设立方块与槽间的摩擦不计）。

解：铝块在 y 向的应力为

$$
\sigma_y = -\frac{F}{A} = -\frac{6 \times 10^3}{10 \times 10} = -60 \text{ MPa}
$$

铝块的 z 面为自由表面，所以 $\sigma_z = 0$。

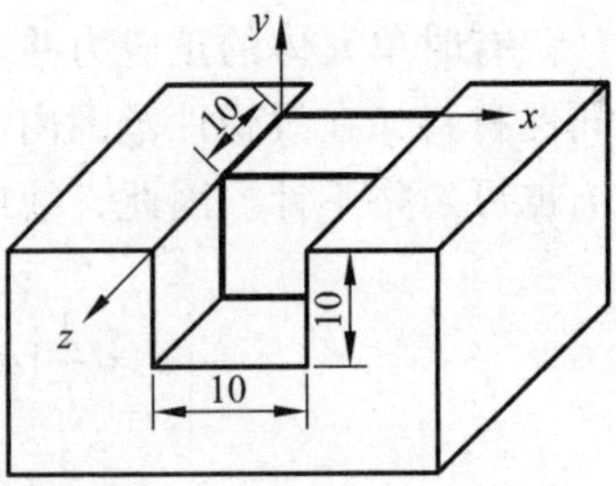

铝块在 x 向不能有变形，沿 x 方向的应变等于零。由广义胡克定律知

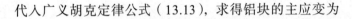

$$\varepsilon_x = \frac{1}{E}[\sigma_x - \mu(\sigma_y + \sigma_z)] = 0$$

图 13.10

所以 $\sigma_x = \mu\sigma_y = 0.33 \times (-60) = -19.8\ \text{MPa}$

铝块的三个主应力为

$$\sigma_1 = 0 , \quad \sigma_2 = -19.8\ \text{MPa} , \quad \sigma_3 = -60\ \text{MPa}$$

代入广义胡克定律公式（13.13），求得铝块的主应变为

$$\varepsilon_1 = \frac{1}{E}[\sigma_1 - \mu(\sigma_2 + \sigma_3)] = \frac{-0.33 \times (-19.8 - 60)}{70 \times 10^3} = 0.376 \times 10^{-3}$$
$$\varepsilon_2 = 0$$
$$\varepsilon_3 = \frac{1}{E}[\sigma_3 - \mu(\sigma_1 + \sigma_2)] = \frac{-60 - 0.33 \times (0 - 19.8)}{70 \times 10^3} = -0.764 \times 10^{-3}$$

第五节　强度理论及其应用

一、强度理论的概念

在单向应力状态下，我们可以通过试验结果来建立强度条件，如低碳钢单向拉伸和压缩时，强度条件为

$$\sigma_{\max} \leqslant [\sigma]$$

铸铁圆轴扭转时，强度条件为

$$\tau_{\max} \leqslant [\tau]$$

其中许用应力 $[\sigma]$、$[\tau]$ 都是由试验测定的破坏应力并除以安全系数后得到的。然而，在工程实际中大多数构件的危险点都处于复杂应力状态，复杂应力状态下单元体的三个主应力可以有无限多种组合，要对这些组合一一试验是难以实现的。因此，解决此类问题的方法通常是依据部分试验结果，经过判断推理，推测材料破坏的原因，从而建立强度条件。

从材料的拉伸和扭转试验中，我们知道材料破坏的基本形式有两类：一类是脆性断裂，如铸铁试样在单向拉伸时沿横截面的断裂；另一类是塑性屈服，如低碳钢试样在单向拉伸、压缩和扭转时都会发生显著的塑性变形。人们经过长期的生产实践和科学研究，针对这两类破坏，提出了不少关于材料破坏的假说。一些假说认为材料之所以破坏，是由某一特定因素（应力、应变或变形能）引起的。按照这类假说，对同一种材料，无论是处于简单还是复杂应力状态，材料破坏的原因是相同的。于是便可利用单向应力状态下的试验结果，去建立复杂应力状态下的强度条件。这类假说称为**强度理论**。至于这些假说是否正确及适用情况如何，则必须由生产实践来检验。

二、四种常用的强度理论

由于材料存在脆性断裂和塑性屈服两种破坏形式，因此强度理论也分为两类：一类是解释材料脆性断裂的强度理论；另一类是解释材料塑性屈服的强度理论。下面仅对常温、静载下工程中常用的四个强度理论作简单介绍。

1. 最大拉应力理论（第一强度理论）

这种理论认为最大拉应力是引起材料断裂的主要因素。即认为不论材料处于何种应力状态，只要最大拉应力 σ_1 达到了材料单向拉伸断裂时的极限应力 σ_u，材料即发生断裂。因此，材料发生断裂破坏的条件为

$$\sigma_1 = \sigma_u$$

将极限应力 σ_u 除以安全系数，得许用应力 $[\sigma]$。所以按第一强度理论建立的强度条件是

$$\sigma_1 \leqslant [\sigma] \tag{13.17}$$

这一理论与铸铁、工业陶瓷等脆性材料的试验结果较符合。但是这一理论没有考虑其他两个主应力对断裂破坏的影响，而且当材料处于压应力的状态下也无法应用。

2. 最大伸长线应变理论（第二强度理论）

这种理论认为最大伸长线应变是引起材料断裂的主要因素。即认为不论材料处于何种应力状态，只要最大伸长线应变 ε_1 达到了材料单向拉伸断裂时的最大伸长线应变的极限值 ε_u，材料即发生断裂。同时，假定脆性材料从受力到断裂仍然服从胡克定律，则材料单向拉伸断裂时的最大伸长线应变的极限值 $\varepsilon_u = \dfrac{\sigma_b}{E}$。按照这一理论，材料发生断裂破坏的条件为

$$\varepsilon_1 = \varepsilon_u = \frac{\sigma_b}{E} \tag{a}$$

由广义胡克定律知

$$\varepsilon_1 = \frac{1}{E}[\sigma_1 - \mu(\sigma_2 + \sigma_3)]$$

代入（a）式，得断裂破坏条件为

$$\sigma_1 - \mu(\sigma_2 + \sigma_3) = \sigma_b$$

将极限应力 σ_b 除以安全系数，得许用应力 $[\sigma]$。所以按第二强度理论建立的强度条件是

$$\sigma_1 - \mu(\sigma_2 + \sigma_3) \leqslant [\sigma] \tag{13.18}$$

试验表明，这一理论能较好解释石料、混凝土等脆性材料在压缩时沿纵向开裂的破坏现象。一般来说，最大伸长线应变理论适用于压应力为主的情况。

3. 最大切应力理论（第三强度理论）

这种理论认为最大切应力是引起材料屈服的主要因素，即认为不论材料处于何种应力状态，只要最大切应力 τ_{max} 达到了材料单向拉伸屈服时的极限切应力 τ_u，材料即发生屈服。按照这一理论，材料发生塑性屈服的条件为

$$\tau_{max} = \tau_u$$

而 $\tau_{max} = \dfrac{\sigma_1 - \sigma_3}{2}$，$\tau_u = \dfrac{\sigma_s}{2}$，将其代入上式得材料屈服条件为

$$\sigma_1 - \sigma_3 = \sigma_s$$

相应的强度条件为

$$\sigma_1 - \sigma_3 \leqslant [\sigma] \qquad (13.19)$$

对于塑性材料，最大切应力理论与试验结果较为接近，因此在工程中得到广泛应用。这一理论的缺陷是忽略了主应力 σ_2 的影响。

4. 形状改变能密度理论（第四强度理论）

这种理论认为形状改变能密度 v_d 是引起材料屈服的主要因素，即认为不论材料处于何种应力状态，只要形状改变能密度 v_d 达到了材料单向拉伸屈服时形状改变能密度的极限值 v_{du}，材料即发生屈服。按照这一理论，材料发生塑性屈服的条件为

$$v_d = v_{du} \qquad (b)$$

由式

$$v_d = \frac{1+\mu}{6E}[(\sigma_1 - \sigma_2)^2 + (\sigma_2 - \sigma_3)^2 + (\sigma_3 - \sigma_1)^2]$$

将单向拉伸时 $\sigma_1 = \sigma_s$，$\sigma_2 = \sigma_3 = 0$ 代入，得

$$v_{du} = \frac{1+\mu}{6E}(2\sigma_s^2)$$

代入（a）式化简后得屈服条件

$$\sqrt{\frac{1}{2}\left[(\sigma_1 - \sigma_2)^2 + (\sigma_2 - \sigma_3)^2 + (\sigma_3 - \sigma_1)^2\right]} = \sigma_s$$

相应的强度条件为

$$\sqrt{\frac{1}{2}[(\sigma_1 - \sigma_2)^2 + (\sigma_2 - \sigma_3)^2 + (\sigma_3 - \sigma_1)^2]} \leqslant [\sigma] \qquad (13.20)$$

试验表明，在二向应力状态下，该理论较第三强度理论更符合试验结果。由于机械、动力行业遇到的载荷往往较不稳定，因而较多地采用偏于安全的第三强度理论；土建行业的载荷往往较为稳定，因而较多地采用第四强度理论。

在工程实际中，如何选用强度理论是个复杂的问题。一般来说，铸铁、石料、混凝土、玻璃等脆性材料通常以断裂的方式失效，宜采用第一和第二强度理论。碳、钢、铝、铜等塑性材料通常以屈服的方式失效，宜采用第三和第四强度理论。

【例 13.6】 　图 13.11 所示为单向与纯剪切组合应力状态，是一种常见的应力状态，试分别根据第三与第四强度理论建立相应的强度条件。

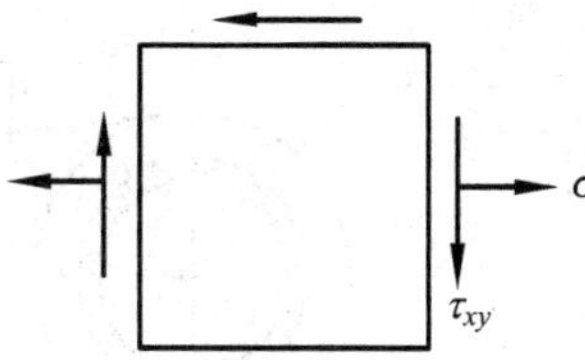

解： 由式（13.6）可知，该单元体的极值应力为

$$\left.\begin{array}{l}\sigma_{\max}\\\sigma_{\min}\end{array}\right\} = \frac{\sigma_x}{2} \pm \frac{1}{2}\sqrt{\sigma_x^2 + 4\tau_{xy}^2}$$

相应的主应力为

$$\sigma_1 = \frac{\sigma_x}{2} + \frac{1}{2}\sqrt{\sigma_x^2 + 4\tau_{xy}^2}$$

$$\sigma_2 = 0$$

$$\sigma_3 = \frac{\sigma_x}{2} - \frac{1}{2}\sqrt{\sigma_x^2 + 4\tau_{xy}^2}$$

图 13.11

根据第三强度理论，由式（13.19）得强度条件为

$$\sigma_1 - \sigma_3 = \sqrt{\sigma_x^2 + 4\tau_{xy}^2} \leqslant [\sigma] \qquad (13.21)$$

根据第四强度理论，由式（13.20）得强度条件为

$$\sqrt{\sigma_x^2 + 3\tau_{xy}^2} \leqslant [\sigma] \qquad (13.22)$$

【例 13.7】 　试分别根据第三与第四强度理论，建立塑性材料在纯剪切时的许用切应力。

解： 纯剪切应力状态是图 13.11 所示应力状态的一个特殊情况，即 $\sigma_x = 0$，于是，由式（13.21）和（13.22）分别得

$$2\tau \leqslant [\sigma]$$

$$\sqrt{3}\tau \leqslant [\sigma]$$

因此，切应力的最大允许值即许用切应力分别为

$$\tau = \frac{[\sigma]}{2} \qquad (13.23)$$

$$\tau = \frac{[\sigma]}{\sqrt{3}} \qquad (13.24)$$

因此，塑性材料的许用切应力 $[\tau]$ 通常取为 $(0.5 \sim 0.577)[\sigma]$。

【例 13.8】 　图 13.12 所示摇臂，用 Q235 钢制成，试校核横截面 B—B 的强度。已知载荷 $F = 3\,\text{kN}$，横截面 B—B 的高度 $h = 30\,\text{mm}$，翼缘宽度 $b = 20\,\text{mm}$，腹板与翼缘的厚度分别为 $\delta_1 = 2\,\text{mm}$ 与 $\delta = 4\,\text{mm}$，截面的惯性矩 $I_z = 2.92 \times 10^{-8}\,\text{m}^4$，抗弯截面系数 $W_z = 1.94 \times 10^{-6}\,\text{m}^3$，截面 A 与 B 间的间距 $l = 60\,\text{mm}$，许用应力 $[\sigma] = 160\,\text{MPa}$。当危险点处于复杂应力状态时，按第三强度理论校核其强度。

解：（1）问题分析。横截面 B—B 的剪力与弯矩分别为

$$F_s = F = 3 \times 10^3 \text{ N}$$

$$M = -Fl = -(3 \times 10^3 \text{ N})(0.06 \text{ m}) = -180 \text{ N} \cdot \text{m}$$

因而在该截面上同时存在弯曲正应力与弯曲切应力。

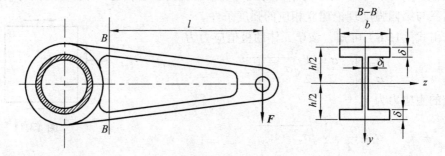

图 13.12

　　在截面的上、下边缘，弯曲正应力最大；在中性轴处，弯曲切应力最大；在腹板与翼缘的交界处，弯曲正应力与弯曲切应力均相当大。因此，应对这三处进行强度校核。

（2）最大弯曲正应力与弯曲切应力作用处的强度校核。

最大弯曲正应力为

$$\sigma_{max} = \frac{M}{W_z} = \frac{180 \text{ N} \cdot \text{m}}{1.94 \times 10^{-6} \text{ m}^3} = 9.28 \times 10^7 \text{ Pa} = 92.8 \text{ MPa} < [\sigma]$$

最大弯曲切应力为

$$\tau_{max} = \frac{F_s}{8I_z\delta_1}[bh^2 - (b-\delta_1)(h-2\delta^2)]$$

$$= \frac{3 \times 10^3 \text{ N}}{8(2.92 \times 10^{-8} \text{ m}^4)(0.002 \text{ m})}[(0.02 \text{ m})(0.03 \text{ m})^2 -$$

$$(0.02 \text{ m} - 0.002 \text{ m})(0.03 \text{ m} - 2 \times 0.004 \text{ m})^2]$$

$$= 5.96 \times 10^7 \text{ Pa} = 59.6 \text{ MPa}$$

　　由于最大弯曲切应力的作用点处于纯剪切状态，根据第三强度理论，由式（13.23）得相应许用切应力为

$$\tau = \frac{[\sigma]}{2} = 80 \text{ MPa}$$

可见，$\tau_{max} < [\tau]$

（3）在腹板与翼缘的交界处的强度校核。

在腹板与翼缘的交界处，弯曲正应力为

$$\sigma = \frac{M}{I_z}\left(\frac{h}{2} - \delta\right) = \frac{180 \text{ N} \cdot \text{m}}{2.92 \times 10^{-8} \text{ m}^4}\left(\frac{0.03 \text{ m}}{2} - 0.004 \text{ m}\right)$$

$$= 6.78 \times 10^7 \text{ Pa} = 67.8 \text{ MPa}$$

该点处的弯曲切应力为

$$\tau = \frac{F_s S_z}{I_z \delta_1} = \frac{F_s b \delta (h - \delta)}{2 I_z \delta_1}$$

$$= \frac{(3 \times 10^3 \ \text{N})(0.02 \ \text{m})(0.004 \ \text{m})(0.03 \ \text{m} - 0.004 \ \text{m})}{2(2.92 \times 10^{-8} \ \text{m}^4)(0.002 \ \text{m})}$$

$$= 5.34 \times 10^7 \ \text{Pa} = 53.4 \ \text{MPa}$$

可见，交界处各点均处于单向与纯剪切组合应力状态，根据第三强度理论，由式（13.21）得

$$\sqrt{\sigma_x^2 + 4\tau_{xy}^2} = \sqrt{67.8^2 + 4 \times 53.4^2} = 126.5 \ \text{MPa} \leqslant [\sigma]$$

（4）讨论。

上述计算表明，在短而高的薄壁截面梁内，与弯曲正应力相比，弯曲切应力也可能相当大。在这种情况下，除对最大弯曲正应力的作用处进行强度校核外，对于最大弯曲切应力的作用处，以及腹板与翼缘的交界处，也应进行强度校核。

小　结

拓展学习 13

13.1　本章讨论了应力状态理论、材料破坏的基本形式和强度理论，其目的是分析材料的破坏现象，解决复杂应力状态下构件的强度计算问题。

13.2　一点的应力状态是指通过构件内一点各截面上的应力情况。可以用围绕该点所截取单元体三对正交平行截面上的应力表示，当单元体上的应力已知时，就可用截面法求得任一斜截面上的应力。

13.3　无论何种受力情况，构件内任一点至少可以找到一个方位的单元体，其三对正交平行平面为主平面，分别作用主应力 $\sigma_1 \geqslant \sigma_2 \geqslant \sigma_3$，而其法线过 σ_1、σ_3 角平分线且与 σ_2 作用面垂直的平面上有最大切应力 $\tau_{\max} = \dfrac{\sigma_1 - \sigma_3}{2}$；对平面应力状态，任意两正交斜截面上的正应力之和 $\sigma_\alpha + \sigma_{\alpha+90°} = \sigma_x + \sigma_y$，切应力互等且转向相反（$\tau_\alpha = -\tau_{\alpha+90°}$）。

13.4　平面应力状态下，应力圆与单元体的对应关系是：点面对应、转向相同、夹角 2 倍。

13.5　强度计算的关键是正确确定危险截面和危险点，以及选择适合的强度理论。

13.6　四种强度理论的强度条件统一形式为

$$\sigma_r \leqslant [\sigma]$$

式中，σ_r 称为相当应力，它由三个主应力按一定形式组合而成，四个强度理论的相当应力依次为

$$\sigma_{r1} = \sigma_1$$
$$\sigma_{r2} = \sigma_1 - \mu(\sigma_2 + \sigma_3)$$

$$\sigma_{r3} = \sigma_1 - \sigma_3$$

$$\sigma_{r4} = \sqrt{\frac{1}{2}[(\sigma_1 - \sigma_2)^2 + (\sigma_2 - \sigma_3)^2 + (\sigma_3 - \sigma_1)^2]}$$

思 考 题

13.1 平面应力状态任一斜截面的应力公式是如何建立的？关于应力与方位角的正负符号有何规定？如果应力超出弹性范围，或材料为各向异性材料，上述公式是否仍可用？

13.2 如何画应力圆？如何利用应力圆确定平面应力状态任一斜截面的应力？如何确定最大正应力与最大切应力？

13.3 何谓主应力？何谓主平面？如何确定主应力的大小与方位？

13.4 何谓单向、二向与三向应力状态？何谓复杂应力状态？二向应力状态与平面应力状态的含义是否相同？

13.5 试证明对平面应力状态有关系式 $\sigma_\alpha + \sigma_{\alpha+90°} = \sigma_x + \sigma_y$，$\tau_\alpha = -\tau_{\alpha+90°}$。

13.6 图 13.13 所示的平面应力状态是杆件剪切弯曲、弯扭组合及扭拉或扭压组合变形所遇到的一种应力状态，试分析其三个主应力、最大切应力和它们的作用面方位有何特点？

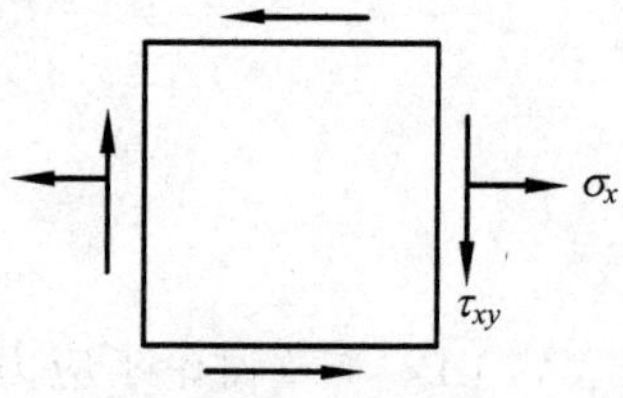

13.7 "有正应力作用的方向必定有线应变"，"无线应变的方向必定无正应力"，"线应变最大的方向正应力也最大"，这些提法是否都对？为什么？

图 13.13

13.8 如何确定纯剪切状态的最大正应力与最大切应力？并说明扭转破坏形式与应力间的关系？与轴向拉压破坏相比，它们之间有何共同点？

13.9 如何画三向应力圆？如何确定最大正应力与最大切应力？

13.10 何谓广义胡克定律？该定律是如何建立的？应用条件是什么？各向同性材料的主应变与主应力之间有何关系？

13.11 强度理论是否只适用于复杂应力状态，不适用于单向应力状态？

13.12 目前四种强度理论的基本观点是什么？如何建立相应的强度条件？各适用于何种情况？

13.13 如何确定塑性与脆性材料在纯剪切时的许用应力？

13.14 冬天自来水管因其中的水结冰而被胀裂，但冰为什么不会因水管的反作用力而被压碎呢？

习 题

13.1 已知应力状态如图 13.14 所示，应力单位为 MPa。试用解析法和应力圆分别求：（1）主应力大小，主平面位置；（2）在单元体上画出主平面位置和主应力方向；（3）最大切应力。

13.2 在图 13.15 所示应力状态中应力单位为 MPa，试用解析法和应力圆求指定斜截面上的应力。

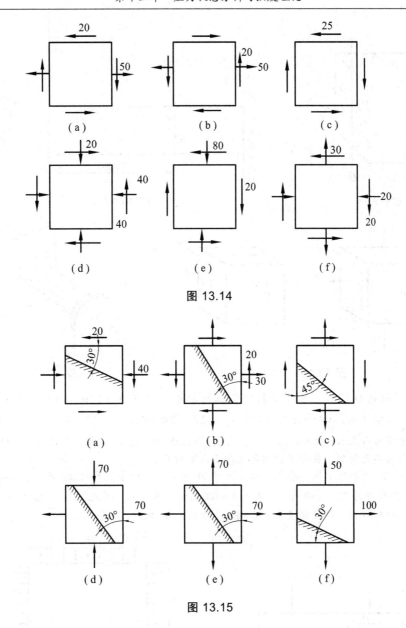

图 13.14

图 13.15

13.3 图 13.16 所示矩形截面梁某截面上的弯矩和剪力分别为 $M = 10\ \text{kN·m}$，$Q = 120\ \text{kN}$。试画出截面上 1、2、3、4 各点的应力状态单元体，并求其主应力。

13.4 图 13.17 所示悬臂梁，承受载荷 $F = 20\ \text{kN}$，试绘微体 A、B、C 的单元体，并确定主应力的大小及方位。（图中尺寸单位为 mm）

13.5 已知应力状态如图 13.18 所示（应力单位为 MPa），试求主应力及最大切应力。

13.6 一圆轴受力如图 13.19 所示，已知固定端横截面上的最大弯曲应力为 40 MPa，最大扭转切应力为 30 MPa，因剪力而引起的最大切应力为 6 kPa。

（1）用单元体画出在 A、B、C、D 各点处的应力状态。

（2）求 A 点的主应力和最大切应力及其作用面的方位。

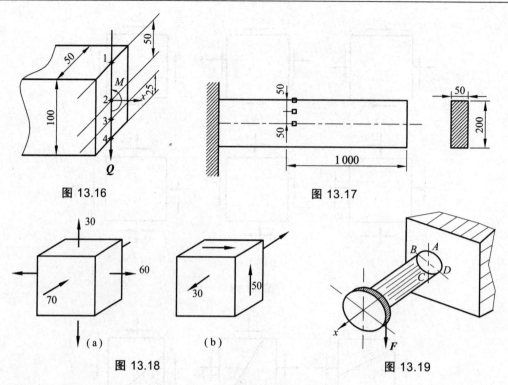

图 13.16

图 13.17

图 13.18

(a)   (b)

图 13.19

13.7 列车通过钢桥时，用变形仪测得钢桥横梁 A 点（图 13.20）的应变为 $\varepsilon_x = 0.000\ 4$，$\varepsilon_y = -0.000\ 12$。试求 A 点在 x 和 y 方向的正应力。（设 $E = 200$ GPa，$\mu = 0.3$。）

13.8 设地层为石灰岩，泊松比 $\mu = 0.2$，密度 $\rho = 2.55 \times 10^3$ kg/m³。试计算离地面 400 m 深处的主应力（岩层可视为半无限体，在岩层面内各方向线应变为零）。

13.9 图 13.21 所示矩形板，承受正应力 σ_x 与 σ_y 的作用，试求板厚的改变量 $\Delta\delta$ 与板件的体积改变量 ΔV。（已知板件厚度 $\delta = 10$ mm，宽度 $b = 800$ mm，高度 $h = 600$ mm，正应力 $\sigma_x = 80$ MPa，$\sigma_y = -40$ MPa，材料为铝，弹性模量 $E = 70$ GPa，泊松比 $\mu = 0.33$。）

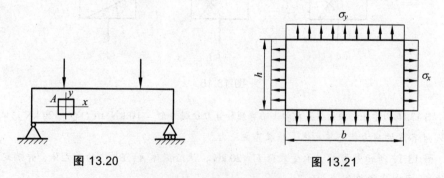

图 13.20

图 13.21

13.10 图 13.22 所示直径 $D = 50$ mm，长 $L = 900$ mm 的圆截面钢杆，承受载荷 F_1、F_2 与扭力矩 M_e 作用。已知载荷 $F_1 = 500$ kN，$F_2 = 15$ kN，扭力矩 $M_e = 1.2$ kN·m，许用应力 $[\sigma] = 160$ MPa。试根据第三强度理论校核杆的强度。

13.11 图 13.23 所示铸铁构件，中段为一内径 $D = 200$ mm、壁厚 $\delta = 10$ mm 的圆筒，圆筒内的压力 $p = 1$ MPa，两端的轴向压力 $F = 300$ kN，材料的泊松比 $\mu = 0.25$，许用拉应力 $[\sigma_t] = 30$ MPa。试校核圆筒部分的强度。

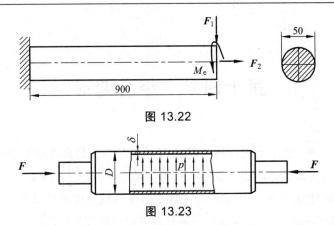

图 13.22

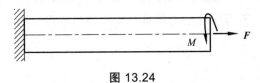

图 13.23

13.12　图 13.24 所示圆截面杆，直径为 d，承受轴向力 F 与扭矩 M 作用，杆用塑性材料制成，许用应力为 $[\sigma]$。试画出危险点处微体的应力状态图，并根据第四强度理论建立杆的强度条件。

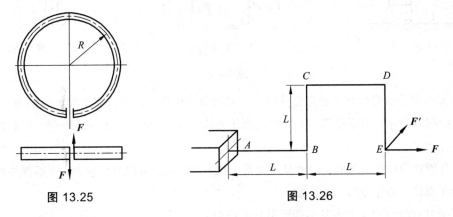

图 13.24

13.13　图 13.25 所示圆截面圆环，缺口处承受一对相距极近的载荷 F 作用。已知圆环轴线的半径为 R，截面的直径为 d，材料的许用应力为 $[\sigma]$，试根据第三强度理论确定 F 的许用值。

13.14　图 13.26 所示等截面刚架，承受载荷 F 与 F' 作用，且 $F'=2F$。已知许用应力为 $[\sigma]$，截面为正方形，边长为 a，且 $a=L/10$。试根据第三强度理论确定 F 的许用值 $[F]$。

图 13.25　　　　　　　　　图 13.26

13.15　球形薄壁容器，其内径为 D，壁厚为 δ，承受压强为 p 之内压。试证明壁内任一点处的主应力为 $\sigma_1 = \sigma_2 = \dfrac{pD}{4\delta}$，　$\sigma_3 \approx 0$。

第十四章　组合变形

在工程实际中，由于受力的复杂或结构本身的复杂，构件所发生的变形往往是两种或两种以上的基本变形组合而成，即**组合变形**。例如，蓄水堤（图 14.1（a））受自重作用而发生轴向压缩变形，同时还受水压作用而发生弯曲变形；机械中齿轮传动轴（图 14.1（b））在啮合力作用下，将发生扭转变形以及在水平和竖直平面内的弯曲变形；厂房中支撑吊车梁的立柱（图 14.1（c））受到由吊车梁传来的不通过立柱轴线的竖直载荷 F_2 作用，而发生偏心压缩变形（它可看成是轴向压缩和纯弯曲的组合变形）。常见的组合变形有：拉伸（压缩）弯曲组合、弯曲扭转组合、斜弯曲等，本章重点介绍前两种组合变形。

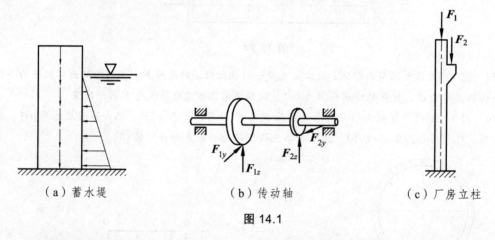

| （a）蓄水堤 | （b）传动轴 | （c）厂房立柱 |

图 14.1

对于发生组合变形的杆件的强度计算，一般用叠加法进行，其计算过程可概括为：

（1）根据静力等效的原理将外力分解或简化为几组等效的载荷，确保其中每一组载荷都对应一种基本变形。

（2）分别画出杆件发生的每一种基本变形的内力图，确定危险截面位置，再根据各种基本变形应力分布规律，确定危险点的位置。

（3）分别计算危险点处各基本变形引起的应力。

（4）叠加危险点的应力（通常是在应力状态单元体上叠加），然后选择适当的强度理论进行强度计算。

理论研究和实验证明，在材料服从胡克定律和小变形情况下，杆件同时发生的几种基本变形是各自独立的，它们互不影响，符合叠加原理。因此，由叠加法计算出来的结果与实际情况是符合的。

第一节　拉伸（或压缩）与弯曲的组合

拉伸（或压缩）与弯曲的组合变形是工程中常见的情形。在这种组合变形中，通常只分析杆件内的正应力，而横向力引起的切应力影响一般很小，不予考虑。

下面以图 14.2（a）所示悬臂梁为例，说明杆件发生拉伸（或压缩）与弯曲组合变形时的正应力及强度分析方法。

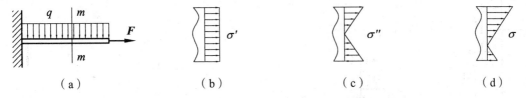

图 14.2

根据叠加法，在计算图 14.2（a）所示悬臂梁横截面上的正应力时，可分别计算杆件在轴向力和横向力单独作用时的正应力，再进行叠加即可。轴向外力 **F** 单独作用时，由第七章知识可知，杆件任一横截面上的正应力均匀分布，如图 14.2（b）所示，其值为

$$\sigma' = \frac{F_N}{A}$$

横向力 q 单独作用时 AB 杆发生平面弯曲，由第十一章知识可知，杆件任一横截面上的正应力分布如图 14.2（c）所示，其值为

$$\sigma'' = \frac{My}{I_z}$$

由叠加法，可得轴向力 **F** 和横向力 q 共同作用时，杆件横截面上任一点处的正应力分布如图 14.2（d）所示，其值为

$$\sigma = \sigma' + \sigma'' = \frac{F_N}{A} + \frac{My}{I_z} \tag{14.1}$$

用式（14.1）计算正应力时，应注意正、负号的确定：轴向拉伸时 σ' 为正，压缩时 σ' 为负；σ'' 的正负随点的位置而不同，可根据梁的变形来判定（拉为正、压为负）。

有了正应力计算公式，就可以建立正应力强度条件。对于拉伸（或压缩）与弯曲组合变形的杆件，其最大正应力一般发生在弯矩最大的横截面边缘处，其值为

$$\sigma_{max} = \frac{F_N}{A} + \frac{M_{max}}{W_z}$$

于是，拉伸（或压缩）与弯曲组合变形时正应力强度条件为

$$\sigma_{\max} = \frac{F_N}{A} + \frac{M_{\max}}{W_z} \leqslant [\sigma] \tag{14.2}$$

利用式（14.2）可进行强度校核、截面尺寸设计以及求许可载荷等方面的计算。

【例 14.1】 矩形截面立柱受力如图 14.3（a）所示，F_1 的作用线与柱的轴线重合，F_2 的作用点位于截面的 y 轴上，已知 $F_1 = 200$ kN，$F_2 = 100$ kN，$b = 120$ mm，$h = 200$ mm，$e = 40$ mm，$[\sigma] = 40$ MPa，试校核该立柱 AB 段的强度。

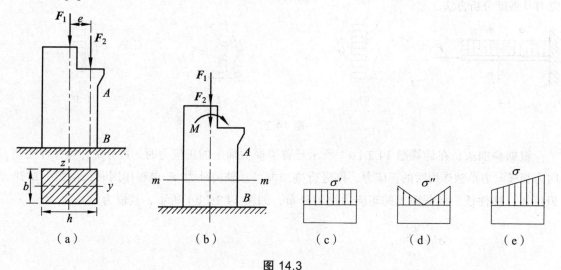

图 14.3

解：（1）将立柱所受力 F_2 沿 y 轴平行移至轴线位置，如图 14.3（b）所示，其中附加力偶 $M = F_2 \cdot e = 4$ kN·m。于是立柱在 F_1 和 F_2 作用下发生轴向压缩变形，在附加力偶 M 作用下向右侧发生纯弯曲变形，因此立柱 AB 段发生压缩与纯弯曲的组合变形，故 AB 段的各个横截面均为危险截面。

（2）强度校核。由轴向拉（压）变形和平面弯曲的理论可知，立柱 AB 段任一截面 m—m 上的应力分布如图 14.3（c）、（d）所示，它们叠加的结果如图 14.3（e）所示，其中

$$\sigma' = \frac{F_N}{A} = \frac{300 \times 10^3}{120 \times 200} = 12.5 \text{ MP}a$$

$$\sigma''_{\max} = \frac{M_{\max}}{W_z} = \frac{M}{bh^2/6} = \frac{4 \times 10^6}{120 \times 200^2/6} = 5 \text{ MPa}$$

$$\sigma_{\max} = \sigma' + \sigma''_{\max} = 17.5 \text{ MPa} < [\sigma]$$

可见，该立柱强度符合要求。

【例 14.2】 悬臂吊车受力如图 14.4（a）所示，其中 $L = 2.4$ m。横梁 AB 为 20a 工字钢，许用应力为 $[\sigma] = 140$ MPa，试求最大的许可吊重。

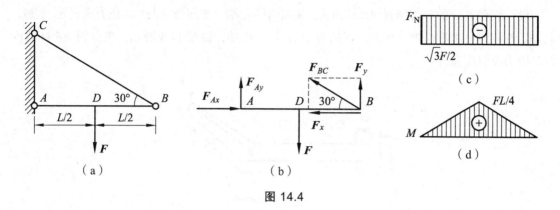

图 14.4

解： 由图 14.4（a）可知 BC 为二力杆，横梁 AB 受 F_{Ax}、F_{Ay}、F_{BC} 及 F 四个力作用，如图 14.4（b）所示，由平衡方程 $\sum M_A = 0$，得

$$F_{BC} \cdot \sin 30° \times 2.4 - 1.2F = 0$$

解得

$$F_{BC} = F$$

将 F_{BC} 按图 14.4（b）所示分解为 F_x 和 F_y，显然，F_x 和 F_{Ax} 使得横梁 AB 轴向受压，F_{Ay}、F_y 和 F 使得横梁 AB 发生平面弯曲。可见，横梁 AB 发生轴向压缩与弯曲的组合变形。

可分别画出横梁 AB 的轴力图（图 14.4（c））和弯矩图（图 14.4（d））。由横梁 AB 的内力图可知，杆 AB 的轴力为 $F_N = \sqrt{3}F/2$，最大弯矩为 $M_{max} = FL/4$（发生于 D 截面），故 D 截面是横梁 AB 的危险截面。

查表得 20a 工字钢的 $A = 3\,557.8 \text{ mm}^2$，$W = 237\,000 \text{ mm}^3$，于是利用公式（14.2），可得

$$\sigma_{max} = \frac{F_N}{A} + \frac{M_{max}}{W_z} = \frac{\sqrt{3}F/2}{A} + \frac{FL/4}{W} \leqslant [\sigma]$$

即得

$$F \leqslant [\sigma] \bigg/ \left(\frac{\sqrt{3}}{2A} + \frac{L}{4W} \right) = 140 \bigg/ \left(\frac{\sqrt{3}}{2 \times 3\,557.8} + \frac{2\,400}{4 \times 237\,000} \right) = 50\,499 \text{ N}$$

即许可吊重为 50 449 N。

第二节　弯曲与扭转的组合

机械工程中的传动轴通常发生弯曲与扭转的组合变形。由于传动轴大都是圆截面的，故本节仅讨论圆截面杆的弯曲与扭转的组合变形。

设一直径为 d 的等直圆杆 AB 长为 L，A 端为固定端，B 端具有与 AB 成直角的刚臂 BC，A、B、C 在同一水平面内，竖直向下的力 F 作用于 C 处，如图 14.5 所示。现分析 AB 杆的内力、应力及强度条件。

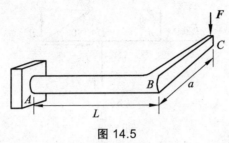

图 14.5

为了分析 AB 杆的内力，将力 F 向 B 截面的形心简化，得到一作用于 B 截面形心的横向力 F 和一作用在杆端截面内的附加力偶矩 $M_e = Fa$，如图 14.6（a）所示。可见，杆 AB 发生弯曲与扭转的组合变形。

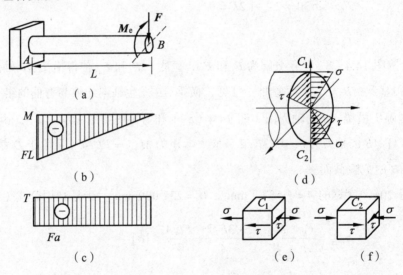

图 14.6

分别绘出 AB 杆的弯矩图和扭矩图，如图 14.6（b）、（c）所示。可见，各横截面的扭矩相同，各截面上的弯矩则不同。显然固定端截面的弯矩最大，故 AB 杆的危险截面为固定端截面，其内力分量分别为

$$M = FL , \quad T = Fa$$

由前面章节知识可知，危险截面上正应力和切应力分布规律如图 14.6（d）所示，显然，该截面沿铅垂直径的两端点 C_1 和 C_2 的正应力最大，而最大扭转切应力发生在截面周边上的各点处。因此危险截面上的危险点为 C_1 和 C_2，它们的应力状态如图 14.6（e）、（f）所示，对于许用拉应力和许用压应力相等的塑性材料而言，这两点的危险程度相同。利用平面应力状态分析的解析法或几何法，可求得这两点的主应力均为

$$\sigma_1 = \frac{\sigma}{2} + \frac{1}{2}\sqrt{\sigma^2 + 4\tau^2} \ , \quad \sigma_2 = 0 \ , \quad \sigma_3 = \frac{\sigma}{2} - \frac{1}{2}\sqrt{\sigma^2 + 4\tau^2}$$

其中，$\sigma = M/W$，$\tau = T/W_t$，$W = \pi d^3/32$，$W_t = 2W = \pi d^3/16$。

传动轴一般由塑性材料制成，因此可选用第三强度理论或第四强度理论来建立弯扭组合变形的强度条件。

若用第三强度理论，将上述主应力代入相应的相当应力表达式可得其强度条件为

$$\sigma_{r3} = \sqrt{\sigma^2 + 4\tau^2} \leqslant [\sigma] \tag{14.3}$$

若用第四强度理论，将上述主应力代入相应的相当应力表达式可得其强度条件为

$$\sigma_{r4} = \sqrt{\sigma^2 + 3\tau^2} \leqslant [\sigma] \tag{14.4}$$

将弯曲正应力和扭转切应力代入式（14.3）和式（14.4），于是，圆轴弯扭组合变形的强度条件可改写为

$$\sigma_{r3} = \frac{1}{W}\sqrt{M^2 + T^2} \leqslant [\sigma] \tag{14.5}$$

和

$$\sigma_{r4} = \frac{1}{W}\sqrt{M^2 + 0.75T^2} \leqslant [\sigma] \tag{14.6}$$

由式（14.5）和式（14.6）可知，对于弯扭组合变形，在求得危险截面的弯矩（合成弯矩）M 和扭矩 T 后，就可直接利用式（14.5）或（14.6）进行强度计算。式（14.5）和（14.6）同样也适用空心圆轴，仅需将式中的 W 改为空心截面的抗弯截面系数。

值得注意的是，式（14.3）和式（14.4）适用于如图 14.6（e）和（f）所示的平面应力状态，而发生这一应力状态的组合变形可以是弯曲与扭转的组合变形，也可以是拉伸与扭转的组合变形，还可以是拉伸、弯曲和扭转的组合变形。而式（14.5）和式（14.6）只能用于圆轴的弯曲和扭转的组合变形。

【例 14.3】钢制空心圆杆 AB 和 CD 焊接成整体结构，受力如图 14.7（a）所示，$F_1 = 12$ kN，$F_2 = 8$ kN。AB 杆的外径 $D = 150$ mm，内、外径之比 $\alpha = d/D = 0.7$，材料的许用应力$[\sigma] = 120$ MPa。试用第三强度理论校核轴 AB 的强度。

解：将外力 F_1 和 F_2 分别向 AB 杆的 B 截面形心简化，如图 14.7（b）所示，得到一个横向力 F 和一个作用于 B 截面内的力偶 M_e，其值分别为

$$F = F_1 + F_2 = 20 \text{ kN} \ , \quad M_e = F_1 \times 1.4 - F_2 \times 0.6 = 12 \text{ kN·m}$$

显然，其中力 F 使 AB 杆发生弯曲变形，力偶 M_e 使 AB 杆发生扭转变形。因此，AB 杆发生扭转和弯曲的组合变形。

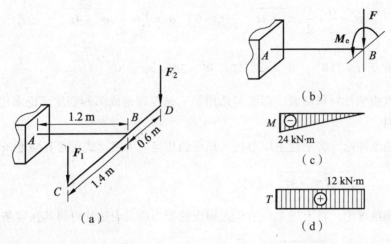

图 14.7

分别作 AB 段弯矩图和扭矩图，如图 14.7（c）、（d）所示，由内力图可知固定端 A 截面为危险截面。危险截面上的扭矩和弯矩分别为

$$T_A = M_e = 12 \text{ kN·m} , \quad M_A = M_{\max} = 24 \text{ kN·m}$$

按第三强度理论进行校核，则由式（14.5）可得

$$\sigma_{r3} = \frac{1}{W}\sqrt{M_A^2 + T_A^2} = \frac{32}{\pi \times 150^3 \times (1 - 0.7^4)}\sqrt{(12^2 + 24^2) \times (10^6)^2}$$
$$= 106.6 \text{ MPa} < [\sigma] = 120 \text{ MPa}$$

所以 AB 杆满足强度要求，是安全的。

【例 14.4】 一手摇绞车，尺寸如图 14.8（a）所示。已知轴 AB 的直径 $d = 25 \text{ mm}$，材料为 Q235 钢，其许用应力$[\sigma] = 100 \text{ MPa}$。试根据第四强度理论求绞车的最大起吊重量 P。

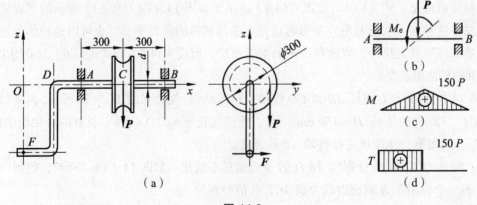

图 14.8

解： 将手摇绞车简化，并将力 P 向绞盘的圆心简化（图 14.8（b）），可得轴 AB 受一个横向力 **P** 作用及一个作用于圆盘平面内的力偶 $M_e = 150 P$ 的作用。显然，**P** 使轴 AB 发生弯

曲变形，M_e 使轴 AB 发生扭转变形。

分别作轴 AB 的弯矩图和扭矩图，如图 14.8（c）、（d）所示，由内力图可知轴 AB 的中间截面 C 为危险截面。危险截面上的扭矩和弯矩分别为

$$T = M_e = 150P , \quad M_C = M_{max} = 150P$$

按第四强度理论进行计算，则由式（14.6）可得

$$\sigma_{r4} = \frac{1}{W}\sqrt{M^2 + 0.75T^2} = \frac{32}{\pi d^3}\sqrt{(150P)^2 + 0.75 \times (150P)^2} \leqslant [\sigma]$$

所以　　　　　$$P \leqslant \frac{\pi d^3 [\sigma]}{32} \times \frac{2}{150\sqrt{7}} = \frac{2\pi \times 25^3 \times 100}{32 \times 150\sqrt{7}} = 772.7 \text{ N}$$

即手摇绞车的最大起吊重量为 772.7 N。

【**例 14.5**】　图 14.9 所示一钢制实心圆轴，轴上的齿轮 C 上作用有铅垂切向力 5 kN，水平径向力 8 kN；齿轮 D 上作用有水平切向力 10 kN，铅锤径向力 4 kN。齿轮 C 的节圆直径 $d_1 = 400$ mm，齿轮 D 的节圆直径 $d_2 = 200$ mm。设许用应力$[\sigma] = 100$ MPa，试按第三强度理论确定轴 AB 的直径。

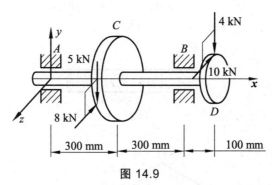

图 14.9

解：为了分析该轴的基本变形，将每个齿轮上的外力向该轴的截面形心简化，可得该轴计算简图如图 14.10（a）所示。由图可知 5 kN、4 kN 两力使轴 AB 在 xy 纵对称面内产生弯曲；8 kN、10 kN 两力使轴 AB 在 xz 纵对称面内产生弯曲；附加力偶 1 kN·m 使轴 AB 产生扭转。

根据图 14.10（a）所示计算简图，绘制轴的内力图如图 14.10（b）、（c）、（d）所示。由内力图可知，轴 AB 的危险截面可能发生在 C 或 B 处。由于通过圆轴轴线的任一平面都是纵向对称平面，故轴在 xz 和 xy 两平面内弯曲的合成结果仍为平面弯曲，从而可用合成弯矩来计算相应截面弯曲正应力。其中，B、C 截面的合成弯矩分别为

$$M_B = \sqrt{M_{By}^2 + M_{Bz}^2} = \sqrt{0.4^2 + 1^2}$$
$$= 1.077 \text{ kN·m}$$

$$M_C = \sqrt{M_{Cy}^2 + M_{Cz}^2} = \sqrt{0.55^2 + 0.7^2}$$
$$= 0.89 \text{ kN} \cdot \text{m}$$

因 $M_B > M_C$ ，$T_B = T_C$ ，可知 B 截面是危险截面。

由第三强度条件式（14.5）可确定该轴的直径。

$$\sigma_{r3} = \frac{\sqrt{M_B^2 + T_B^2}}{W} = \frac{\sqrt{M_B^2 + T_B^2}}{\pi d^3 / 32} \leqslant [\sigma]$$

所以该轴需要的直径为

$$d \geqslant \sqrt[3]{\frac{32\sqrt{M_B^2 + T_B^2}}{\pi[\sigma]}} = \sqrt[3]{\frac{32 \times \sqrt{1.077^2 + 1^2} \times 10^6}{\pi \times 100}} = 53.1 \text{ mm}$$

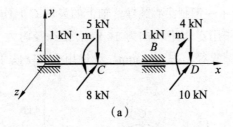

（a）

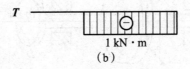

（b）

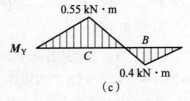

（c）

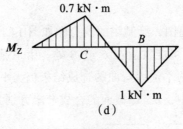

（d）

图 14.10

小　结

拓展学习 14

本章对组合变形及叠加法进了介绍，详细讨论了拉（压）弯组合变形和弯扭组合变形的分析方法和过程。

14.1　由两种及两种以上的基本变形组合而成的变形称为组合变形，分析组合变形的基本方法是叠加法。

14.2　轴向拉压与弯曲的组合变形杆件横截面上只讨论正应力，其叠加结果是将拉压的正应力与弯曲的正应力直接叠加，即 $\sigma = \dfrac{F_N}{A} + \dfrac{My}{I_z}$，并由此建立轴向拉压与弯曲组合变形的强度条件。

14.3　扭转弯曲的组合变形的强度分析，一般先简化外力，作内力图找到危险截面，并确定内力的最大值，然后确定危险点并画出危险点的应力状态，最后再用第三强度理论或第四强度理论进行强度计算，如果用第三强度理论，则弯扭组合变形的强度条件可改写为

$$\sigma_{r3} = \frac{1}{W}\sqrt{M^2 + T^2} \leqslant [\sigma]$$

如果用第四强度理论，则弯扭组合变形的强度条件可改写为

$$\sigma_{r4} = \frac{1}{W}\sqrt{M^2 + 0.75T^2} \leqslant [\sigma]$$

思　考　题

14.1　什么是组合变形？如何判定杆件发生组合变形时由哪些基本变形组成？

14.2　试分析图 14.11（a）中 BC 杆的变形，14.11（b）中立柱的变形。

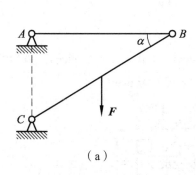
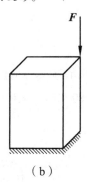

（a）　　　　　　　　　　　　　　　　（b）

图 14.11

14.3　14.12（a）为高速公路旁的大型广告牌，其立柱由空心钢管制成，水平方向的风载荷为 q（N/m²）。若不计各构件的自重，试分析立柱发生的变形。图 14.12（b）为一下端固定的圆柱体，试分析其变形。

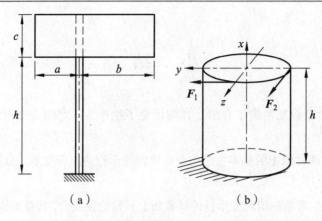

（a）   （b）

图 14.12

14.4   如何分析拉压弯组合变形的强度问题？

14.5   如何分析弯扭组合变形的强度问题？

习 题

14.1   如图 14.13 所示起重架的最大起吊重量（包括移动小车等）$P = 40\ \text{kN}$，横梁 AB 由两根 No18 槽钢组成，材料为 Q235 钢，其许用应力 $[\sigma] = 120\ \text{MPa}$。试校核横梁的强度。

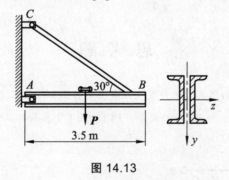

图 14.13

14.2   如图 14.14 所示为 HT15-33 灰铸铁制造的压力机框架，其许用拉应力为 $[\sigma_t] = 30\ \text{MPa}$、许用压应力为 $[\sigma_c] = 80\ \text{MPa}$。试校核框架立柱的强度。（图中尺寸单位为 mm）

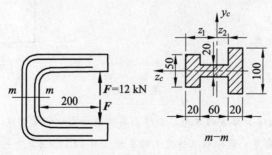

图 14.14

14.3 如图 14.15 所示为材料和受力均相同的两个杆件，试求两杆横截面上最大正应力及其比值。

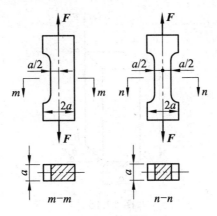

图 14.15

14.4 如图 14.16 所示为一偏心受压立柱，试求该立柱中不出现拉应力时的最大偏心距。

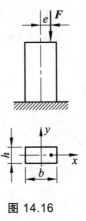

图 14.16

14.5 具有切槽的正方形木杆，其受力如图 14.17 所示。试求：（1）m—m 截面上的 $\sigma_{t\max}$ 和 $\sigma_{c\max}$；（2）此 $\sigma_{t\max}$ 是截面削弱前 σ_t 值的几倍？

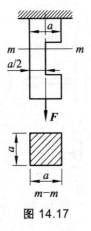

图 14.17

14.6 一弹性模量为 E 的偏心拉伸杆，其尺寸及受力如图 14.18 所示。试求：（1）最大拉应力和最大压应力并标出相应的位置；（2）棱边 AB 长度的改变量。

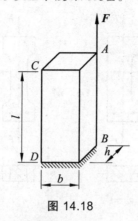

图 14.18

14.7　如图 14.19 所示钢制水平直角曲拐 ABC，A 端固定，C 端挂有钢丝绳，绳长 $s = 2.1\text{ m}$，截面面积 $A = 0.1\text{ cm}^2$，绳下连接吊盘 D，其上放置重量为 $Q = 100\text{ N}$ 的重物。已知 $a = 40\text{ cm}$，$l = 100\text{ cm}$，$b = 1.5\text{ cm}$，$h = 20\text{ cm}$，$d = 4\text{ cm}$，钢材的弹性模量 $E = 210\text{ GPa}$，$G = 80\text{ GPa}$，$[\sigma] = 160\text{ MPa}$（直角曲拐、吊盘、钢丝绳的自重均不计）。试用第四强度理论校核直角曲拐中 AB 段的强度，并求曲拐 C 端及钢丝 D 端竖直方向位移。

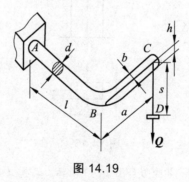

图 14.19

14.8　如图 14.20 所示手摇绞车，其轴的直径 $d = 30\text{ mm}$，材料为 Q235 钢，$[\sigma] = 80\text{ MPa}$。试按第三强度理论求绞车的最大起吊重量 P。（图中尺寸单位为 mm）

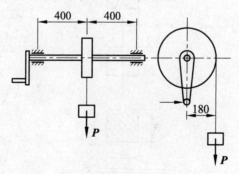

图 14.20

14.9　如图 14.21 所示钢制圆轴，已知：直径 $d = 100\text{ mm}$，$F = 4.2\text{ kN}$，$m = 1.5\text{ kN·m}$，$[\sigma] = 80\text{ MPa}$。

试按第三强度理论校核圆轴的强度。(图中尺寸单位为 mm)

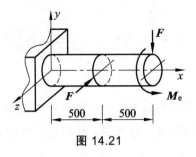

图 14.21

14.10　如图 14.22 所示直径为 d 的圆截面钢杆处于水平面内，AB 垂直于 CD，铅垂作用力 $F_1 = 2\text{ kN}$，$F_2 = 6\text{ kN}$，已知 $d = 7\text{ cm}$，材料的许用应力 $[\sigma] = 110\text{ MPa}$。试用第三强度理论校核该杆的强度。

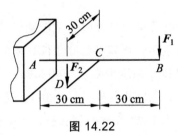

图 14.22

第十五章　压杆稳定

本章介绍压杆稳定性、临界力和临界应力等概念；重点研究压杆临界力和临界应力的计算方法，以及压杆稳定性的实用计算；分析提高压杆稳定性的措施。

第一节　压杆稳定的概念

对于一般的构件，其满足强度及刚度条件时，就能确保其安全工作。但对于细长压杆，不仅要满足强度及刚度条件，而且还必须满足稳定条件，才能安全工作。例如，取两根截面（宽 300 mm，厚 5 mm）相同，其抗压强度极限 $\sigma_c = 40$ MPa，长度分别为 30 mm 和 1 000 mm 的松木杆，进行轴向压缩试验。试验结果表明：长为 30 mm 的短杆，承受的轴向压力可高达 6 kN（$\sigma_c A$），属于强度问题；长为 1 000 mm 的细长杆，在承受不足 30 N 的轴向压力时就突然发生弯曲，如继续加大压力就会发生折断，而丧失承载能力，属于压杆稳定性问题。

为了研究细长压杆的失稳过程，如图 15.1（a）所示，取一下端固定，上端自由的理想细长直杆，在上端施加一轴向压力 F。试验发现当压力 F 小于某一数值 F_{cr} 时，若在横向作用一个不大的干扰力，如图 15.1（b）所示，杆将产生横向弯曲变形。但是，若横向干扰力消失，其横向弯曲变形也随之消失，如图 15.1（c）所示，杆仍然保持原直线平衡状态，这种平衡形式称为**稳定平衡**。当压力 $F = F_{cr}$ 时，杆仍然保持直线平衡，但此时再在横向作用一个不大的干扰力，其立刻转为微弯平衡，如图 15.1（d）所示，并且当干扰力消失后，其不能再回到原来的直线平衡状态，这种平衡形式成为**不稳定平衡**。压杆丧失其直线形状的平衡而过渡为曲线平衡状态，称为丧失稳定性，简称**失稳**，也称曲屈。使压杆原直线的平衡由稳定转变为不稳定的轴向压力值 F_{cr}，称为压杆的**临界载荷**或**临界压力**或**临界力**。在临界载荷作用下，压杆既能在直线状态下保持平衡，也能在微弯状态保持平衡。所以，当轴向压力达到或超过压杆的临界载荷时，压杆将产生失稳现象。

在工程实际中，考虑细长压杆的稳定性问题非常重要。因为这类构件的失稳常发生在其强度破坏之前，而且是瞬间发生的，以至于人们猝不及防，所以更具危险性。例如：1907 年，加拿大魁北克的圣劳伦斯河上，一座跨度为 548 m 的钢桥，在施工过程中，由于两根受压杆件失稳，导致全桥突然坍塌；1912 年，德国汉堡一座煤气库，由于一根受压槽钢压杆失稳，致使其发生破坏。

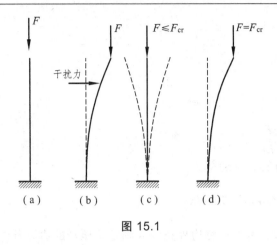

图 15.1

第二节　理想压杆临界载荷的欧拉公式

所谓理想压杆，是指轴线为直线的构件承受轴向压力，且杆件失稳时，其轴线变为偏离直线不远的微弯曲线。另外，既不考虑微弯状态下杆内剪切变形的影响，也不考虑轴向变形。

试验表明，临界载荷随构件两端的约束形式变化而变化，因此，下面介绍几种典型的约束形式下压杆的临界载荷。

一、两端铰支细长压杆的临界压力

如图 15.2 所示，设轴线为直线的压杆两端铰支，在轴向压力 F 作用下处于微弯平衡状态。前节指出，当压力达到临界值时，压杆将由直线平衡形态转变为曲线平衡形态。可见，临界压力就是使压杆保持微弯曲平衡的最小压力。

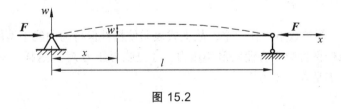

图 15.2

由式（12.2）得压杆挠曲线近似微分方程为

$$w'' = \frac{M(x)}{EI} \qquad (a)$$

由图可知，w 为正时挠曲线凸向上，弯矩 M 为负；反之，w 为负时 M 为正。即 M 与 w 的正负相反，故压杆 x 截面的弯矩为

$$M(x) = -Fw \qquad\qquad\qquad (b)$$

将式（b）代入（a），得

$$w'' + k^2 w = 0 \qquad\qquad\qquad (c)$$

式中

$$k^2 = \frac{F}{EI} \qquad\qquad\qquad (d)$$

式（c）为二阶常微分方程，其通解为

$$w = A \sin kx + B \cos kx \qquad\qquad\qquad (e)$$

式中，A、B 为积分常数，可由位移边界条件来确定。压杆的边界条件是

$$x = 0 \text{ 和 } x = l \text{ 时}, \quad w = 0$$

由此求得

$$B = 0, \quad A \sin kl = 0$$

后面的式子表明，A 或者 $\sin kl$ 等于零。但因 B 已经等于零，如 A 再等于零，则式（e）变为 $y \equiv 0$。这表示杆件轴线上任意点的挠度皆为零，它仍为直线的情况。这就与杆件失稳轴线发生微小弯曲的前提相矛盾。因此必须是

$$\sin kl = 0$$

即 $kl = n\pi \ (n = 0, 1, 2, \cdots)$。

可得 $k = \dfrac{n\pi}{l}$，代回式（d），得出

$$F = \frac{n^2 \pi^2 EI}{l^2} \qquad\qquad\qquad (15.1)$$

因为 n 是 $0, 1, 2, \cdots$ 等整数中的任一个，故上式表明使杆件保持为曲线平衡的压力，理论上是多值的。其中使压杆保持微小弯曲的最小压力，才是临界压力 F_{cr}。这样，只有取 $n = 1$，才得到压力的最小值。于是临界压力为

$$F_{cr} = \frac{\pi^2 EI}{l^2} \qquad\qquad\qquad (15.2)$$

上式通常称为临界载荷的**欧拉公式**，该载荷又称为**欧拉临界载荷**。由式（15.2）可以看出，两端铰支细长压杆的临界载荷与截面弯曲刚度成正比，与杆长的平方成反比。要注意的是，如果压杆两端为球形铰支，则式（15.2）中的惯性矩 I 应为压杆横截面的最小惯性矩。同理可推导出两端为其他约束形式的压杆临界载荷的欧拉公式，如表 15.1 所示。

表 15.1　常见细长压杆临界载荷的欧拉公式

杆端约束情况	两端铰支	一端固定 一端自由	一端固定 一端铰支	两端固定
挠曲线形状		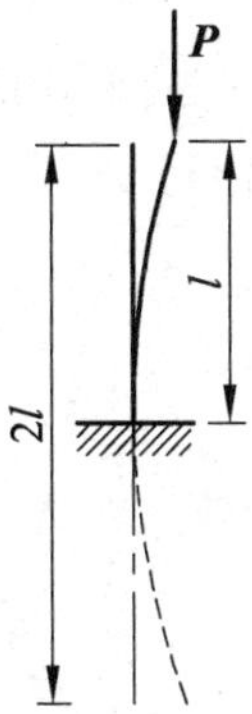	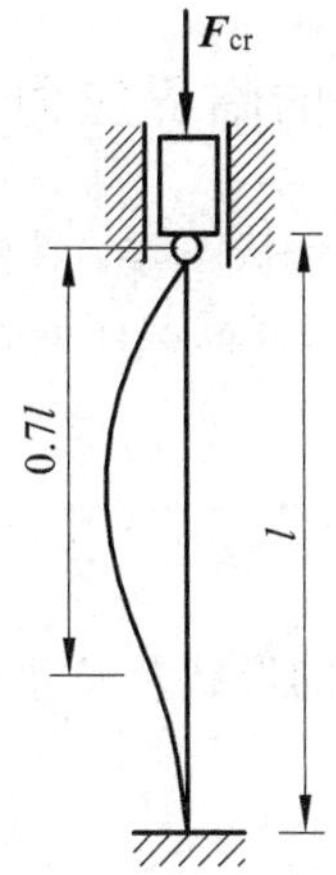	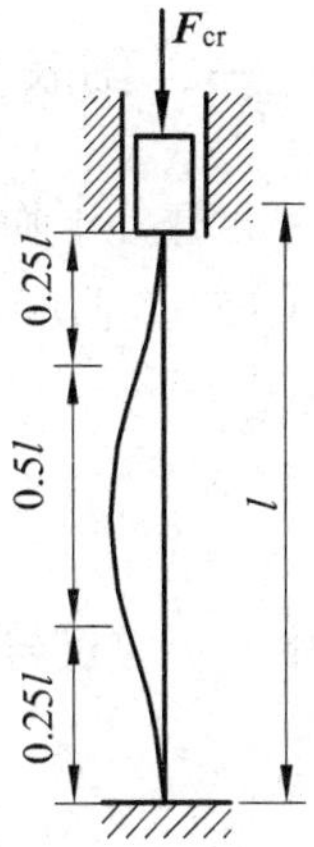
长度系数 μ	1.0	2.0	0.7	0.5
F_{cr}	$\dfrac{\pi^2 EI}{l^2}$	$\dfrac{\pi^2 EI}{(2l)^2}$	$\dfrac{\pi^2 EI}{(0.7l)^2}$	$\dfrac{\pi^2 EI}{(0.5l)^2}$

二、欧拉公式的一般表达式

由表 15.1 所述几种细长压杆的临界载荷的欧拉公式基本相似，只是分母中 *l* 前的系数不同。为应用方便，将表 15.1 中各式写成欧拉公式的一般表达形式为

$$F_{cr} = \frac{\pi^2 EI}{(\mu l)^2} \tag{15.3}$$

式中，μ 称为**长度系数**，μl 称为压杆的**相当长度或有效长度**。

【例 15.1】　如图 15.3 所示，矩形截面压杆，上端自由，下端固定。已知 $b = 2\,\text{cm}$，$h = 4\,\text{cm}$，$l = 1\,\text{m}$，材料的弹性模量 $E = 200\,\text{GPa}$，试用欧拉公式计算该压杆的临界载荷。

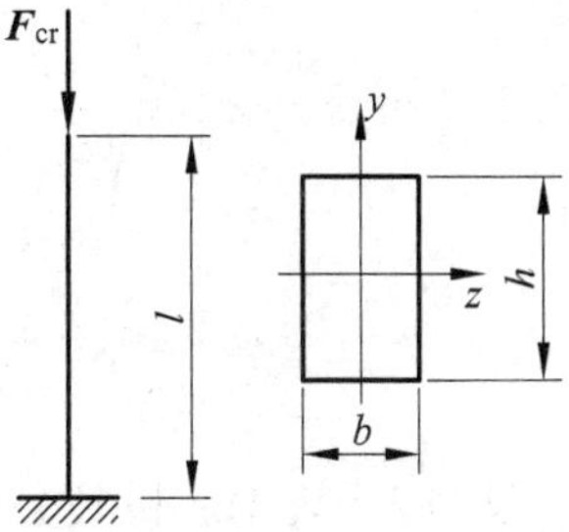

解：由表 15.1 查得 $\mu = 2$，因为 $h > b$，则 $I_y = \dfrac{hb^3}{12} < \dfrac{bh^3}{12} = I_z$，

由式（15.3）得

$$F_{cr} = \frac{\pi^2 EI}{(\mu l)^2} = \frac{\pi^2 \times 200 \times 10^3 \times 40 \times 20^3}{12(2 \times 1\,000)^2} \approx 13.2\,\text{kN}$$

图 15.3

第三节　临界应力

一、细长压杆的临界应力

压杆处于临界平衡状态时，其横截面上的平均应力称为压杆的临界应力，用 σ_{cr} 表示。将式（15.3）两端同除压杆横截面面积 A，便得

$$\sigma_{cr} = \frac{\pi^2 E}{(\mu l)^2} \times \frac{I}{A} \tag{15.4}$$

式中，I/A 仅与截面的形状及尺寸有关，若用 i^2 表示，则有

$$i = \sqrt{\frac{I}{A}} \tag{15.5}$$

i 称为截面的**惯性半径**，单位常用 mm。将式（15.5）代入式（15.4），并令 $\lambda = \mu l / i$，则得细长压杆的临界应力欧拉公式为

$$\sigma_{cr} = \frac{\pi^2 E}{\lambda^2} \tag{15.6}$$

式中，λ 综合反映了压杆的长度、两端约束形式及截面几何性质对临界应力的影响，称为**柔度系数**或**长细比**。

二、欧拉公式的适用范围

欧拉公式是根据挠曲线近似微分方程建立的，而该方程仅适用于杆内应力不超过比例极限 σ_p 的情况，因此，欧拉公式的适用范围为

$$\sigma_{cr} = \frac{\pi^2 E}{\lambda^2} \leqslant \sigma_p$$

由上式可得，$\lambda \geqslant \pi \sqrt{\dfrac{E}{\sigma_p}}$，若令

$$\lambda_p = \pi \sqrt{\frac{E}{\sigma_p}} \tag{15.7}$$

即仅当 $\lambda \geqslant \lambda_p$ 时，欧拉公式才成立。

由式（15.7）可知，λ_p 值仅与材料的弹性模量 E 及比例极限 σ_p 有关，所以 λ_p 值仅随材料而异。

柔度 $\lambda \geqslant \lambda_p$ 的压杆，称为**大柔度杆**。由此不难看出，前面经常提到的"细长压杆"，实际上就是大柔度杆。

三、非细长杆临界应力的经验公式

在工程实际中，常见压杆的柔度往往小于 λ_p，即为非细长压杆，其临界应力超过材料的比例极限，属于弹塑性稳定问题。这类压杆的临界应力可通过解析方法求得，但通常采用经验公式进行计算。常见的经验公式有直线公式与抛物线公式等。

1. 直线公式

直线公式把临界应力 σ_{cr} 与柔度 λ 表示为下列直线关系

$$\sigma_{cr} = a - b\lambda \tag{15.8}$$

式中，a 和 b 是与材料有关的常数。表 15.2 中列举了几种材料的 a 和 b 值。

表 15.2 直线公式的系数 a 和 b

材料（σ_b、σ_s 的单位为 MPa）		a/MPa	b/MPa
Q235	$\sigma_b \geqslant 372$ $\sigma_s = 235$	304	1.12
优质碳钢	$\sigma_b \geqslant 471$ $\sigma_s = 306$	461	2.568
硅 钢	$\sigma_b \geqslant 510$ $\sigma_s = 353$	578	3.744
铬钼钢		9 807	5.296
铸 铁		332.2	1.454
强 铝		373	2.15
松 木		28.7	0.19

柔度很小的短柱，如压缩试验用的金属短柱或水泥块，受压时并不会像大柔度杆那样出现弯曲变形，主要是因压应力到达屈服极限（塑性材料）或强度极限（脆性材料）而破坏，是强度不足引起的失效。所以，对塑性材料，按式（15.8）算出的临界应力最高只能等于 σ_s，设相应的柔度为 λ_s，则

$$\lambda_s = \frac{a - \sigma_s}{b} \tag{15.9}$$

这是使用直线公式时柔度的最小值。这一类压杆称为中柔度杆。

若 $\lambda < \lambda_s$，应按压缩强度计算，要求 $\sigma_{cr} = \dfrac{F}{A} \leqslant \sigma_s$，对脆性材料只需把 σ_s 改为 σ_b 即可。

图 15.4 所示为各类压杆的临界应力和 λ 的关系，称为**临界应力总图**。由此图可明显地看出，短杆的临界应力与 λ 无关，而中、长杆的临界应力则随 λ 的增加而减小。

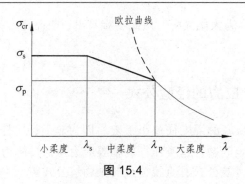

图 15.4

2. 抛物线公式

对于由结构钢与低合金结构钢等材料制成的中柔度压杆，可采用下述抛物线公式计算临界应力

$$\sigma_{cr} = a_1 - b_1 \lambda^2 \qquad\qquad (15.10)$$

式中，a_1 和 b_1 为与材料性能有关的常数。

【例 15.2】 一截面为 120 mm × 200 mm 的矩形柱，长为 $l = 4$ m，其支承情况是：在最大刚度平面内弯曲时为两端铰支，如图 15.5(a)所示；在最小刚度平面内弯曲时为两端固定，如图 15.5(b)所示。柱所用材料 $a = 39$ MPa，$b = 0.2$ MPa，其弹性模量 $E = 10$ GPa，$\lambda_p = 59$，试求柱的临界力。

解：（1）计算最大刚度平面内的临界力，即

$$I_z = 12 \times 20^3 / 12 = 8\ 000\ cm^4$$

由式（15.5）得

$$i_z = \sqrt{\frac{I_z}{A}} = \sqrt{\frac{8\ 000}{12 \times 20}} = 5.77\ cm$$

由表 15.1 查得 $\mu = 1$，则

$$\lambda = \frac{\mu l}{i_z} = \frac{1 \times 400}{5.77} = 69.3 > 59 = \lambda_p$$

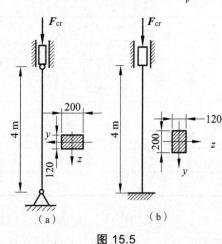

图 15.5

由式（15.3）得

$$F_{cr} = \frac{\pi^2 EI}{(\mu l)^2} = \frac{\pi^2 \times 10 \times 10^9 \times 8\ 000 \times 10^{-8}}{(1 \times 4)^2}$$

$$= 493.5 \times 10^3\ N = 493.5\ kN$$

（2）计算最小刚度平面内的临界力

$$I_y = 20 \times 12^3 / 12 = 2\ 880\ cm^4$$

由式（15.5）得

$$i_y = \sqrt{\frac{I_y}{A}} = \sqrt{\frac{2\,880}{12 \times 20}} = 3.46 \text{ cm}$$

由表 15.1 查得 $\mu = 0.5$，则

$$\lambda = \frac{\mu l}{i_z} = \frac{0.5 \times 400}{3.46} = 57.8 < 59 = \lambda_p$$

由式（15.8）得

$$\sigma_{cr} = a - b\lambda = 39 - 0.2 \times 57.8 = 27.44 \text{ MPa}$$

$$F_{cr} = \sigma_{cr}A = 27.44 \times 10^6 \times 0.12 \times 0.2 = 658.56 \text{ kN}$$

由上述计算结果可知，第一种情况的临界力小，所以压杆失稳时将在最大刚度平面内产生弯曲。

第四节　压杆的稳定性计算·安全系数法

为了保证压杆不失稳，必须对其进行稳定性计算。这种计算与构件的强度或刚度计算有本质上的区别，因为它们对保证构件的安全所提出的要求是不同的。在压杆稳定计算时，其临界力和临界应力是压杆丧失稳定的极限值。为了保证压杆有足够的稳定性，不但要求作用于压杆上的轴向载荷或工作应力不超过极限值，而且还要考虑留有足够的安全储备。因此，压杆的稳定条件为

$$F \leqslant \frac{F_{cr}}{[n_w]} \quad \text{或} \quad \sigma \leqslant \frac{\sigma_{cr}}{[n_w]} \tag{15.11}$$

式中，$[n_w]$ 为规定的稳定安全系数。

若令 $n_w = \dfrac{F_{cr}}{F} = \dfrac{\sigma_{cr}}{\sigma}$ 为压杆实际工作的稳定安全系数，可得压杆的稳定条件为

$$n_w = \frac{F_{cr}}{P} \geqslant [n_w]$$

或
$$n_w = \frac{\sigma_{cr}}{\sigma} \geqslant [n_w] \tag{15.12}$$

稳定安全系数 $[n_w]$ 的确定是一个既复杂又重要的问题，它涉及的因素很多。$[n_w]$ 的值，在有关设计规范中都有明确的规定，一般情况下，$[n_w]$ 可采用如下数值：

金属结构中的钢制压杆　　　　$[n_w] = 1.8 \sim 3.0$

矿山设备中的钢制压杆　　　　$[n_w] = 4.0 \sim 8.0$

金属结构中的铸铁压杆　　　　$[n_w] = 4.5 \sim 5.5$

木结构中的木制压杆　　　　　$[n_w] = 2.5 \sim 3.5$

按式（15.12）进行稳定计算的方法，称为安全系数法。利用该式可解决压杆的三类稳定问题：

（1）校核压杆的稳定性；

（2）设计压杆的截面尺寸；

（3）确定作用在压杆上的最大许可载荷。

下面举例说明安全系数法的具体应用。

【例 15.3】 空气压缩机的活塞杆由优质碳钢制成，其两端可视为铰支座。已知 $\sigma_s = 350\ \text{MPa}$，$\sigma_p = 280\ \text{MPa}$，$E = 210\ \text{GPa}$，长度 $l = 703\ \text{mm}$，直径 $d = 45\ \text{mm}$，最大压力 $P_{max} = 41.6\ \text{kN}$，规定安全系数 $[n_w] = 8.0$。试校核其稳定性。

解：由式（15.7）求出

$$\lambda_p = \pi\sqrt{\frac{E}{\sigma_p}} = \pi\sqrt{\frac{210\times10^9}{280\times10^6}} = 86$$

活塞杆两端可简化为铰支座，故 $\mu = 1$。活塞杆横截面为圆形，$i = \sqrt{\dfrac{I}{A}} = \dfrac{d}{4}$，故柔度为

$$\lambda = \frac{\mu l}{i} = \frac{1\times703\times10^{-3}}{45\times10^{-3}/4} = 62.5$$

因为 $\lambda < \lambda_p$，故不能用欧拉公式计算临界压力。如使用直线公式，由表 15.2 查得优质碳钢的 $a = 461\ \text{MPa}$，$b = 2.568\ \text{MPa}$。由式（15.9）

$$\lambda_s = \frac{a - \sigma_s}{b} = \frac{461\times10^6 - 350\times10^6}{2.568\times10^6} = 43.2$$

可见活塞杆的 λ 介于 λ_s 和 λ_p 之间，是中柔度压杆，由直线公式求出

$$\sigma_{cr} = a - b\lambda = 461\times10^6 - 2.568\times10^6\times62.5 = 301\times10^6\ \text{Pa} = 301\ \text{MPa}$$

$$F_{cr} = A\sigma_{cr} = \frac{\pi}{4}\times(45\times10^{-3})^2\times301\times10^6 = 478\times10^3\ \text{N} = 478\ \text{kN}$$

活塞的工作安全系数为

$$n_w = \frac{F_{cr}}{P_{max}} = \frac{478}{41.6} = 11.5 > [n_w]$$

所以满足稳定性要求。

【例 15.4】 一根 25a 号工字钢的支柱，长 7 m，两端固定，材料是 Q235 钢，$E = 200\ \text{GPa}$，$\lambda_p = 100$，$[n_w] = 2.0$，试求支柱的安全载荷 $[P]$。

解：（1）计算柔度 λ。由于支柱为 25a 号的工字钢，查型钢表可得，$i_x = 10.2\ \text{cm}$，$i_y = 2.4\ \text{cm}$，$I_x = 5\ 020\ \text{cm}^4$，$I_y = 280\ \text{cm}^4$，故

$$\lambda_x = \frac{\mu l}{i_x} = \frac{0.5\times7\times10^3}{10.2\times10} \approx 34.3$$

$$\lambda_y = \frac{\mu l}{i_y} = \frac{0.5 \times 7 \times 10^3}{2.4 \times 10} \approx 145.8$$

（2）计算临界力 F_{cr}。因 $\lambda_y > \lambda_z$，故按以 y 轴为中性轴的弯曲进行稳定性计算，又因 $\lambda_y > \lambda_p$，则用欧拉公式计算得

$$F_{cr} = \frac{\pi^2 E I_y}{(\mu l)^2} = \frac{3.14^2 \times 200 \times 10^3 \times 280 \times 10^4}{(0.5 \times 7 \times 10^3)^2} \approx 450.7 \text{ kN}$$

（3）计算支柱的安全载荷 $[F]$

$$[F] = \frac{F_{cr}}{[n_w]} = \frac{450.7}{2} = 225.4 \text{ kN}$$

由计算结果可知，只要加在支柱上的轴向压力不超过 $[F] = 225.4 \text{ kN}$，支柱在工作过程中就不会失稳。

【例 15.5】　一 Q235 钢制成的矩形截面压杆 AB，A、B 两端为如图 15.6 所示的销钉连接。设各部分间配合精密。已知：$l = 230 \text{ cm}$，$b = 4 \text{ cm}$，$h = 6 \text{ cm}$，$E = 200 \text{ GPa}$，规定的稳定安全系数 $[n_w] = 4.0$，试确定许用压力 F。

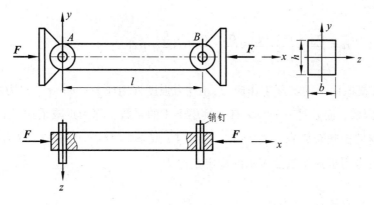

图 15.6

解：（1）计算柔度。在 xy 平面内：两端为铰支，$\mu_{xy} = 1$，则

$$i_z = \sqrt{\frac{I_z}{A}} = \sqrt{\frac{bh^3/12}{bh}} = \frac{h}{\sqrt{12}} = \frac{60}{\sqrt{12}} \text{ mm} = 17.3 \text{ mm}$$

$$\lambda_{xy} = \frac{\mu_{xy} l}{i_z} = \frac{1 \times 2\,300}{17.3} = 133$$

在 xz 平面内：两端为固定端，$\mu_{xz} = 0.5$，则

$$i_y = \sqrt{\frac{I_y}{A}} = \sqrt{\frac{hb^3/12}{bh}} = \frac{b}{\sqrt{12}} = \frac{40}{\sqrt{12}} \text{ mm} = 11.5 \text{ mm}$$

$$\lambda_{xz} = \frac{\mu_{xz}l}{i_y} = \frac{0.5 \times 2\,300}{11.5} = 100$$

（2）计算临界应力。因 $\lambda_{xy} > \lambda_{xz}$，故压杆将先在 xy 平面内失稳，故按 λ_{xy} 计算临界应力，又 $\lambda_{xy} > \lambda_p = 100$，可用欧拉公式计算临界压力，即

$$F_{cr} = \sigma_{cr} A = \frac{\pi^2 E}{\lambda^2} bh = \frac{\pi^2 \times 200 \times 10^3}{133^2} \times 40 \times 60 \text{ N} = 268 \text{ kN}$$

压杆的许用压力为

$$F = \frac{F_{cr}}{[n_w]} = \frac{268}{4} \text{kN} = 67 \text{ kN}$$

第五节　压杆的稳定性计算·折减系数法

上节讲到的安全系数法在机械行业中应用较广，而在土建行业中，折减系数法则更常用。由式（15.12）得

$$\sigma \leqslant \frac{\sigma_{cr}}{n_w} = \frac{\sigma_{cr}}{[\sigma]} \cdot \frac{[\sigma]}{n_w} = \frac{\sigma_{cr}}{\sigma_s} \cdot \frac{n}{n_w} \cdot [\sigma] = \varphi \cdot [\sigma]$$

式中，σ 为压杆横截面上的实际工作应力；$[\sigma]$ 为强度许用应力；$n = \sigma_s/[\sigma]$ 为强度安全因数；n_w 为稳定安全因数，而 φ 是一个与 λ 有关且小于 1 的系数，称为折减系数，工程上一般根据压杆的各种材料的折减系数表（表 15.3、表 15.4）或 φ-λ 曲线（图 15.7）来查找。

由上式简写得到折减系数法表示的稳定条件为

$$\sigma = \frac{F}{A} \leqslant \varphi \cdot [\sigma] \tag{15.13}$$

利用式（15.13）、表 15.3、表 15.4 或图 15.7 对压杆进行稳定计算的方法，称为折减系数法。根据以上稳定条件，可以进行压杆稳定性校核、截面设计和许可载荷确定等三方面的稳定性计算。注意：折减系数法与安全系数法是彼此独立的方法，一般同一题目只用其中之一求解。

表 15.3　Q235 钢 a 类截面中心受压直杆的折减系数 φ

λ	0	1	2	3	4	5	6	7	8	9
0	1.000	1.000	1.000	1.000	0.999	0.999	0.998	0.998	0.997	0.996
10	0.995	0.994	0.993	0.992	0.991	0.989	0.988	0.986	0.985	0.983
20	0.981	0.979	0.977	0.976	0.974	0.972	0.970	0.968	0.966	0.964
30	0.963	0.961	0.959	0.957	0.955	0.952	0.950	0.948	0.946	0.944
40	0.941	0.939	0.937	0.934	0.932	0.929	0.927	0.924	0.921	0.919
50	0.916	0.913	0.910	0.907	0.904	0.900	0.897	0.894	0.890	0.886
60	0.883	0.879	0.875	0.871	0.867	0.863	0.858	0.854	0.849	0.844
70	0.839	0.834	0.829	0.824	0.818	0.813	0.807	0.801	0.795	0.789
80	0.783	0.776	0.770	0.763	0.757	0.750	0.743	0.736	0.728	0.721
90	0.714	0.706	0.699	0.691	0.684	0.676	0.668	0.661	0.653	0.645
100	0.638	0.630	0.622	0.615	0.607	0.600	0.592	0.585	0.577	0.570
110	0.563	0.555	0.548	0.541	0.534	0.527	0.520	0.514	0.507	0.500
120	0.494	0.488	0.481	0.475	0.469	0.463	0.457	0.451	0.445	0.440
130	0.434	0.429	0.423	0.418	0.412	0.407	0.402	0.397	0.392	0.387
140	0.383	0.378	0.373	0.369	0.364	0.360	0.356	0.351	0.347	0.343
150	0.339	0.335	0.331	0.327	0.323	0.320	0.316	0.312	0.309	0.305
160	0.302	0.298	0.295	0.292	0.289	0.285	0.282	0.279	0.276	0.273
170	0.270	0.267	0.264	0.262	0.259	0.256	0.253	0.251	0.248	0.246
180	0.243	0.241	0.238	0.236	0.233	0.231	0.229	0.226	0.224	0.222
190	0.220	0.218	0.215	0.213	0.211	0.209	0.207	0.205	0.203	0.201
200	0.199	0.198	0.196	0.194	0.192	0.190	0.189	0.187	0.185	0.183
210	0.182	0.180	0.179	0.177	0.175	0.174	0.172	0.171	0.169	0.168
220	0.166	0.165	0.164	0.162	0.161	0.159	0.158	0.157	0.155	0.154
230	0.153	0.152	0.150	0.149	0.148	0.147	0.146	0.144	0.143	0.142
240	0.141	0.140	0.139	0.138	0.136	0.135	0.134	0.133	0.132	0.131
250	0.130									

表 15.4　Q235 钢 b 类截面中心受压直杆的折减系数 φ

λ	0	1	2	3	4	5	6	7	8	9
0	1	1	1	0.999	0.999	0.998	0.997	0.996	0.995	0.994
10	0.992	0.991	0.989	0.987	0.985	0.983	0.981	0.978	0.976	0.973
20	0.970	0.967	0.963	0.960	0.957	0.953	0.950	0.946	0.943	0.939
30	0.936	0.932	0.929	0.925	0.922	0.918	0.914	0.910	0.906	0.903
40	0.899	0.895	0.891	0.887	0.882	0.878	0.874	0.870	0.865	0.861
50	0.856	0.852	0.847	0.842	0.838	0.833	0.828	0.823	0.818	0.813
60	0.807	0.802	0.797	0.791	0.786	0.780	0.774	0.769	0.763	0.757
70	0.751	0.745	0.739	0.732	0.726	0.720	0.714	0.707	0.701	0.694
80	0.688	0.681	0.675	0.668	0.661	0.655	0.648	0.641	0.635	0.628
90	0.621	0.614	0.608	0.601	0.594	0.588	0.581	0.575	0.568	0.561
100	0.555	0.549	0.542	0.536	0.529	0.523	0.517	0.511	0.505	0.499
110	0.493	0.487	0.481	0.475	0.470	0.464	0.458	0.453	0.447	0.442
120	0.437	0.432	0.426	0.421	0.416	0.411	0.406	0.402	0.397	0.392
130	0.387	0.383	0.378	0.374	0.370	0.365	0.361	0.357	0.353	0.349
140	0.345	0.341	0.337	0.333	0.329	0.326	0.322	0.318	0.315	0.311
150	0.308	0.304	0.301	0.298	0.265	0.291	0.288	0.285	0.282	0.279
160	0.276	0.273	0.270	0.267	0.265	0.262	0.259	0.256	0.254	0.251
170	0.249	0.246	0.244	0.241	0.239	0.236	0.234	0.232	0.229	0.227
180	0.225	0.223	0.220	0.218	0.216	0.214	0.212	0.210	0.208	0.206
190	0.204	0.202	0.200	0.198	0.197	0.195	0.193	0.191	0.190	0.188
200	0.186	0.184	0.183	0.181	0.180	0.178	0.176	0.175	0.173	0.172
210	0.170	0.169	0.167	0.166	0.165	0.163	0.162	0.160	0.159	0.158
220	0.156	0.155	0.154	0.153	0.151	0.150	0.149	0.148	0.146	0.145
230	0.144	0.143	0.142	0.141	0.140	0.138	0.137	0.136	0.135	0.134
240	0.133	0.132	0.131	0.130	0.129	0.128	0.127	0.126	0.125	0.124
250	0.123									

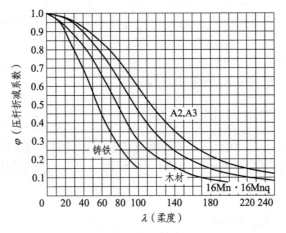

图 15.7 $\varphi\text{-}\lambda$ 曲线

【**例 15.6**】　如图 15.8 所示结构，其中杆 1 为铸铁圆杆，且 $d_1 = 60 \text{ mm}$，$[\sigma_c]$=120 MPa；杆 2 为钢圆杆，且 $d_2 = 10 \text{ mm}$，$[\sigma] = 160 \text{ MPa}$；设 AB 梁为刚性梁。试求许可分布载荷 $[q]$。

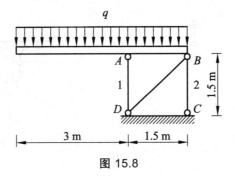

图 15.8

解：（1）求两杆的轴力。

对 AB 梁受力分析，易得

$$F_{N1} = -6.75q \text{（压）}, \quad F_{N2} = 2.25q \text{（拉）}$$

可见，杆 1 受压，进行稳定计算；而杆 2 受拉，进行强度计算。

（2）由杆 1 的稳定条件，确定许可分布载荷 $[q]_1$。

$$\lambda = \frac{\mu l}{i} = \frac{\mu l}{d_1/4} = \frac{1 \times 1.5 \times 10^3 \text{ mm}}{60 \text{ mm}/4} = 100，查图 15.7 得 \varphi = 0.16。$$

由式（15.13）得

$$F_{N1} = 6.75q_1 \times 10^3 \leqslant \varphi \cdot [\sigma_c] \cdot A = 0.16 \times 120 \text{ MPa} \times \frac{\pi \times (60 \text{ mm})^2}{4} = 54\ 259 \text{ N}$$

解得 $[q]_1 = 8.038 \text{ N/mm} = 8.038 \text{ kN/m}$

（3）由杆 2 的强度条件，确定许可分布载荷 $[q]_2$。

由式（7.12）知

$$F_{N2} = 2.25q_2 \times 10^3 \leqslant A_2[\sigma] = \frac{\pi d_2^2}{4}[\sigma] = \frac{\pi \times (10 \text{ mm})^2}{4} \times 160 \text{ MPa} = 12\ 560 \text{ N}$$

解得　$[q]_2 = 5.58 \text{ N/mm} = 5.58 \text{ kN/m}$

（4）结构的许可分布载荷 $[q]$ 应取小，即

$$[q] = \min\{[q]_1, [q]_2\} = 5.58 \text{ kN/m}$$

【例 15.7】　图 15.9（a）所示一天窗架两侧的立柱，计算长度 $l_0 = 3.5 \text{ m}$，承受轴向压力 $F_P = 400 \text{ kN}$，钢材许用正应力 $[\sigma] = 190 \text{ MPa}$，建议用一对等边角钢如图 15.9（b）所示，试选择等边角钢的型号。

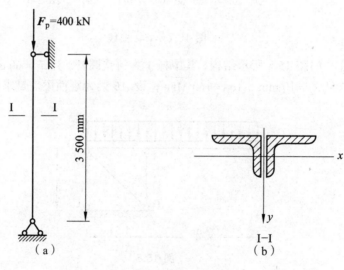

图 15.9

解：设计截面一般用试算法，因为从式（15.13）易得

$$A \geqslant \frac{F}{\varphi[\sigma]} \tag{15.14}$$

上式右边的 φ 也是未知数。作为计算的第一步，可参考已有资料或凭经验假定一个截面尺寸，然后去校核其稳定性；也可先假定一个适中的折减系数（如 $\varphi = 0.5 \sim 0.6$），然后利用上式求 A，算 λ，查 φ，如查得的 φ 与假设的接近，则满足所选截面要求，否则需再假定新的 φ 值，作新一轮试算。本例假设 $\varphi = 0.6$，于是

$$A \geqslant \frac{F}{\varphi[\sigma]} = \frac{400 \times 10^3}{0.6 \times 190} = 3\ 509 \text{ mm}^2 = 35.09 \text{ cm}^2$$

一个角钢的面积为 $A_L = 35.09/2 = 17.54 \text{ cm}^2$，现选 L100×10，即

数据 $A_L = 19.261 \text{ cm}^2$，$i_x = 3.05 \text{ cm}$

可得 $\lambda = 350/3.05 = 114.8$

根据 b 类截面 φ 值表（表 15.4），按照线性插值法找出 φ 值：

$$\varphi = 0.47 - \frac{8}{10}(0.47 - 0.464) = 0.465$$

第二轮试算：取 $\varphi = (0.6 + 0.465)/2 = 0.5325$

则

$$A_L \geqslant \frac{1}{2}\left(\frac{400 \times 10^3}{0.5325 \times 190}\right) = 1976 \text{ mm}^2 \approx 20 \text{ cm}^2$$

取 L110×10 有：$A_L = 21.261 \text{ cm}^2, i_x = 3.38 \text{ cm}$

可得　　　　　　　　$\lambda = 350/3.38 = 103.55$

查表得 $\varphi = 0.533$

第三轮试算：取 $\varphi = (0.5325 + 0.533)/2 = 0.53275$

$$A_L \geqslant \frac{1}{2}\left(\frac{400 \times 10^3}{0.53275 \times 190}\right) = 1975.8 \text{ mm}^2$$

因为 1975.8 同上一轮的 1976 很接近，所以不必再试，就把截面定为 L110×10。型钢表提供的截面系列的面积是离散的，不是非常规则，不要追求表上的 A_L 很接近需要的 A_L。

稳定校核：$\dfrac{F}{\varphi A} = \dfrac{400 \times 10^3}{0.533(2 \times 2126.1)}$ MPa $= 176.49$ MPa $< [\sigma]$　　　稳定

第六节　提高压杆稳定的措施

提高压杆的稳定性应从提高压杆的临界应力（或临界力）入手。从压杆的临界应力总图可知，压杆的临界应力与压杆的材料机械性质和压杆的柔度 λ 有关。而柔度又综合了压杆的长度、约束情况和横截面的几何形状等影响因素。因此，根据上述几个方面，采取适当措施提高压杆的稳定性。

1. 选择合理的截面形状

由柔度 $\lambda = \dfrac{\mu l}{i} = \mu l \sqrt{\dfrac{I}{A}}$ 可知，在压杆的其他条件相同的情况下，应尽可能增大截面的惯性矩或惯性半径。例如，在横截面面积相同的条件下，应尽可能使截面材料远离截面的中性轴，采用空心截面比实心截面更合理（壁厚也不宜太薄，以防止局部失稳）。同时，压杆的截面形状应使压杆各个纵向平面内的柔度相等或基本相等，即压杆在各纵向平面内的稳定性相同，即所谓的等稳定设计。若压杆在各个方向的约束情况相同，就应使截面对任一形心轴的惯性矩或惯性半径相等，即采用圆形、圆环形式或正方形等截面形式。若压杆在两个主弯曲平面内的约束情况不同，如连杆，则采用矩形、工字形或组合截面。

2. 减小压杆的长度，改善压杆两端的约束条件

由 $\lambda = \dfrac{\mu l}{i}$ 可知，λ 与 μl 成正比，要使柔度 λ 减小，就应尽量减小杆件的长度，如果工作条件不允许减小杆件的长度，可以通过在压杆中间增加约束或改善杆端约束来提高压杆的稳定性。

3. 合理选择材料

对于细长杆，材料对临界力的影响只与弹性模量 E 有关，而各种钢材的 E 值很接近，约为 200 GPa，所以选用合金钢、优质钢并不比普通碳素钢优越，且不经济。对于中长杆，临界力同材料的强度指标有关，材料的强度越高，σ_{cr} 就越大。所以选用高强度钢材，可提高其稳定性。

小　结

拓展学习 15

本章对细长杆和中长杆承载能力进行分析与计算，解决工程中受压构件的稳定性问题。

15.1　压杆稳定问题的实质是压杆直线平衡状态是否稳定的问题。

15.2　临界力 F_{cr} 是压杆从稳定平衡状态过渡到不稳定平衡状态的极限载荷值。在临界力作用下，把压杆横截面上的压应力称为临界应力 σ_{cr}。

15.3　压杆稳定性计算，常用安全系数法和折减系数法，其稳定条件分别为

$$安全系数法：n_w = \frac{F_{cr}}{F} \geq [n_w] \quad 或 \quad n_w = \frac{\sigma_{cr}}{\sigma} \geq [n_w]$$

$$折减系数法：\sigma = \frac{F_N}{A} \leq \varphi[\sigma]$$

15.4　提高压杆稳定性的措施：选择合理的截面形状；减小压杆的长度，改善压杆两端的约束条件；合理选择材料。

思　考　题

15.1　什么是压杆的稳定平衡状态和非稳定平衡状态？

15.2　什么是大、中、小柔度杆？它们的临界应力如何确定？

15.3　什么是柔度？它的大小由哪些因素确定？

15.4　两根材料，截面尺寸及支承情况均相同的压杆，仅知长压杆的长度是短压杆长度的两倍。试问在什么条件下才能确定两压杆临界力之比，为什么？

15.5　三根杆的横截面面积相等，其形状分别为实心圆形、空心圆形和薄壁圆环形。试问哪一根杆的截面形状更合理？为什么？

15.6　折减系数法中折减系数 φ 是何意义？

习 题

15.1 图 15.10 所示细长压杆，两端为球形铰支，弹性模量 $E = 200\,\text{GPa}$，试用欧拉公式计算其临界载荷。

（1）圆形截面 $d = 25\,\text{mm}$，$l = 1\,\text{m}$；

（2）矩形截面 $h = 2b = 40\,\text{mm}$，$l = 1\,\text{m}$；

（3）No16 号工字钢，$l = 1\,\text{m}$。

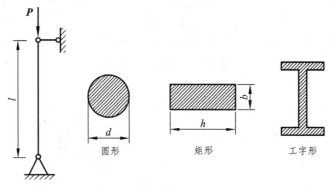

图 15.10

15.2 有一根 $30\,\text{mm} \times 50\,\text{mm}$ 的矩形截面杆，两端为球形铰支，试问压杆多长时即可开始应用欧拉公式计算临界载荷。已知材料的弹性模量 $E = 200\,\text{GPa}$，比例极限 $\sigma_p = 200\,\text{MPa}$。

15.3 由 Q235 钢制成的 20a 号工字钢压杆，两端为铰支，杆长 $L = 4\,\text{m}$，弹性模量 $E = 200\,\text{GPa}$。试求压杆的临界力和临界应力。

15.4 有一木柱两端铰支，其横截面为 $120\,\text{mm} \times 200\,\text{mm}$ 的矩形，长度 $L = 4\,\text{m}$，$E = 10\,\text{GPa}$，$\lambda_p = 112$，试求木柱的临界应力。

15.5 千斤顶的最大承重量 $P = 150\,\text{kN}$，丝杠直径 $d = 52\,\text{mm}$，长度 $L = 500\,\text{mm}$，材料是优质碳钢。试求丝杠的工作稳定安全系数。

15.6 如图 15.11 所示为简易起重机，其 BD 杆为 20 号槽钢，材料为 Q235 钢，起重机的最大起重量是 $F = 40\,\text{kN}$。若 $[n_w] = 5.0$，试校核 BD 杆的稳定性。

15.7 如图 15.12 所示托架的 AB 杆，直径 $d = 40\,\text{mm}$，长度 $l = 800\,\text{mm}$，两端可视为铰支。材料为 Q235 钢，若实际载荷 $F = 70\,\text{kN}$，AB 杆规定的稳定安全系数 $[n_w] = 2.0$，试问此托架是否安全？

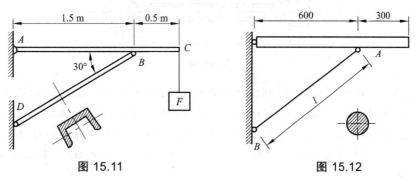

图 15.11   图 15.12

15.8　图 15.13 所示蒸汽机活塞杆 AB 受活塞传来的轴向压力为 $F = 120 \text{ kN}$，$l = 1.8 \text{ m}$，截面为圆形 $d = 75 \text{ mm}$。材料为 Q275 钢，$E = 210 \text{ GPa}$，$\sigma_p = 240 \text{ MPa}$。规定 $[n_w] = 8$，试校核活塞杆的稳定性。

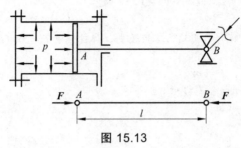

图 15.13

15.9　如图 15.14 所示为材料相同、直径相等的三根细长压杆，试判断哪一根杆能承受的压力最大？哪一根杆承受的压力最小？若材料的弹性模量 $E = 200 \text{ GPa}$，杆的直径 $d = 160 \text{ mm}$，试求各杆的临界力。

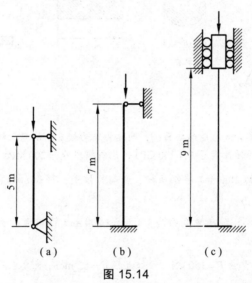

图 15.14

15.10　图 15.15 所示为某型飞机起落架中承受轴向压力的斜撑杆。杆为空心圆管，外径 $D = 52 \text{ mm}$，内径 $d = 44 \text{ mm}$，$l = 950 \text{ mm}$。材料为 30CrMnSiNi2A，$\sigma_b = 1\ 600 \text{ MPa}$，$\sigma_p = 1\ 200 \text{ MPa}$，$E = 210 \text{ GPa}$。试求斜撑杆临界压力和临界应力。

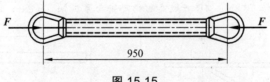

图 15.15

15.11　如图 15.16 所示铰接杆系 ABC 中，AB 和 BC 皆为细长压杆，且截面相同，材料一样。若因在 ABC 平面内失稳而破坏，并规定 $0 < \theta < \pi/2$，试确定 F 为最大值时的 θ 角。

15.12　某快锻水压机工作台油缸柱塞如图 15.17 所示。已知油压 $p = 32 \text{ MPa}$，柱塞直径 $d = 120 \text{ mm}$，伸入油缸的最大行程 $l = 1\ 600 \text{ mm}$，材料为 45 钢，$\sigma_p = 280 \text{ MPa}$，$E = 210 \text{ GPa}$。试求柱塞的工作安全系数。

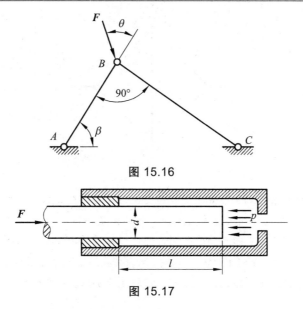

图 15.16

图 15.17

15.13　如图 15.18 所示结构，力 F 作用线沿铅垂方向。AC 和 BC 均为圆截面杆，其直径分别为 $d_{AC}=16\ \mathrm{mm}$，$d_{BC}=14\ \mathrm{mm}$，材料为低碳钢，$E=206\ \mathrm{GPa}$，直线公式系数 $a=310\ \mathrm{MPa}$，$b=1.14\ \mathrm{MPa}$。$\lambda_p=105$，$\lambda_s=61.4$，稳定安全系数 $[n_w]=2.4$，试校核结构的稳定性。

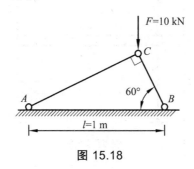

图 15.18

15.14　图 15.19 所示 1、2 杆均为圆截面，直径相同，$d=40\ \mathrm{mm}$，弹性模量 $E=200\ \mathrm{GPa}$，材料的许用应力 $[\sigma]=120\ \mathrm{MPa}$，适用欧拉公式的临界柔度为 90，并规定稳定安全系数 $[n_w]=2$，试求许可载荷 $[F]$。

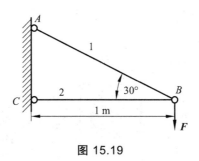

图 15.19

15.15　图 15.20 所示正方形桁架结构由五根圆钢杆组成，各杆直径均为 $d=40\ \mathrm{mm}$，$a=1.5\ \mathrm{m}$，材料均为 Q235 钢，$[\sigma]=160\ \mathrm{MPa}$，$E=206\ \mathrm{GPa}$，弹性屈曲（失稳）的临界柔度值 $\lambda_p=132$，连接处均为铰链。试求结构的许可载荷 $[F]$。

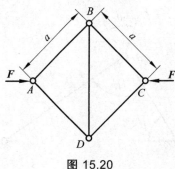

图 15.20

15.16　证明：边长为 a 的正方形截面压杆和直径为 d 的圆截面压杆，当它们的材料、杆长、两端约束条件均相同时，要使两杆的临界应力相同，必须满足条件：$a = \sqrt{3}d/2$。

15.17　图 15.21 所示结构中的杆 AD 和 AG 材料均为 Q235 钢，$E = 206\,\text{GPa}$，$\sigma_{\text{p}} = 200\,\text{MPa}$，$\sigma_{\text{s}} = 235\,\text{MPa}$，$a = 304\,\text{MPa}$，$b = 1.12\,\text{MPa}$，$[\sigma] = 160\,\text{MPa}$。两杆均为圆截面杆，杆 AD 的直径为 $d_1 = 40\,\text{mm}$，杆 AG 的直径为 $d_2 = 25\,\text{mm}$。横梁 ABC 可视为刚体，规定的稳定安全系数 $[n_{\text{w}}] = 3$，试求 F 的许可值。

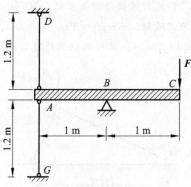

图 15.21

15.18　图 15.22 所示压杆，当截面绕 z 轴失稳时，两端视为铰支；绕 y 轴失稳时，两端视为固定端。已知：$[\sigma] = 160\,\text{MPa}$，试按折减系数法校核该压杆的稳定性。

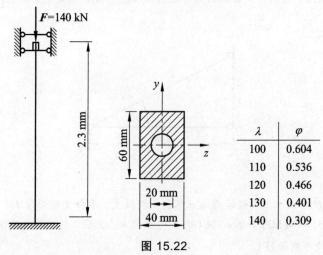

λ	φ
100	0.604
110	0.536
120	0.466
130	0.401
140	0.309

图 15.22

15.19 图 15.23 所示简易吊车的摇臂,最大载重量 $G=20\,\text{kN}$ 。已知圆环截面钢杆 AB 外径 $D=50\,\text{mm}$,内径 $d=40\,\text{mm}$ 。许用应力 $[\sigma]=140\,\text{MPa}$ 。试按折减系数法校核此杆的稳定性。

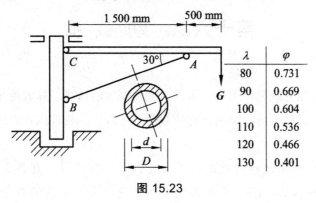

λ	φ
80	0.731
90	0.669
100	0.604
110	0.536
120	0.466
130	0.401

图 15.23

第十六章 动 载 荷

前面各章讨论了在静载荷作用下，构件强度和刚度的计算。**静载荷**是指载荷从零开始缓慢地增加到最终值，以后不再随时间变化的载荷。可以认为构件内各点的加速度很小，可以不计。

在实际问题中有些高速旋转的部件或加速提升的构件等，其各点的加速度很明显。若载荷位置明显随时间而改变，或构件内各点的速度发生显著的变化，这些情况都属于**动载荷**。

构件中因动载荷而引起的应力称为**动应力**。实验结果表明，只要应力不超过材料的比例极限，胡克定律仍适用于动载荷下应力、应变的计算，弹性模量也与静载荷下的数值相同。

本章主要讨论下述两类问题：（1）构件有加速度时的应力计算；（2）构件受冲击时的应力计算。

第一节 构件有加速度时的应力计算

一、构件作匀加速直线运动时的应力

现以钢索以匀加速 a 提升重物为例（图 16.1（a）），来说明构件作匀加速直线运动时钢索动应力和动变形的分析方法。设钢索横截面面积为 A，其许用应力为 $[\sigma]$，物体重 P，钢索自重不计。以重物为研究对象，如图 16.1（b）所示。作用于物体上的力有钢索拉力 F_d，物体自重 P，由于物体作匀加速运动，此二力并不是一个平衡力系，根据牛顿第二定律，有运动方程

$$F_d - P = \frac{P}{g}a \tag{a}$$

由此得

$$F_d = P\left(1 + \frac{a}{g}\right) \tag{b}$$

式中，g 为重力加速度。

钢索为轴向拉伸，横截面上的正应力是均匀分布的，这样，此截面上的动应力 σ_d 的计算公式为

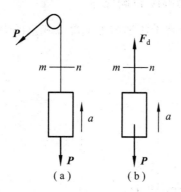

图 16.1

$$\sigma_d = \frac{F_d}{A} = \frac{P}{A}\left(1 + \frac{a}{g}\right) \tag{c}$$

当加速度等于零时，钢索是在静载荷作用之下，其静应力为

$$\sigma_{st} = \frac{P}{A} \tag{d}$$

将（d）式代入（c）式得

$$\sigma_d = \sigma_{st}\left(1 + \frac{a}{g}\right) \tag{e}$$

括号中的因子可称为**动荷因素**，并记为

$$K_d = \left(1 + \frac{a}{g}\right) \tag{f}$$

于是，（e）式可写成

$$\sigma_d = K_d \sigma_{st} \tag{16.1}$$

上式表明：**动应力等于静应力乘以动荷因素**。强度条件可写为

$$\sigma_d = K_d \sigma_{st} \leqslant [\sigma] \tag{16.2}$$

式中，$[\sigma]$ 为材料在静载荷下的许用应力。

构件在动载荷作用下产生的各种响应（如应力、应变、位移等），称为**动响应**。

动荷因素 = 动应力/静应力

同理，对应变和位移有与上式相类似的关系，即

动荷因素 = 动响应/静响应

上例也可使用**动静法**：在重物上添加与加速度 a 相反的惯性力 $\dfrac{P}{g}a$，将（a）式写为平衡方程

$$F_{\mathrm{d}} - P - \frac{P}{g}a = 0$$

则后续过程均与上例相同。

二、构件作匀速转动时的应力

以作匀速旋转的圆环为例，使用动静法求解环内动应力。设圆环以匀角速度 ω 绕通过圆心且垂直于纸面的轴旋转（图 16.2（a））。若圆环的厚度远小于平均直径 D，则可以认为环内各点的向心加速度大小相等，都等于 $\dfrac{D\omega^2}{2}$，以 A 表示圆环横截面面积，ρ 表示单位体积的质量。于是沿圆环轴线均匀分布的惯性力的集度为 $q_{\mathrm{d}} = A\rho a_n = \dfrac{A\rho D\omega^2}{2}$，方向背离圆心，如图 16.2（b）所示。由于环内各截面应力相等，可取半个圆环为研究对象，如图 16.2（c）所示。在横截面上作用有垂直于横截面的内力 F_{Nd}，与圆环上均匀分布的惯性力相平衡。由半个圆环的平衡方程 $\sum F_y = 0$，得

$$2F_{\mathrm{Nd}} = \int_0^{\pi} q_{\mathrm{d}} \sin\varphi \cdot \frac{D}{2}\mathrm{d}\varphi = q_{\mathrm{d}}D$$

$$F_{\mathrm{Nd}} = \frac{q_{\mathrm{d}}D}{2} = \frac{A\rho D^2 \omega^2}{4}$$

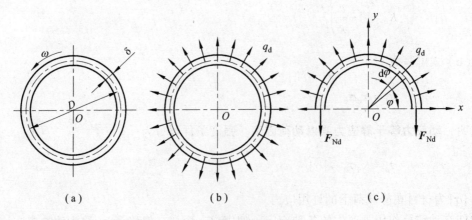

（a）　　　　　　　　　（b）　　　　　　　　　（c）

图 16.2

由此得圆环横截面上的应力为

$$\sigma_d = \frac{F_{Nd}}{A} = \frac{\rho D^2 \omega^2}{4} = \rho v^2 \qquad (16.3)$$

式中 $v = \dfrac{D\omega}{2}$ 是圆环轴线上各点的线速度。强度条件为

$$\sigma_d = \rho v^2 \leqslant [\sigma] \qquad (16.4)$$

式中，σ_d 为动应力，$[\sigma]$ 为材料在静载荷下的许用应力。

从以上两式可以看出，环内应力与环的横截面面积 A 无关。要保证强度，应限制圆环的转速。增加横截面面积无济于事。

【**例 16.1**】 在 AB 轴的 B 端有一个质量很大的飞轮（图 16.3）。与飞轮相比，轴的质量可以忽略不计。轴的另一端装有刹车离合器。飞轮的转速为 $n = 100 \text{ r/min}$，转动惯量为 $I_x = 0.5 \text{ kN} \cdot \text{m} \cdot \text{s}^2$。轴的直径 $d = 100 \text{ mm}$。刹车时使轴在 10 s 内均匀减速停止转动。求轴内最大动应力。

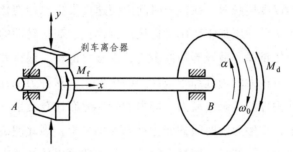

图 16.3

解：飞轮与轴的转动角速度为

$$\omega_0 = \frac{n\pi}{30} = \frac{10\pi}{3} \text{ rad/s}$$

当飞轮与轴作均匀减速转动时，其角加速度为

$$\alpha = \frac{\omega_1 - \omega_0}{t} = \frac{0 - \dfrac{10\pi}{3}}{10} = -\frac{\pi}{3} \text{ rad/s}^2$$

等号右边的负号只是表示 α 与 ω_0 的方向相反（图 16.3）。按动静法，在飞轮上加上方向与 α 相反的惯性力偶 M_d，且

$$M_d = -I_x \alpha = -(0.5)\left(-\frac{\pi}{3}\right) = \frac{0.5\pi}{3} \text{ kN} \cdot \text{m}$$

设作用于轴上的摩擦力矩为 M_f，由平衡方程 $\sum M_x = 0$，求出

$$M_f = M_d = \frac{0.5\pi}{3} \text{ kN} \cdot \text{m}$$

AB 轴由于摩擦力矩 M_f 和惯性力矩 M_d 引起扭转变形，横截面上的扭矩为

$$T = M_d = \frac{0.5\pi}{3} \text{ kN} \cdot \text{m}$$

横截面上的最大扭转切应力为

$$\tau_{max} = \frac{T}{W_t} = \frac{\dfrac{0.5\pi}{3} \times 10^3}{\dfrac{\pi}{16}(100 \times 10^{-3})^3} = 2.67 \times 10^6 \text{ Pa} = 2.67 \text{ MPa}$$

第二节　构件受冲击时的应力和变形

当两物体以很大的速度接触时，在极短时间内使速度发生急剧变化的现象称为**冲击**。如重锤打桩、锻锤锻造、金属冲压加工、用铆钉枪进行铆接、高速转动的飞轮或砂轮突然刹车等在上述的一些例子中，重锤、锻锤等为冲击物，而被打的桩、锻件和固结飞轮的轴等则是被冲击的构件。冲击物将很大的力施加于被冲击的构件上，这种力工程上称为**冲击力**或**冲击载荷**。在冲击物与受冲构件的接触区域内，应力和变形分布比较复杂，且冲击持续时间非常短促，加速度不易确定，接触力随时间的变化难以准确分析，因此冲击问题的精确计算十分困难。下面介绍能量法求解。能量法因概念简单，且大致可以估算冲击时的应力和变形，工程上使用较广。基本假设如下：

（1）将冲击物视为刚体，忽略其变形。从开始冲击到冲击产生最大位移时，冲击物与被冲击构件一起运动，而不发生回弹。

（2）忽略被冲击物的质量，将其视作无质量的线弹性体。认为冲击载荷引起的应力和变形，在冲击瞬时遍及被冲击构件。

（3）冲击过程中没有其他能量的转换（如热能），机械能守恒定律仍成立。

这样，冲击前、后过程中动能 T 和势能 V 之和不变，可用下式表示

$$T_1 + V_1 = T_2 + V_2 \tag{16.5}$$

机械能守恒定律的另一种表达式为：冲击物在冲击过程中所减少的动能 T 和势能 V，等于被冲击构件内所增加的应变能 V_{ed}。即

$$T + V = V_{ed} \tag{16.6}$$

下面分析几类常见的冲击问题。

一、重物自由下落的冲击问题

现以简支梁为例，求解构件受冲击时的应力和变形。

图 16.4 所示的简支梁，在其上方 h 处，有一重量为 P 的物体，自由落下后，冲击在梁的中点。冲击终了时，冲击载荷及梁的位移都达到最大值，分别为 F_d 和 Δ_d。将梁视为线弹性体，刚性系数为 k。

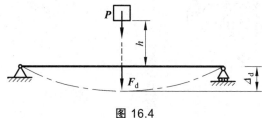

图 16.4

冲击之前重物和梁的速度都为零，到冲击终了时，重物和梁的速度也都为零，因此初、末系统的动能的都为零，即

$$T_1 = T_2 = 0 \tag{a}$$

设重物未落时位置为零势能点，重物初、末时势能分别为

$$V_{1P} = 0 \tag{b}$$

$$V_{2P} = -P(h + \Delta_d) \tag{c}$$

梁初、末时势能分别为

$$V_{1k} = 0 \tag{d}$$

$$V_{2k} = \frac{1}{2}k\Delta_d^2 \quad（\text{即梁发生变形后的弹性势能}） \tag{e}$$

因为假设在冲击过程中，被冲击构件仍在弹性范围内，故冲击力和冲击位移之间存在线性关系，即

$$F_d = k\Delta_d \tag{f}$$

这一表达式与静载时相类似

$$P = k\Delta_{st} \tag{g}$$

式中 P 为静载，Δ_{st} 为静位移。

因为只有重力，根据机械能守恒定律，重物下落前到冲击终了后，系统的机械能守恒。将式（a）、（b）、（c）、（d）及（e）代入式（16.5）后，有

$$\frac{1}{2}k\Delta_d^2 - P(h + \Delta_d) = 0 \tag{h}$$

由式（g），得 $k = \dfrac{P}{\varDelta_{st}}$，则式（h）改写为

$$\varDelta_d^2 - 2\varDelta_{st}\varDelta_d - 2\varDelta_{st}h = 0 \tag{i}$$

由此解出动位移

$$\varDelta_d = \varDelta_{st}\left(1 + \sqrt{1 + \dfrac{2h}{\varDelta_{st}}}\right) \tag{16.7}$$

根据式（f）、（g）可得

$$\dfrac{F_d}{P} = \dfrac{\varDelta_d}{\varDelta_{st}}$$

代入式（16.6）可得

$$F_d = P\left(1 + \sqrt{1 + \dfrac{2h}{\varDelta_{st}}}\right) \tag{16.8}$$

这一结果表明，最大冲击载荷与静位移有关，即与梁的刚度 EI 有关，梁的刚度越小，静位移越大，冲击载荷将相应地减小。

讨论：将重物突然放置于梁上（即突然加载），$h = 0$，由式（16.7）和（16.8）可得

$$\varDelta_d = 2\varDelta_{st}$$
$$F_d = 2P$$

即动位移是静位移的 2 倍，动应力是静应力的 2 倍。

引用记号

$$K_d = 1 + \sqrt{1 + \dfrac{2h}{\varDelta_{st}}} \tag{16.9}$$

称为**动荷系数**，动荷系数反映了冲击作用影响。在线弹性范围内，载荷、位移和应力成正比，即

$$\dfrac{F_d}{P} = \dfrac{\varDelta_d}{\varDelta_{st}} = \dfrac{\sigma_d}{\sigma_{st}} = K_d$$

由此可见，动荷系数 K_d 乘以静载荷、静位移或静应力，就可以求解动载荷、动位移或动应力，即

$$F_d = K_d P$$
$$\varDelta_d = K_d \varDelta_{st}$$
$$\sigma_d = K_d \sigma_{st}$$

二、物体的水平冲击问题

设一重为 P 的物体，冲击一弹性构件，如图 16.5 所示。冲击过程中重物的势能不变，则势能的改变 $V = 0$。若冲击物与构件接触时的速度为 v，动能为 $T_{1P} = \dfrac{1}{2}\dfrac{P}{g}v^2$，冲击后 $T_{2P} = 0$，则动能的改变为 $\dfrac{1}{2}\dfrac{P}{g}v^2$。冲击载荷所做的功使构件发生形变，在线弹性范围内功的大小为 $\dfrac{1}{2}F_d \Delta_d$，即构件所增加的应变能 $V_{\varepsilon d}$。根据机械能守恒定律，有

$$\frac{1}{2}\frac{P}{g}v^2 = \frac{1}{2}F_d \Delta_d \tag{a}$$

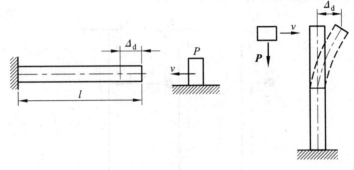

图 16.5

由比值关系 $\dfrac{F_d}{P} = \dfrac{\Delta_d}{\Delta_{st}}$，$\Delta_d = \dfrac{F_d}{P}\Delta_{st}$ 代入上式得

$$F_d = \sqrt{\frac{v^2}{g\Delta_{st}}}P = K_d P \tag{b}$$

同理

$$\Delta_d = \sqrt{\frac{v^2}{g\Delta_{st}}}\Delta_{st} = K_d \Delta_{st} \tag{c}$$

$$\sigma_d = \sqrt{\frac{v^2}{g\Delta_{st}}}\sigma_{st} = K_d \sigma_{st} \tag{d}$$

式（b）、（c）（d）中，K_d 为动荷系数，其值为

$$K_d = \sqrt{\frac{v^2}{g\Delta_{st}}} \tag{16.10}$$

可见在冲击问题中，如能增大静位移 Δ_{st}，就可以降低冲击载荷 F_d 和冲击应力 σ_d。但是，增加静位移应尽量避免增加静应力 σ_{st}，否则，降低了动荷系数 K_d，却又增加了静应力，结

果动应力未必就会降低。

　　在实际冲击过程中，不可避免地会有声、热等其他能量损耗，因此，被冲击构件内所增加的应变能 V_{ed} 将小于冲击物所减少的能量 $(T+V)$。这表明由机械能守恒定律所算出的动荷系数 K_d 是偏大的，因而，这种近似计算是偏于安全的。

　　强度条件为

$$\sigma_d = K_d \sigma_{stmax} \leqslant [\sigma]$$

式中，σ_d 为动应力，$\sigma_{s\,tmax}$ 为最大静应力，$[\sigma]$ 为材料在静载荷下的许用应力。

　　【例 16.2】　一下端固定、长度为 l 的铅直圆截面杆 AB，在 C 点处被一物体 G 沿水平方向冲击，如图 16.6（a）所示。已知 C 点到杆下端的距离为 a，物体 G 的重量为 P，与杆接触时的速度为 v。试求杆在危险点处的冲击应力。

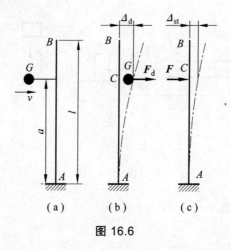

图 16.6

　　解：在冲击过程中，物体 G 的速度由 v 减低到零，所以动能的减少为 $T = \dfrac{1}{2}\dfrac{P}{g}v^2$，又因冲击沿水平方向，所以物体的势能不变，则 $V = 0$。杆件增加的应变能为 $V_{ed} = \dfrac{1}{2}F_d \Delta_d$。

　　由机械能守恒定律，有

$$\frac{1}{2}\frac{P}{g}v^2 = \frac{1}{2}F_d \Delta_d \tag{a}$$

由于杆受水平方向的冲击后发生弯曲，所以为杆在被冲击点 C 处冲击挠度，如图 16.6（b）所示。其与 F_d 间的关系为 $\Delta_d = \dfrac{F_d a^3}{3EI}$，由此得 $F_d = \dfrac{3EI}{a^3}\Delta_d$，代入式（a），则有

$$\frac{1}{2}\frac{P}{g}v^2 = \frac{1}{2}\frac{3EI}{a^3}\Delta_d^2$$

解得

$$\varDelta_{\mathrm{d}} = \sqrt{\frac{v^2}{g}\left(\frac{Pa^3}{3EI}\right)} = \sqrt{\frac{v^2}{g}\varDelta_{\mathrm{st}}} = \sqrt{\frac{v^2}{g\varDelta_{\mathrm{st}}}}\varDelta_{\mathrm{st}}$$

式中，$\varDelta_{\mathrm{st}} = \left(\dfrac{Pa^3}{3EI}\right)$，是杆在 C 点受到一个数值等于冲击物重量的水平力 P 作用时，该点的静

挠度，如图 16.6（c）所示。而 $\sqrt{\dfrac{v^2}{g\varDelta_{\mathrm{st}}}}$ 为动荷因数 K_{d}。

当杆在 C 点受水平力 P 作用时，杆的固定端横截面最外边缘是危险点，此处的静应力为

$$\sigma_{\mathrm{st}} = \frac{M_{\max}}{W} = \frac{Pa}{W}$$

于是杆在危险点处的冲击应力为

$$\sigma_{\mathrm{d}} = K_{\mathrm{d}}\sigma_{\mathrm{st}} = \sqrt{\frac{v^2}{g\varDelta_{\mathrm{st}}}} \cdot \frac{Pa}{W}$$

小 结

拓展学习 16

16.1　本章讨论了两类动载荷问题。一类是作匀加速直线运动时物体动应力和动变形的分析方法，常用动静法；第二类是构件受冲击时的应力和变形计算，采用能量法。

能量法应用机械能守恒的方法，它的两种表达式分别为

$$T_1 + V_1 = T_2 + V_2$$

式中 $(T_1 + V_1)$ 和 $(T_2 + V_2)$ 为冲击前、后动能和势能之和。

$$T + V = V_{\varepsilon\mathrm{d}}$$

即冲击物在冲击过程中所减少的动能 T 和势能 V，等于被冲击构件内所增加的应变能 $V_{\varepsilon\mathrm{d}}$。

16.2　一些基本概念。

（1）**静载荷**是指载荷从零开始缓慢地增加到最终值，以后不再随时间变化的载荷。

（2）**动载荷**是指载荷位置明显随时间而改变，或构件内各点的速度发生显著的变化。

（3）**动应力**是指构件中因动载荷而引起的应力。

（4）**冲击**是指当两物体以很大速度接触时，在极短时间内使速度发生急剧变化的现象。

冲击物将很大的力施加于被冲击的构件上，这种力工程上称为**冲击力**或**冲击载荷**。

构件在动载荷作用下产生的各种响应（如应力、应变、位移等），称为**动响应**。

16.3　动荷因数 K_{d}：动荷因素 = 动响应/静响应。

自由落体冲击时

$$K_\mathrm{d} = 1 + \sqrt{1 + \frac{2h}{\varDelta_\mathrm{st}}}$$

突然加载 $K_\mathrm{d} = 2$

水平冲击

$$K_\mathrm{d} = \sqrt{\frac{v^2}{g\varDelta_\mathrm{st}}}$$

动荷系数 K_d 乘以静载荷、静位移或静应力，就可以求解动载荷、动位移或动应力，即

$$F_\mathrm{d} = K_\mathrm{d}F , \quad \varDelta_\mathrm{d} = K_\mathrm{d}\varDelta_\mathrm{st} , \quad \sigma_\mathrm{d} = K_\mathrm{d}\sigma_\mathrm{st}$$

16.4　被冲击物体的强度条件

$$\sigma_\mathrm{d} = K_\mathrm{d}\sigma_{s\,\mathrm{tmax}} \leqslant [\sigma]$$

思 考 题

16.1　为什么构件受冲击时的应力和变形计算，不宜采用动静法，而采用能量法？

16.2　冲击动荷因素与哪些因素有关？为什么刚度越大的构件越容易出现破坏？在汽车大梁与轮轴之间安装压缩弹簧，有何优点？

16.3　为什么说由机械能守恒定律所算出的动荷系数 K_d 是偏大的，因而，这种近似计算是偏于安全的？

16.4　图 16.7 所示的三根杆材料相同，承受自同样高度 H 落下相同重物 P 的冲击。试问哪一根杆的动荷系数最大？哪一根杆的动荷系数最小？

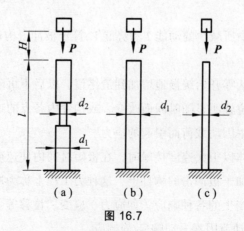

图 16.7

习 题

16.1 材料相同的两根杆，一为等截面，一为变截面（图16.8）。$a = 200\text{ mm}$，$A = 10\text{ mm}^2$。物体的重量为 $P = 10\text{ N}$，从高度为 $h = 100\text{ mm}$ 处自由下落。已知 $E = 200\text{ GPa}$，试求两杆的冲击应力。

16.2 飞轮（图16.9）的最大圆周速率 $v = 25\text{ m/s}$，材料密度为 $7.41 \times 10^3\text{ kg/m}^3$。若不计轮辐的影响，试求轮缘内的最大正应力。

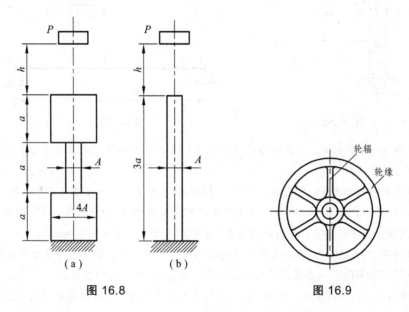

图 16.8   图 16.9

16.3 AD 轴以匀角速度 ω 转速。在轴的纵向对称面内，于轴线的两侧有两个重为 P 的偏心载荷（图16.10）。试求轴内最大弯矩。

16.4 用钢索起吊 $P = 60\text{ kN}$ 的重物（图16.11），并在第一秒内以等加速度上升 2.5 m。试求钢索横截面上的轴力 F_{Nd}（不计钢索的质量）。

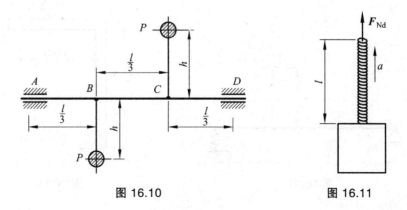

图 16.10   图 16.11

16.5 钢杆的下端有一个固定圆盘，盘上放置弹簧（图16.12）。弹簧在 1 kN 的静载荷作用下缩短了 0.062 5 cm。钢杆的直径 $d = 4$ cm，$l = 4$ m，许用应力 $[\sigma] = 120$ MPa，$E = 200$ GPa。若有重为 15 kN

的重物自由落下，求许可高度 h。若没有弹簧，则许可高度 h 又等于多少？

16.6 重量为 P 的重物自高度 h 下落冲击梁上的 C 点（图 16.13）。设梁的 E、I 及抗弯截面系数 W 皆为已知量。试求梁内最大正应力及梁的跨中挠度。

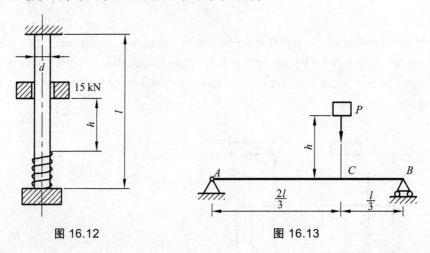

图 16.12   图 16.13

16.7 将图 16.14 中右边支座 B 改为弹性系数为 k（N/m）的弹簧，其余条件均不改变。试求梁内最大正应力及梁的跨中挠度。

16.8 等截面钢架如图 16.15 所示，重为 P 的物体自高度 h 处自由下落冲击到钢架的 A 点处。已知 $P = 300\ N$，$h = 50\ mm$，$E = 200\ GPa$。试求截面 A 的竖直位移 Δ_{Ay} 和钢架内的最大冲击正应力 $\sigma_{d\max}$。（不计钢架的质量，也不计轴力、剪力对钢架变形的影响，图中尺寸单位为 mm）

16.9 重量为 $P = 5\ kN$ 的物体自高度 $h = 10\ mm$ 处自由下落，冲击到 20b 号工字钢梁的 B 点处（图 16.16）。已知 $E = 210\ GPa$。试求梁内最大冲击正应力 $\sigma_{d\max}$。（不计梁的自重）

16.10 重为 $P = 2\ kN$ 的冰块，以 $v = 1\ m/s$ 的速度沿水平方向冲击在木桩的上端（图 16.17）。木桩长 $l = 3\ m$，直径 $d = 200\ mm$，弹性模量 $E = 11\ GPa$。试求木桩的最大冲击正应力 $\sigma_{d\max}$。（不计木桩的自重）

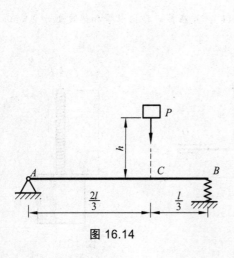

图 16.14

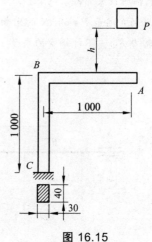

图 16.15

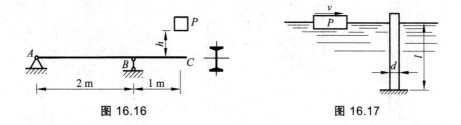

图 16.16　　　　　　　　　　图 16.17

附录　型钢表

表1　热轧等边角钢（GB 9787—88）

符号意义：b——边宽度；
d——边厚度；
r——内圆弧半径；
r_1——边端内圆弧半径；
I——惯性矩；
i——惯性半径；
W——截面系数；
z_0——重心距离。

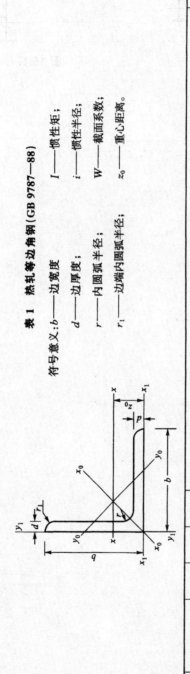

角钢号数	尺寸 mm			截面面积 cm²	理论质量 kg/m	外表面积 m²/m	参考数值												
							$x-x$			x_0-x_0			y_0-y_0			x_1-x_1	z_0	
	b	d	r				I_x cm⁴	i_x cm	W_x cm³	I_{x0} cm⁴	i_{x0} cm	W_{x0} cm³	I_{y0} cm⁴	i_{y0} cm	W_{y0} cm³	I_{x1} cm⁴	cm	
2	20	3	3.5	1.132	0.889	0.078	0.40	0.59	0.29	0.63	0.75	0.45	0.17	0.39	0.20	0.81	0.60	
	20	4		1.459	1.145	0.077	0.50	0.58	0.36	0.78	0.73	0.55	0.22	0.38	0.24	1.09	0.64	
2.5	25	3	3.5	1.432	1.124	0.098	0.82	0.76	0.46	1.29	0.95	0.73	0.34	0.49	0.33	1.57	0.73	
	25	4		1.859	1.459	0.097	1.03	0.74	0.59	1.62	0.93	0.92	0.43	0.48	0.40	2.11	0.76	

型号	b	d	r														
3.0	30	3	4.5	1.749	1.373	0.117	1.46	0.91	0.68	2.31	1.15	1.09	0.61	0.59	0.51	2.71	0.85
		4		2.276	1.786	0.117	1.84	0.90	0.87	2.92	1.13	1.37	0.77	0.58	0.62	3.63	0.89
3.6	36	3	4.5	2.109	1.656	0.141	2.58	1.11	0.99	4.09	1.39	1.61	1.07	0.71	0.76	4.68	1.00
		4		2.756	2.163	0.141	3.29	1.09	1.28	5.22	1.38	2.05	1.37	0.70	0.93	6.25	1.04
		5		3.382	2.654	0.141	3.95	1.08	1.56	6.24	1.36	2.45	1.65	0.70	1.09	7.84	1.07
4.0	40	3	5	2.359	1.852	0.157	3.59	1.23	1.23	5.69	1.55	2.01	1.49	0.79	0.96	6.41	1.09
		4		3.086	2.422	0.157	4.60	1.22	1.60	7.29	1.54	2.58	1.91	0.79	1.19	8.56	1.13
		5		3.791	2.976	0.156	5.53	1.21	1.96	8.76	1.52	3.10	2.30	0.78	1.39	10.74	1.17
4.5	45	3	5	2.659	2.088	0.177	5.17	1.40	1.58	8.20	1.76	2.58	2.14	0.89	1.24	9.12	1.22
		4		3.486	2.736	0.177	6.65	1.38	2.05	10.56	1.74	3.32	2.75	0.89	1.54	12.18	1.26
		5		4.292	3.369	0.176	8.04	1.37	2.51	12.74	1.72	4.00	3.33	0.88	1.81	15.25	1.30
		6		5.076	3.985	0.176	9.33	1.36	2.95	14.76	1.70	4.64	3.89	0.88	2.06	18.36	1.33
5	50	3	5.5	2.971	2.332	0.197	7.18	1.55	1.96	11.37	1.96	3.22	2.98	1.00	1.57	12.50	1.34
		4		3.897	3.059	0.197	9.26	1.54	2.56	14.70	1.94	4.16	3.82	0.99	1.96	16.69	1.38
		5		4.803	3.770	0.196	11.21	1.53	3.13	17.79	1.92	5.03	4.64	0.98	2.31	20.90	1.42
		6		5.688	4.465	0.196	13.05	1.52	3.68	20.68	1.91	5.85	5.42	0.98	2.63	25.14	1.46
5.6	56	3	6	3.343	2.624	0.221	10.19	1.75	2.48	16.14	2.20	4.08	4.24	1.13	2.02	17.56	1.48
		4		4.390	3.446	0.220	13.18	1.73	3.24	20.92	2.18	5.28	5.46	1.11	2.52	23.43	1.53
		5		5.415	4.251	0.220	16.02	1.72	3.97	25.42	2.17	6.42	6.61	1.10	2.98	29.33	1.57
		8		8.367	6.568	0.219	23.63	1.68	6.03	37.37	2.11	9.44	9.89	1.09	4.16	47.24	1.68

续表

角钢号数	尺寸 mm b	d	r	截面面积 cm²	理论质量 kg/m	外表面积 m²/m	$x-x$ I_x cm⁴	i_x cm	W_x cm³	x_0-x_0 I_{x0} cm⁴	i_{x0} cm	W_{x0} cm³	y_0-y_0 I_{y0} cm⁴	i_{y0} cm	W_{y0} cm³	x_1-x_1 I_{x1} cm⁴	z_0 cm
6.3	63	4	7	4.978	3.907	0.248	19.03	1.96	4.13	30.17	2.46	6.78	7.89	1.26	3.29	33.35	1.70
		5		6.143	4.822	0.248	23.17	1.94	5.08	36.77	2.45	8.25	9.57	1.25	3.90	41.73	1.74
		6		7.288	5.721	0.247	27.12	1.93	6.00	43.03	2.43	9.66	11.20	1.24	4.46	50.14	1.78
		8		9.515	7.469	0.247	34.46	1.90	7.75	54.56	2.40	12.25	14.33	1.23	5.47	67.11	1.85
		10		11.657	9.151	0.246	41.09	1.88	9.39	64.85	2.36	14.56	17.33	1.22	6.36	84.31	1.93
7	70	4	8	5.570	4.372	0.275	26.39	2.18	5.14	41.80	2.74	8.44	10.99	1.40	4.17	45.74	1.86
		5		6.875	5.397	0.275	32.21	2.16	6.32	51.08	2.73	10.32	13.34	1.39	4.95	57.21	1.91
		6		8.160	6.406	0.275	37.77	2.15	7.48	59.93	2.71	12.11	15.61	1.38	5.67	68.73	1.95
		7		9.424	7.398	0.275	43.09	2.14	8.59	68.35	2.69	13.81	17.82	1.38	6.34	80.29	1.99
		8		10.667	8.373	0.274	48.17	2.12	9.68	76.37	2.68	15.43	19.98	1.37	6.98	91.92	2.03
7.5	75	5	9	7.412	5.818	0.295	39.97	2.33	7.32	63.30	2.92	11.94	16.63	1.50	5.77	70.56	2.04
		6		8.797	6.905	0.294	46.95	2.31	8.64	74.38	2.90	14.02	19.51	1.49	6.67	84.55	2.07
		7		10.160	7.976	0.294	53.57	2.30	9.93	84.96	2.89	16.02	22.18	1.48	7.44	98.71	2.11
		8		11.503	9.030	0.294	59.96	2.28	11.20	95.07	2.88	17.93	24.86	1.47	8.19	112.97	2.15
		10		14.126	11.089	0.293	71.98	2.26	13.64	113.92	2.84	21.48	30.05	1.46	9.56	141.71	2.22

型号	b	r	d	截面面积	理论重量	外表面积											
8	89	9	5	7.912	6.211	0.315	48.79	2.48	8.34	77.33	3.13	13.67	20.25	1.60	6.66	85.36	2.15
			6	9.397	7.376	0.314	57.35	2.47	9.87	90.98	3.11	16.08	23.72	1.59	7.65	102.50	2.19
			7	10.860	8.525	0.314	65.58	2.46	11.37	104.07	3.10	18.40	27.09	1.58	8.58	119.70	2.23
			8	12.303	9.658	0.314	73.49	2.44	12.83	116.60	3.08	20.61	30.39	1.57	9.46	136.97	2.27
			10	15.126	11.874	0.313	88.43	2.42	15.64	140.09	3.04	24.76	36.77	1.56	11.08	171.74	2.35
9	90	10	6	10.637	8.350	0.354	82.77	2.79	12.61	131.26	3.51	20.63	34.28	1.80	9.95	145.87	2.44
			7	12.301	9.656	0.354	94.83	2.78	14.54	150.47	3.50	23.64	39.18	1.78	11.19	170.30	2.48
			8	13.944	10.946	0.353	106.47	2.76	16.42	168.97	3.48	26.55	43.97	1.78	12.35	194.80	2.52
			10	17.167	13.476	0.353	128.58	2.74	20.07	203.90	3.45	32.04	53.26	1.76	14.52	244.07	2.59
			12	20.306	15.940	0.352	149.22	2.71	23.57	236.21	3.41	37.12	62.22	1.75	16.49	293.76	2.67
10	100	12	6	11.932	9.366	0.393	114.95	3.10	15.68	181.98	3.90	25.74	47.92	2.00	12.69	200.07	2.67
			7	13.796	10.830	0.393	131.86	3.09	18.10	208.97	3.89	29.55	54.74	1.99	14.26	233.54	2.71
			8	15.638	12.276	0.393	148.24	3.08	20.47	235.07	3.88	33.24	61.41	1.98	15.75	267.09	2.76
			10	19.261	15.120	0.392	179.51	3.05	25.06	284.68	3.84	40.26	74.35	1.96	18.54	334.48	2.84
			12	22.800	17.898	0.391	208.90	3.03	29.48	330.95	3.81	46.80	86.84	1.95	21.08	402.34	2.91
			14	26.256	20.611	0.391	236.53	3.00	33.73	374.06	3.77	52.90	99.00	1.94	23.44	470.75	2.99
			16	29.627	23.257	0.390	262.53	2.98	37.82	414.16	3.74	58.57	110.89	1.94	25.63	539.80	3.06

续表

角钢号数	\(b\) mm	\(d\) mm	\(r\) mm	截面面积 cm²	理论质量 kg/m	外表面积 m²/m	\(x-x\)			\(x_0-x_0\)			\(y_0-y_0\)			\(x_1-x_1\)	\(z_0\) cm
							\(I_x\) cm⁴	\(i_x\) cm	\(W_x\) cm³	\(I_{x0}\) cm⁴	\(i_{x0}\) cm	\(W_{x0}\) cm³	\(I_{y0}\) cm⁴	\(i_{y0}\) cm	\(W_{y0}\) cm³	\(I_{x1}\) cm⁴	
11	110	7	12	15.196	11.928	0.433	177.16	3.41	22.05	280.94	4.30	36.12	73.38	2.20	17.51	310.64	2.96
		8		17.238	13.532	0.433	199.46	3.40	24.95	316.49	4.28	40.69	82.42	2.19	19.39	355.20	3.01
		10		21.261	16.690	0.432	242.19	3.38	30.60	384.39	4.25	49.42	99.98	2.17	22.91	444.65	3.09
		12		25.200	19.782	0.431	282.55	3.35	36.05	448.17	4.22	57.62	116.93	2.15	26.15	534.60	3.16
		14		29.056	22.809	0.431	320.71	3.32	41.31	508.01	4.18	65.31	133.40	2.14	29.14	625.16	3.24
12.5	125	8	14	19.750	15.504	0.492	297.03	3.88	32.52	470.89	4.88	53.28	123.16	2.50	25.86	521.01	3.37
		10		24.373	19.133	0.491	361.67	3.85	39.97	573.89	4.85	64.93	149.46	2.48	30.62	651.93	3.45
		12		28.912	22.696	0.491	423.16	3.83	41.17	671.44	4.82	75.96	174.88	2.46	35.03	783.42	3.53
		14		33.367	26.193	0.490	481.65	3.80	54.16	763.73	4.78	86.41	199.57	2.45	39.13	915.61	3.61
14	140	10	14	27.373	21.488	0.551	514.65	4.34	50.58	817.27	5.46	82.56	212.04	2.78	39.20	915.11	3.82
		12		32.512	25.522	0.551	603.68	4.31	59.80	958.79	5.43	96.85	248.57	2.76	45.02	1099.28	3.90
		14		37.567	29.490	0.550	688.81	4.28	68.75	1093.56	5.40	110.47	284.06	2.75	50.45	1284.22	3.98
		16		42.539	33.393	0.549	770.24	4.26	77.46	1221.81	5.36	123.42	318.67	2.74	55.55	1470.07	4.06

参 考 数 值

型号	b	d	r	A	理论重量	外表面积										
16	160	10		31.502	24.729	0.630	779.53	4.98	66.70	1237.30	6.27	109.36	321.76	3.20	52.76	1365.33	4.31
		12		37.441	29.391	0.630	916.58	4.95	78.98	1455.68	6.24	128.67	377.49	3.18	60.74	1639.57	4.39
		14		43.296	33.987	0.629	1048.36	4.92	90.05	1665.02	6.20	147.17	431.70	3.16	68.24	1914.68	4.47
		16	16	49.067	38.518	0.629	1175.08	4.89	102.63	1865.57	6.17	164.89	484.59	3.14	75.31	2190.82	4.55
18	180	12		42.241	33.159	0.710	1321.35	5.59	100.82	2100.10	7.05	165.00	542.61	3.58	78.41	2332.80	4.89
		14		48.896	38.383	0.709	1514.48	5.56	116.25	2407.42	7.02	189.14	621.53	3.56	88.38	2723.48	4.97
		16		55.467	43.542	0.709	1700.99	5.54	131.13	2703.37	6.98	212.40	698.60	3.55	97.83	3115.29	5.05
		18		61.955	48.634	0.708	1875.12	5.50	145.64	2988.24	6.94	234.78	762.01	3.51	105.14	3502.43	5.13
20	200	14		54.642	42.894	0.788	2103.55	6.20	144.70	3343.26	7.82	236.40	863.83	3.98	111.82	3734.10	5.46
		16		62.013	48.680	0.788	2366.15	6.18	163.65	3760.89	7.79	265.93	971.41	3.96	123.96	4270.39	5.54
		18	18	69.301	54.401	0.787	2620.64	6.15	182.22	4164.54	7.75	294.48	1076.74	3.94	135.52	4808.13	5.62
		20		76.505	60.056	0.787	2867.30	6.12	200.42	4554.55	7.72	322.06	1180.04	3.93	146.55	5347.51	5.69
		24		90.661	71.168	0.785	3338.25	6.07	236.17	5294.97	7.64	374.41	1381.53	3.90	166.65	6457.16	5.87

注：截面图中的 $r_1 = 1/3d$ 及表中 r 值的数据用于孔型设计，不做交货条件。

表 2　热轧不等

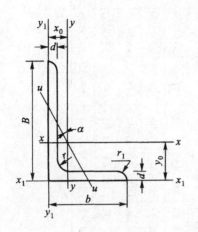

符号意义：

B ——长边宽度；

d ——边厚度；

r_1 ——边端内圆弧半径；

i ——惯性半径；

x_0 ——重心距离；

角 钢 号 数	尺寸 mm				截 面 面 积 cm^2	理 论 质 量 kg/m	外 表 面 积 m^2/m	参 $x - x$		
	B	b	d	r				I_x cm^4	i_x cm	W_x cm^3
2.5/1.6	25	16	3	3.5	1.162	0.912	0.080	0.70	0.78	0.43
			4		1.499	1.176	0.079	0.88	0.77	0.55
3.2/2	32	20	3		1.492	1.171	0.102	1.53	1.01	0.72
			4		1.939	1.522	0.101	1.93	1.00	0.93
4/2.5	40	25	3	4	1.890	1.484	0.127	3.08	1.28	1.15
			4		2.467	1.936	0.127	3.93	1.26	1.49
4.5/2.8	45	28	3	5	2.149	1.687	0.143	4.45	1.44	1.47
			4		2.806	2.203	0.143	5.69	1.42	1.91
5/3.2	50	32	3	5.5	2.431	1.908	0.161	6.24	1.60	1.84
			4		3.177	2.494	0.160	8.02	1.59	2.39
5.6/3.6	56	36	3	6	2.743	2.153	0.181	8.88	1.80	2.32
			4		3.590	2.818	0.180	11.45	1.79	3.03
			5		4.415	3.466	0.180	13.86	1.77	3.71

边角钢(GB 9788—88)

b——短边宽度；

r——内圆弧半径；

I——惯性矩；

W——截面系数；

y_0——重心距离。

考　数　值										
$y-y$			x_1-x_1		y_1-y_1		$u-u$			
I_y cm^4	i_y cm	W_y cm^3	I_{x1} cm^4	y_0 cm	I_{y1} cm^4	x_0 cm	I_u cm^4	i_u cm	W_u cm^3	$\tan\alpha$
0.22	0.44	0.19	1.56	0.86	0.43	0.42	0.14	0.34	0.16	0.392
0.27	0.43	0.24	2.09	0.90	0.59	0.46	0.17	0.34	0.20	0.381
0.46	0.55	0.30	3.27	1.08	0.82	0.49	0.28	0.43	0.25	0.382
0.57	0.54	0.39	4.37	1.12	1.12	0.53	0.35	0.42	0.32	0.374
0.93	0.70	0.49	5.39	1.32	1.59	0.59	0.56	0.54	0.40	0.385
1.18	0.69	0.63	8.53	1.37	2.14	0.63	0.71	0.54	0.52	0.381
1.34	0.79	0.62	9.10	1.47	2.23	0.64	0.80	0.61	0.51	0.383
1.70	0.78	0.80	12.13	1.51	3.00	0.68	1.02	0.60	0.66	0.380
2.02	0.91	0.82	12.49	1.60	3.31	0.73	1.20	0.70	0.68	0.404
2.58	0.90	1.06	16.65	1.65	4.45	0.77	1.53	0.69	0.87	0.402
2.92	1.03	1.05	17.54	1.78	4.70	0.80	1.73	0.79	0.87	0.408
3.76	1.02	1.37	23.39	1.82	6.33	0.85	2.23	0.79	1.13	0.408
4.49	1.01	1.65	29.25	1.87	7.94	0.88	2.67	0.78	1.36	0.404

| 角 钢 | 尺寸 mm | | | | 截 面 面 积 | 理 论 质 量 | 外 表 面 积 | 参 | | |
| 号 数 | | | | | | | | x - x | | |
	B	b	d	r	cm^2	kg/m	m^2/m	I_x cm^4	i_x cm	W_x cm^3
6.3/4	63	40	4	7	4.058	3.185	0.202	16.49	2.02	3.87
			5		4.993	3.920	0.202	20.02	2.00	4.74
			6		5.908	4.638	0.201	23.36	1.96	5.59
			7		6.802	5.339	0.201	26.53	1.98	6.40
7/4.5	70	45	4	7.5	4.547	3.570	0.226	23.17	2.26	4.86
			5		5.609	4.403	0.225	27.95	2.23	5.92
			6		6.647	5.218	0.225	32.54	2.21	6.95
			7		7.657	6.011	0.225	37.22	2.20	8.03
(7.5/5)	75	50	5	8	6.125	4.808	0.245	34.86	2.39	6.83
			6		7.260	5.699	0.245	41.12	2.38	8.12
			8		9.467	7.431	0.244	52.39	2.35	10.52
			10		11.590	9.098	0.244	62.71	2.33	12.79
8/5	80	50	5	8	6.375	5.005	0.255	41.96	2.56	7.78
			6		7.560	5.935	0.255	49.49	2.56	9.25
			7		8.724	6.848	0.255	56.16	2.54	10.58
			8		9.867	7.745	0.254	62.83	2.52	11.92
9/5.6	90	56	5	9	7.212	5.661	0.287	60.45	2.90	9.92
			6		8.557	6.717	0.286	71.03	2.88	11.74
			7		9.880	7.756	0.286	81.01	2.86	13.49
			8		11.183	8.779	0.286	91.03	2.85	15.27

| 考　　数　　值 | | | | | | | | | | |
| y － y | | | x₁ － x₁ | | y₁ － y₁ | | u － u | | | |
I_y cm⁴	i_y cm	W_y cm³	I_{x1} cm⁴	y_0 cm	I_{y1} cm⁴	x_0 cm	I_u cm⁴	i_u cm	W_u cm³	tan α
5.23	1.14	1.70	33.30	2.04	8.63	0.92	3.12	0.88	1.40	0.398
6.31	1.12	2.71	41.63	2.08	10.86	0.95	3.76	0.87	1.71	0.396
7.29	1.11	2.43	49.98	2.12	13.12	0.99	4.34	0.86	1.99	0.393
8.24	1.10	2.78	58.07	2.15	15.47	1.03	4.97	0.86	2.29	0.389
7.55	1.29	2.17	45.92	2.24	12.26	1.02	4.40	0.98	1.77	0.410
9.13	1.28	2.65	57.10	2.28	15.39	1.06	5.40	0.98	2.19	0.407
10.62	1.26	3.12	68.35	2.32	18.58	1.09	6.35	0.98	2.59	0.404
12.01	1.25	3.57	79.99	2.36	21.84	1.13	7.16	0.97	2.94	0.402
12.61	1.44	3.30	70.00	2.40	21.04	1.17	7.41	1.10	2.74	0.435
14.70	1.42	3.88	84.30	2.44	25.37	1.21	8.54	1.08	3.19	0.435
18.53	1.40	4.99	112.50	2.52	34.23	1.29	10.87	1.07	4.10	0.429
21.96	1.38	6.04	140.80	2.60	43.43	1.36	13.10	1.06	4.99	0.423
12.82	1.42	3.32	85.21	2.60	21.06	1.14	7.66	1.10	2.74	0.388
14.95	1.41	3.91	102.53	2.65	25.41	1.18	8.85	1.08	3.20	0.387
16.96	1.39	4.48	119.33	2.69	29.82	1.21	10.18	1.08	3.70	0.384
18.85	1.38	5.03	136.41	2.73	34.32	1.25	11.38	1.07	4.16	0.381
18.32	1.59	4.21	121.32	2.91	29.53	1.25	10.98	1.23	3.49	0.385
21.42	1.58	4.96	145.59	2.95	35.58	1.29	12.90	1.23	4.13	0.384
24.36	1.57	5.70	169.60	3.00	41.71	1.33	14.67	1.22	4.72	0.382
27.15	1.56	6.41	194.17	3.04	47.93	1.36	16.34	1.21	5.29	0.380

角钢号数	尺寸 mm				截面面积 cm²	理论质量 kg/m	外表面积 m²/m	参 $x-x$		
	B	b	d	r				I_x cm⁴	i_x cm	W_x cm³
10/6.3	100	63	6	10	9.617	7.550	0.320	99.06	3.21	14.64
			7		11.111	8.722	0.320	113.45	3.20	16.88
			8		12.584	9.878	0.319	127.37	3.18	19.08
			10		15.467	12.142	0.319	153.81	3.15	23.32
10/8	100	80	6	10	10.637	8.350	0.354	107.04	3.17	15.19
			7		12.301	9.656	0.354	122.73	3.16	17.52
			8		13.944	10.946	0.353	137.92	3.14	19.81
			10		17.167	13.476	0.353	166.87	3.12	24.24
11/7	110	70	6	10	10.637	8.350	0.354	133.37	3.54	17.85
			7		12.301	9.656	0.354	153.00	3.53	20.60
			8		13.944	10.946	0.353	172.04	3.51	23.30
			10		17.167	13.467	0.353	208.39	3.48	28.54
12.5/8	125	80	7	11	14.096	11.066	0.403	227.98	4.02	26.86
			8		15.989	12.551	0.403	256.77	4.01	30.41
			10		19.712	15.474	0.402	312.04	3.98	37.33
			12		23.351	18.330	0.402	364.41	3.95	44.01
14/9	140	90	8	12	18.038	14.160	0.453	365.64	4.50	38.48
			10		22.261	17.475	0.452	445.50	4.47	47.31
			12		26.400	20.724	0.451	521.59	4.44	55.87
			14		30.456	23.908	0.451	594.10	4.42	64.18

考	数	值								
$y-y$			x_1-x_1		y_1-y_1		$u-u$			
I_y cm^4	i_y cm	W_y cm^3	I_{x1} cm^4	y_0 cm	I_{y1} cm^4	x_0 cm	I_u cm^4	i_u cm	W_u cm^3	$\tan\alpha$
30.94	1.79	6.35	199.71	3.24	50.50	1.43	18.42	1.38	5.25	0.394
35.26	1.78	7.29	233.00	3.28	59.14	1.47	21.00	1.38	6.20	0.394
39.39	1.77	8.21	266.32	3.32	67.88	1.50	23.50	1.37	6.78	0.391
47.12	1.74	9.98	333.06	3.40	85.73	1.58	28.33	1.35	8.24	0.387
61.24	2.40	10.16	199.83	2.95	102.68	1.97	31.65	1.72	8.37	0.627
70.08	2.39	11.71	233.20	3.00	119.98	2.01	36.17	1.72	9.60	0.626
78.58	2.37	13.21	266.61	3.04	137.37	2.05	40.58	1.71	10.80	0.625
94.65	2.35	16.12	333.63	3.12	172.48	2.13	49.10	1.69	13.12	0.622
42.92	2.01	7.90	265.78	3.53	69.08	1.57	25.36	1.54	6.53	0.403
49.01	2.00	9.09	310.07	3.57	80.82	1.61	28.95	1.53	7.50	0.402
54.87	1.98	10.25	354.39	3.62	92.70	1.65	32.45	1.53	8.45	0.401
65.88	1.96	12.48	443.13	3.07	116.83	1.72	39.20	1.51	10.29	0.397
74.42	2.30	12.01	454.99	4.01	120.32	1.80	43.81	1.76	9.92	0.408
83.49	2.28	13.56	519.99	4.06	137.85	1.84	49.15	1.75	11.18	0.407
100.67	2.26	16.56	650.09	4.14	173.40	1.92	59.45	1.74	13.64	0.404
116.67	2.24	19.43	780.39	4.22	209.67	2.00	69.35	1.72	16.01	0.400
120.69	2.59	17.34	730.53	4.50	195.79	2.04	70.83	1.98	14.31	0.411
140.03	2.56	21.22	931.20	4.58	245.92	2.12	85.82	1.96	17.48	0.409
169.79	2.54	24.95	1 096.09	4.66	296.89	2.19	100.21	1.95	20.54	0.406
192.10	2.51	28.54	1 279.26	4.74	348.82	2.27	114.13	1.94	23.52	0.403

角钢号数	尺寸 mm				截面面积 cm²	理论质量 kg/m	外表面积 m²/m	参		
								$x-x$		
	B	b	d	r				I_x cm⁴	i_x cm	W_x cm³
16/10	160	100	10	13	25.315	19.872	0.512	668.69	5.14	62.13
			12		30.054	23.592	0.511	784.91	5.11	73.49
			14		34.709	27.247	0.510	896.30	5.08	84.56
			16		39.281	30.835	0.510	1 003.04	5.05	95.33
18/11	180	110	10	14	28.373	22.273	0.571	956.25	5.80	78.96
			12		33.712	26.464	0.571	1 124.72	5.78	93.53
			14		38.967	30.589	0.570	1 286.91	5.75	107.76
			16		44.139	34.649	0.569	1 443.06	5.72	121.64
20/12.5	200	125	12		37.912	29.761	0.641	1 570.90	6.44	116.73
			14		43.867	34.436	0.640	1 800.97	6.41	134.65
			16		49.739	39.045	0.639	2 023.35	6.38	152.18
			18		55.526	43.588	0.639	2 238.30	6.35	169.33

注：1. 括号内型号不推荐使用。

2. 截面图中的 $r_1 = 1/3d$ 及表中 r 的数据用于孔型设计，不做交货条件。

考　　数　　值										
$y-y$			x_1-x_1		y_1-y_1		$u-u$			
I_y cm^4	i_y cm	W_y cm^3	I_{x1} cm^4	y_0 cm	I_y cm^4	x_0 cm	I_u cm^4	i_u cm	W_u cm^3	$\tan\alpha$
205.03	2.85	26.56	1 362.89	5.24	336.59	2.28	121.74	2.19	21.92	0.390
239.06	2.82	31.28	1 635.56	5.32	405.94	2.36	142.33	2.17	25.79	0.388
271.20	2.80	35.83	1 908.50	5.40	476.42	2.43	162.23	2.16	29.56	0.385
301.60	2.77	40.24	2 181.79	5.48	548.22	2.51	182.57	2.16	33.44	0.382
278.11	3.13	32.49	1 940.40	5.89	447.22	2.44	166.50	2.42	26.88	0.376
325.03	3.10	38.32	2 328.38	5.98	538.94	2.52	194.87	2.40	31.66	0.374
369.55	3.08	43.97	2 716.60	6.06	631.95	2.59	222.30	2.39	36.32	0.372
411.85	3.06	49.44	3 105.15	6.14	726.46	2.67	248.94	2.38	40.87	0.369
483.16	3.57	49.99	3 193.85	6.54	787.74	2.83	285.79	2.74	41.23	0.392
550.83	3.54	57.44	3 726.17	6.62	922.47	2.91	326.58	2.72	47.34	0.390
615.44	3.52	64.69	4 258.86	6.70	1 058.86	2.99	366.21	2.71	53.32	0.388
677.19	3.49	71.74	4 792.00	6.78	1 197.13	3.06	404.83	2.70	59.18	0.385

表 3　热轧槽钢 (GB 707—88)

符号意义:

h——高度;
b——腿宽度;
d——腰厚度;
t——平均腿厚度;
r——内圆弧半径;
r_1——腿端圆弧半径;
I——惯性矩;
W——截面系数;
i——惯性半径;
z_0——$y-y$ 轴与 y_1-y_1 轴间距。

型号	尺寸 mm						截面面积 cm²	理论质量 kg/m	参考数值							z_0 cm
									$x-x$			$y-y$			y_1-y_1	
	h	b	d	t	r	r_1			W_x cm³	I_x cm⁴	i_x cm	W_y cm³	I_y cm⁴	i_y cm	I_{y_1} cm⁴	
5	50	37	4.5	7	7.0	3.5	6.928	5.438	10.4	26.0	1.94	3.55	8.30	1.10	20.9	1.35
6.3	63	40	4.8	7.5	7.5	3.8	8.451	6.634	16.1	50.8	2.45	4.50	11.9	1.19	28.4	1.36
8	80	43	5.0	8	8.0	4.0	10.248	8.045	25.3	101	3.15	5.79	16.6	1.27	37.4	1.43
10	100	48	5.3	8.5	8.5	4.2	12.748	10.007	39.7	198	3.95	7.8	25.6	1.41	54.9	1.52
12.6	126	53	5.5	9	9.0	4.5	15.692	12.318	62.1	391	4.95	10.2	38.0	1.57	77.1	1.59
14 a	140	58	6.0	9.5	9.5	4.8	18.516	14.535	80.5	564	5.52	13.0	53.2	1.70	107	1.71
14 b	140	60	8.0	9.5	9.5	4.8	21.316	16.733	87.1	609	5.35	14.1	61.1	1.69	121	1.67

型号	160	63	6.5	10	10.0	5.0	21.962	17.240	108	866	6.28	16.3	73.3	1.83	144	1.80
16a	160	63	6.5	10	10.0	5.0	21.962	17.240	108	866	6.28	16.3	73.3	1.83	144	1.80
16	160	65	8.5	10	10.0	5.0	25.162	19.752	117	935	6.10	17.6	83.4	1.82	161	1.75
18a	180	68	7.0	10.5	10.5	5.2	25.699	20.174	141	1270	7.04	20.0	98.6	1.96	190	1.88
18	180	70	9.0	10.5	10.5	5.2	29.299	23.000	152	1370	6.84	21.5	111	1.95	210	1.84
20a	200	73	7.0	11	11.0	5.5	28.837	22.637	178	1780	7.86	24.2	128	2.11	244	2.01
20	200	75	9.0	11	11.0	5.5	32.837	25.777	191	1910	7.64	25.9	14 4	2.09	268	1.95
22a	220	77	7.0	11.5	11.5	5.8	31.846	24.999	218	2390	8.67	28.2	158	2.23	298	2.10
22	220	79	9.0	11.5	11.5	5.8	36.246	28.453	234	2570	8.42	30.1	176	2.21	326	2.03
a	250	78	7.0	12	12.0	6.0	34.917	27.410	270	3370	9.82	30.6	176	2.24	322	2.07
25b	250	80	9.0	12	12.0	6.0	39.917	31.335	282	3530	9.41	32.7	196	2.22	353	1.98
c	250	82	11.0	12	12.0	6.0	44.917	35.260	295	3690	9.07	35.9	218	2.21	384	1.92
a	280	82	7.5	12.5	12.5	6.2	40.034	31.427	340	4760	10.9	35.7	218	2.33	388	2.10
28b	280	84	9.5	12.5	12.5	6.2	45.634	35.823	366	5130	10.6	37.9	242	2.30	428	2.02
c	280	86	11.5	12.5	12.5	6.2	51.234	40.219	393	5500	10.4	40.3	268	2.29	463	1.95
a	320	88	8.0	14	14.0	7.0	48.513	38.083	475	7600	12.5	46.5	305	2.50	552	2.24
32b	320	90	10.0	14	14.0	7.0	54.913	43.107	509	8140	12.2	49.2	336	2.47	593	2.16
c	320	92	12.0	14	14.0	7.0	61.313	48.131	543	8690	11.9	52.6	374	2.47	643	2.09
a	360	96	9.0	16	16.0	8.0	60.910	47.814	660	11900	14.0	63.5	455	2.73	818	2.44
36b	360	98	11.0	16	16.0	8.0	68.110	53.466	703	12700	13.6	66.9	497	2.70	880	2.37
c	360	100	13.0	16	16.0	8.0	75.310	59.118	746	13400	13.4	70.0	536	2.67	948	2.34
a	400	100	10.5	18	18.0	9.0	75.068	58.928	879	17600	15.3	78.8	592	2.81	1070	2.49
40b	400	102	12.5	18	18.0	9.0	83.068	65.208	932	18600	15.0	82.5	640	2.78	1140	2.44
c	400	104	14.5	18	18.0	9.0	91.068	71.488	986	19700	14.7	86.2	688	2.75	1220	2.42

注：截面图和表中标注的圆弧半径 r、r₁ 的数据用于孔型设计，不做交货条件。

表 4 热轧工字钢（GB 706—88）

符号意义：

h——高度；
b——腿宽度；
d——腰厚度；
t——平均腿厚度；
r——内圆弧半径；

r_1——腿端圆弧半径；
I——惯性矩；
W——截面系数；
i——惯性半径；
S——半截面的静力矩。

型号	尺寸 mm						截面面积 cm²	理论质量 kg/m	参考数值						
									$x-x$				$y-y$		
	h	b	d	t	r	r_1			I_x cm⁴	W_x cm³	i_x cm	$I_x:S_x$ cm	I_y cm⁴	W_y cm³	i_y cm
10	100	68	4.5	7.6	6.5	3.3	14.345	11.261	245	49.0	4.14	8.59	33.0	9.72	1.52
12.6	126	74	5.0	8.4	7.0	3.5	18.118	14.223	488	77.5	5.20	10.8	46.9	12.7	1.61
14	140	80	5.5	9.1	7.5	3.8	21.516	16.890	712	102	5.76	12.0	64.4	16.1	1.73
16	160	88	6.0	9.9	8.0	4.0	26.131	20.513	1 130	141	6.58	13.8	93.1	21.2	1.89
18	180	94	6.5	10.7	8.5	4.3	30.756	24.143	1 660	185	7.36	15.4	122	26.0	2.00
20a	200	100	7.0	11.4	9.0	4.5	35.578	27.929	2 370	237	8.15	17.2	158	31.5	2.12
20b	200	102	9.0	11.4	9.0	4.5	39.578	31.069	2 500	250	7.96	16.9	169	33.1	2.06
22a	220	110	7.5	12.3	9.5	4.8	42.128	33.070	3 400	309	8.99	18.9	225	40.9	2.31
22b	220	112	9.5	12.3	9.5	4.8	46.528	36.524	3 570	325	8.78	18.7	239	42.7	2.27
25a	250	116	8.0	13.0	10.0	5.0	48.541	38.105	5 020	402	10.2	21.6	280	48.3	2.40
25b	250	118	10.0	13.0	10.0	5.0	53.541	42.030	5 280	423	9.94	21.3	309	52.4	2.40

型号															
28a	280	122	8.5	13.7	10.5	5.3	55.404	43.492	7 110	508	11.3	24.6	345	56.6	2.50
28b	280	124	10.5	13.7	10.5	5.3	61.004	47.888	7 480	534	11.1	24.2	379	61.2	2.49
32a	320	130	9.5	15.0	11.5	5.8	67.156	52.717	11 100	692	12.8	27.5	460	70.8	2.62
32b	320	132	11.5	15.0	11.5	5.8	73.556	57.741	11 600	726	12.6	27.1	502	76.0	2.61
32c	320	134	13.5	15.0	11.5	5.8	79.956	62.765	12 200	760	12.3	26.8	544	81.2	2.61
36a	360	136	10.0	15.8	12.0	6.0	76.480	60.037	15 800	875	14.4	30.7	552	81.2	2.69
36b	360	138	12.0	15.8	12.0	6.0	83.680	65.689	16 500	919	14.1	30.3	582	84.3	2.64
36c	360	140	14.0	15.8	12.0	6.0	90.880	71.341	17 300	962	13.8	29.9	612	87.4	2.60
40a	400	142	10.5	16.5	12.5	6.3	86.112	67.598	21 700	1 090	15.9	34.1	660	93.2	2.77
40b	400	144	12.5	16.5	12.5	6.3	94.112	73.878	22 800	1 140	15.6	33.6	692	96.2	2.71
40c	400	146	14.5	16.5	12.5	6.3	102.112	80.158	23 900	1 190	15.2	33.2	727	99.6	2.65
45a	450	150	11.5	18.0	13.5	6.8	102.446	80.420	32 200	1 430	17.7	38.6	855	114	2.89
45b	450	152	13.5	18.0	13.5	6.8	111.446	87.485	33 800	1 500	17.4	38.0	894	118	2.84
45c	450	154	15.5	18.0	13.5	6.8	120.446	94.550	35 300	1 570	17.1	37.6	938	122	2.79
50a	500	158	12.0	20.0	14.0	7.0	119.304	93.654	46 500	1 860	19.7	42.8	1 120	142	3.07
50b	500	160	14.0	20.0	14.0	7.0	129.304	101.504	48 600	1 940	19.4	42.4	1 170	146	3.01
50c	500	162	16.0	20.0	14.0	7.0	139.304	109.354	50 600	2 080	19.0	41.8	1 220	151	2.96
56a	560	166	12.5	21.0	14.5	7.3	135.435	106.316	65 600	2 340	22.0	47.7	1 370	165	3.18
56b	560	168	14.5	21.0	14.5	7.3	146.635	115.108	68 500	2 450	21.6	47.2	1 490	174	3.16
56c	560	170	16.5	21.0	14.5	7.3	157.835	123.900	71 400	2 550	21.3	46.7	1 560	183	3.16
63a	630	176	13.0	22.0	15.0	7.5	154.658	121.407	93 900	2 980	24.5	54.2	1 700	193	3.31
63b	630	178	15.0	22.0	15.0	7.5	167.258	131.298	98 100	3 160	24.2	53.5	1 810	204	3.29
63c	630	180	17.0	22.0	15.0	7.5	179.858	141.189	102 000	3 300	23.8	52.9	1 920	214	3.27

注：截面图和表中标注的圆弧半径 r、r_1 的数据用于孔型设计，不做交货条件。

习题参考答案

第一章

1.1 ~ 1.2 受力图略

第二章

2.1 $F_{AB} = 1.36$ kN (拉), $F_{BC} = 2.08$ kN (拉)

2.2 $F_{AB} = 61.86$ kN (拉), $F_{OB} = 343.05$ kN (压)

2.3 $F_{TAB} = 1.155$ W, $F_{Ax} = 0.577$ W (水平向左), $F_{Ay} = W$ (竖直向上)

2.4 $F_{TAB} = 54.6$ kN (拉), $F_{TCB} = 74.6$ kN (压)

2.5 (a) $F_{AC} = 1.55P$ (压), $F_{AB} = 0.577\,4P$ (拉)

(b) $F_{AC} = 1.55P$ (拉), $F_{AB} = 0.577\,4P$ (压)

(c) $F_{AC} = 0.5P$ (压), $F_{AB} = 0.866P$ (拉)

(d) $F_{AC} = F_{AB} = 0.577\,4P$ (拉)

2.6 $F_{NE} = W + 1.11F$

2.7 $F_1 = 1$ kN, $F_2 = 1.41$ kN, $F_3 = 1.58$ kN, $F_4 = 1.15$ kN

2.8 $F_N = 23.1$ kN

2.9 $F_{NC} = 1.732W$, $F_{ND} = 1.732W$, $F_{NE} = 2W$

2.10 $F_A = \sqrt{2}/2P$, $F_B = \sqrt{2}/2P$, $F_C = \sqrt{2}/2P$

2.11 $F_1 / F_2 = 0.612$

2.12 $23°12'$

2.13 $F_T = 2$ kN, $\angle ACB = 120°$

第三章

3.1 (a) 0, (b) Fl, (c) $\dfrac{\sqrt{3}}{2}Fl$,

(d) Fa, (e) $F(l+r)$, (f) $Fl\sin(\alpha - \beta)$

3.2 $M_2 = 3$ kN·m, $F_{AB} = 5$ kN

3.3 $M_A(G_1) = 77$ kN·m, $M_A(G_2) = 230$ kN·m, 使坝体趋于稳定

$M_A(P) = 136$ kN·m, 有使墙绕 A 点倾覆的趋势

3.4 $F_A = 2.5$ kN (方向向下), $F_B = 2.5$ kN (方向向上)

3.5 $F_A = F_B = \dfrac{\sqrt{3}a}{2l}P$

3.6 $\dfrac{m_1}{m_2} = 2$

3.7　$F_C = 50.5$ kN（左斜向上与水平面呈 45° 角）

　　　$F_A = 50.5$ kN（右斜向下与水平面呈 45° 角）

第四章

4.1　合力偶 $M = 260$ N·m

4.2　$F_R' = 466.5$ N，$M_O = 21.44$ N·m；$F_R = 466.5$ N，$d = 45.96$ mm

4.3　（a）$\dfrac{1}{2}q(a+b)$，$-\dfrac{1}{6}q(2a^2 + 3ab + b^2)$；（b）$\dfrac{1}{2}(q_1 + q_2)l$，$\dfrac{1}{6}(q_1 + 2q_2)l^2$

4.4　（a）$F_A = 3.75$ kN，$F_B = -0.25$ kN

　　　（b）$F_{Ax} = -1.41$ kN，$F_{Ay} = -1.09$ kN，$F_B = 2.5$ kN

　　　（c）$F_{Ax} = 2.12$ kN，$F_{Ay} = 0.33$ kN，$F_B = 4.23$ kN

　　　（d）$F_{Ax} = 0$，$F_{Ay} = 4$ kN，$M_A = 10$ kN·m

4.5　$F_{Ax} = -4.661$ kN，$F_{Ay} = -47.62$ kN，$F_B = 22.4$ kN

4.6　$F_{Ax} = 2.4$ kN，$F_{Ay} = 1.2$ kN，$F_{BC} = 848$ N（杆 BC 受拉力）

4.7　（a）$F_{Ax} = 34.64$ kN，$F_{Ay} = 60$ kN，$M_A = 220$ kN·m

　　　　　$F_{Bx} = -34.64$ kN，$F_{By} = 60$ kN，$F_C = 69.28$ kN

　　　（b）$F_{Ay} = -51.25$ kN，$F_B = 105$ kN，$F_{Cy} = 43.75$ kN，$F_D = 6.25$ kN

　　　（c）$F_{Ax} = 0$，$F_{Ay} = 20$ kN，$M_A = 70$ kN·m，$F_{Bx} = 0$，$F_{By} = 10$ kN，$F_C = 0$

　　　（d）$F_{Ay} = -2.5$ kN，$F_B = 15$ kN，$F_{Cy} = 2.5$ kN，$F_D = 2.5$ kN

4.8　$F_{BC} = \dfrac{PR}{2l\sin^2\dfrac{\theta}{2}\cdot\cos\theta}$，当 $\theta = 60°$ 时，$F_{BC\,\min} = \dfrac{4PR}{l}$

4.9　$F_{DE} = \dfrac{Pa\cos\theta}{2h}$

4.10　70.36 N·m

4.11　$M = Prr_1/r_2$

4.12　（a）$F_{Ax} = F_{Ay} = 0$，$F_{Bx} = -50$ kN，$F_{By} = 100$ kN，$F_{Cx} = -50$ kN，$F_{Cy} = 0$

　　　（b）$F_{Ax} = 20$ kN，$F_{Ay} = 70$ kN，$F_{Bx} = -20$ kN，$F_{By} = 50$ kN，$F_{Cx} = 20$ kN，$F_{Cy} = 10$ kN

4.13　$F_{Cx} = P$，$F_{Cy} = P$

4.14　$F_{Bx} = 0$，$F_{By} = 1$ kN

4.15　$F_{Bx} = 600$ N，$F_{By} = 1\,800$ N

4.16　$F_{Ax} = 487.5$ N，$F_{Ay} = 518.5$ N，$F_{BD} = -1\,379$ N

4.17　$F_{Ax} = 1\,200$ N，$F_{Ay} = 150$ N，$F_B = 1\,050$ N

4.18　$F_{Ax} = 5$ kN，$F_{Ay} = 8.66$ kN，$M_A = 21.96$ kN·m，$F_{BD} = 21.65$ kN

4.19　$F_A = 80$ N，$F_H = 100$ N，$F_{Dx} = 60$ N，$F_{Dy} = -10$ N

4.20　$F_{Ax} = 2\,075$ N，$F_{Ay} = -1\,000$ N，$F_{Ex} = -2\,075$ N，$F_{Ey} = 2\,000$ N

4.21　$F_{Ax} = -11.27$ kN，$F_{Ay} = 10.4$ kN，$F_{Dx} = 11.27$ kN，$F_{Dy} = 0$，

　　　$F_1 = -F_2 = -11.27$ kN，$F_3 = -15.94$ kN

4.22　$F_1 = 18$ kN，$F_2 = -15$ kN，$F_3 = 10$ kN，$F_4 = -15$ kN

4.23 $S_1 = \dfrac{2aP}{3h}$, $S_2 = \dfrac{P\sqrt{h^2+a^2}}{3h}$, $S_3 = \dfrac{aP}{2h}$

4.24 $F_{\min} = 3\,200\ \text{N}$

4.25 $f_s = 0.223$

4.26 $s = 0.456L$

4.27 $P = 500\ \text{N}$

4.28 $l_{\min} = 100\ \text{mm}$

4.29 $b \leqslant 110\ \text{mm}$

4.30 $\dfrac{M\sin(\theta-\varphi)}{l\cos\theta\cos(\alpha-\varphi)} \leqslant F \leqslant \dfrac{M\sin(\theta+\varphi)}{l\cos\theta\cos(\alpha+\varphi)}$

第五章

5.1 $F_{Rx} = -345.4\ \text{N}$, $F_{Ry} = 249.6\ \text{N}$, $F_{Rz} = 10.56\ \text{N}$

5.2 $M_z = -101.4\ \text{N}\cdot\text{m}$

5.3 $F_A = F_B = -26.39\ \text{kN}$ （压）, $F_C = 33.46\ \text{kN}$

5.4   （1） $M = 22.5\ \text{N}\cdot\text{m}$ ；（2） $F_{Ax} = 75\ \text{N}$, $F_{Ay} = 0$, $F_{Az} = 50\ \text{N}$ ；

       （3） $F_x = 75\ \text{N}$, $F_y = 0$

5.5 $F = 50\ \text{N}$, $\alpha = 143°18'$

5.6 $F_1 = F_5 = -F$ （压）, $F_3 = F$ （拉）, $F_2 = F_4 = F_6 = 0$

5.7 $M_1 = bM_2/a + cM_3/a$; $F_{Ay} = M_3/a$, $F_{Az} = M_2/a$, $F_{Dx} = 0$, $F_{Dy} = -M_3/a$;

       $F_{Dz} = -M_2/a$

5.8 $F_1 = F_D$, $F_2 = F_3 = -\sqrt{2}F_D$, $F_4 = \sqrt{6}F_D$, $F_5 = -F-\sqrt{2}F_D$, $F_6 = F_D$

5.9 $BE = 0.366a$

5.10 $x_C = 23.1\ \text{mm}$, $y_C = 38.5\ \text{mm}$, $z_C = -28.1\ \text{mm}$

第七章

7.1   图略

7.2 $\sigma_1 = -100\ \text{MPa}$, $\sigma_2 = -33.3\ \text{MPa}$, $\sigma_3 = 25\ \text{MPa}$

7.3 $\sigma_{-50°} = 41.32\ \text{MPa}$, $\tau_{-50°} = -49.24\ \text{MPa}$, $\tau_{\max} = 50\ \text{MPa}$

7.4 $\Delta l = \dfrac{Fl}{3EA}$

7.5 $\varepsilon_{AC} = -0.25\times10^{-3}$, $\varepsilon_{CB} = -0.65\times10^{-3}$; $\Delta l = -1.35\ \text{mm}$

7.6 $\delta_A = 0.249\ \text{mm}$

7.7 $x = \dfrac{E_2 A_2 l_1 l}{E_2 A_2 l_1 + E_1 A_1 l_2}$

7.8 $n_s = 2.08$

7.9 $\delta = 26.4\%$, $\psi = 65.2\%$,   塑性材料

7.10 $d \geqslant 22.6\ \text{mm}$

7.11　$F = 40.4 \text{ kN}$

7.12　$F_1 = 10.5 \text{ kN}$，$F_2 = 21 \text{ kN}$

7.13　$e = \dfrac{b(E_1 - E_2)}{2(E_1 + E_2)}$

7.14　（1）$\sigma = \dfrac{pr}{\delta}$，（2）$\Delta r = \dfrac{pr^2}{E\delta}$

第八章

8.1　$\tau = 66.3 \text{ MPa}$，$\sigma_{jy} = 102 \text{ MPa}$

8.2　$h = 13.3 \text{ mm}$，可取 $h = 14 \text{ mm}$

8.3　$\tau = 43.3 \text{ MPa}$，$\sigma_{jy} = 59.5 \text{ MPa}$

8.4　$\delta = 95.5 \text{ mm}$

8.5　$d = 14 \text{ mm}$

8.6　$\tau = 162 \text{ MPa}$

8.7　$F = 37.68 \text{ kN}$

8.8　$\tau = 2.2 \text{ MPa}$，$\sigma_{bs} = 0.5 \text{ MPa}$

8.9　$\tau_u = 89.1 \text{ MPa}$，$n = 1.1$

第九章

9.1　图略

9.2　18.47 kW

9.3　$1.01 \times 10^{-4} \text{ m}^3$，$0.59 \times 10^{-4} \text{ m}^3$

9.4　71.34 MPa，$0.011\,78 \text{ rad}$，35.67 MPa

9.5　44.7 mm，53.3 mm，0.512

9.6　21.7 mm，$1\,120 \text{ N}$

9.7　46.5 MPa，76.3 kW

9.8　80 mm

9.9　（1）$d_1 = 84.6 \text{ mm}$，$d_2 = 74.5 \text{ mm}$

　　（2）$d = 84.6 \text{ mm}$

　　（3）主动轮 1 放在从动轮 2、3 之间比较合理

第十章

10.1

（a）$F_{s1} = 2 \text{ kN}$，$M_1 = 6 \text{ kN} \cdot \text{m}$；$F_{s2} = -3 \text{ kN}$，$M_2 = 6 \text{ kN} \cdot \text{m}$

（b）$F_{s1} = 4 \text{ kN}$，$M_1 = 4 \text{ kN} \cdot \text{m}$；$F_{s2} = 4 \text{ kN}$，$M_2 = -6 \text{ kN} \cdot \text{m}$

（c）$F_{s1} = 1.33 \text{ kN}$，$M_1 = 267 \text{ N} \cdot \text{m}$；$F_{s2} = -0.667 \text{ kN}$，$M_2 = 333 \text{ N} \cdot \text{m}$

（d）$F_{s1} = 2qa$，$M_1 = -\dfrac{3}{2}qa^2$；$F_{s2} = 2qa$，$M_2 = -\dfrac{1}{2}qa^2$

10.2

（a）$|F_s|_{max}=P$，$|M|_{max}=Pa$

（b）$|F_s|_{max}=\dfrac{3}{4}qa$，$|M|_{max}=\dfrac{9}{32}qa^2$

（c）$|F_s|_{max}=P$，$|M|_{max}=Pa$

（d）$|F_s|_{max}=\dfrac{5}{3}qa$，$|M|_{max}=\dfrac{25}{18}qa^2$

（e）$|F_s|_{max}=qa$，$|M|_{max}=\dfrac{3}{2}qa^2$

（f）$|F_s|_{max}=2qa$，$|M|_{max}=\dfrac{5}{2}qa^2$

（g）$|F_s|_{max}=2P$，$|M|_{max}=Pa$

（h）$|F_s|_{max}=qa$，$|M|_{max}=\dfrac{1}{2}qa^2$

（i）$|F_s|_{max}=3.5P$，$|M|_{max}=2.5Pa$

（j）$|F_s|_{max}=qa$，$|M|_{max}=\dfrac{1}{2}qa^2$

（k）$|F_s|_{max}=2qa$，$|M|_{max}=\dfrac{3}{2}qa^2$

（1）$|F_s|_{max}=25\,\text{kN}$，$|M|_{max}=15.625\,\text{kN}\cdot\text{m}$

10.3

（a）$|F_s|_{max}=\dfrac{1}{2}qa$，$|M|_{max}=\dfrac{1}{8}qa^2$

（b）$|F_s|_{max}=\dfrac{3}{2}qa$，$|M|_{max}=qa^2$

（c）$|F_s|_{max}=qa$，$|M|_{max}=qa^2$

（d）$|F_s|_{max}=P$，$|M|_{max}=3Pa$

（e）$|F_s|_{max}=qa$，$|M|_{max}=\dfrac{3}{4}qa^2$

（f）$|F_s|_{max}=qa$，$|M|_{max}=\dfrac{1}{2}qa^2$

10.4　$x=0.207l$

10.5　$x=\dfrac{l}{2}-\dfrac{d}{4}$，$M_{max}=\dfrac{P}{2}(l-d)+\dfrac{Pd^2}{8l}$，最大弯矩的作用截面在左轮处

　　　或 $x=\dfrac{l}{2}-\dfrac{3d}{4}$，$M_{max}=\dfrac{P}{2}(l-d)+\dfrac{Pd^2}{8l}$，最大弯矩的作用截面在右轮处

第十一章

11.1　（a）$\bar{y}_C=0$，$\bar{z}_C=261\,\text{mm}$；（b）$\bar{y}_C=\bar{z}_C=\dfrac{5}{6}a$

11.2　（a）$I_z=1.88\times10^8\,\text{mm}^4$；（b）$I_z=3.57\times10^8\,\text{mm}^4$

11.3　（1）$\sigma_1=\sigma_2=61.7\,\text{MPa}$（压）；（2）$\sigma_{max}=92.6\,\text{MPa}$；（3）$\sigma_{max}=104.2\,\text{MPa}$

11.4　实心轴 $\sigma_{max}=159\,\text{MPa}$，空心轴 $\sigma_{max}=93.6\,\text{MPa}$；空心截面比实心截面的最大正应力减小了 41%

11.5 $\sigma_{max} = 350$ MPa , $D_1 = 300$ mm

11.6 $\sigma_{max,t} = 43.8$ MPa , $\sigma_{max,c} = 72.9$ MPa

11.7 （1） $\sigma_{max} = 138.9$ MPa $< [\sigma]$, 安全；（2） $\sigma_{max} = 278$ MPa $> [\sigma]$, 不安全

11.8 $[P] = 56.8$ kN

11.9 $b \geqslant 277$ mm , $h \geqslant 416$ mm

11.10 $\sigma_{max} = 197$ MPa $< [\sigma]$, 安全

11.11 $[q] = 23.99$ kN / m

11.12 圆形： $d \geqslant 78$ mm , $\dfrac{W_z}{A} = 9.75$ ；矩形： $b \geqslant 41$ mm , $\dfrac{W_z}{A} = 13.67$ ；矩形截面好

11.13 最大允许压紧力 $P = 3$ kN

11.14 $\sigma_{max,t} = 28.8$ MPa $< [\sigma_t] = 30$ MPa ; $\sigma_{max,c} = 46.1$ MPa $< [\sigma_c] = 60$ MPa ; 安全

11.15 $\sigma_{max,t} = 26.4$ MPa $< [\sigma_t]$; $\sigma_{max,c} = 52.8$ MPa $< [\sigma_c]$; 安全

11.16 No.28a 工字钢； $\tau_{max} = 13.9$ MPa $< [\tau]$, 安全

第十二章

12.1 （a） $y_{max} = \dfrac{ql^4}{8EI}$, $\theta_{max} = \dfrac{ql^3}{6EI}$

（b） $y_{max} = \dfrac{5ql^4}{384EI}$, $\theta_{max} = \dfrac{ql^3}{24EI}$

12.2 （a） $\theta_C = \dfrac{M_e a}{EI}$, $y_C = \dfrac{M_e a^2}{2EI}$

（b） $\theta_C = \dfrac{M_e}{6lEI}(l^2 - 3b^2 - 3a^2)$, $y_C = \dfrac{M_e a}{6lEI}(l^2 - 3b^2 - a^2)$

（c） $\theta_C = \dfrac{M_e}{3EI}$, $y_C = \dfrac{M_e a}{6EI}(2l + 3a)$

（d） $\theta_C = \dfrac{Fa}{6EI}(2l + 3a)$, $y_C = \dfrac{Fa^2}{3EI}(l + a)$

12.3 略

12.4 （a） $y_{max} = \dfrac{ql^4}{8EI} + \dfrac{M_e l^2}{2EI}$, $\theta_{max} = \dfrac{ql^3}{9EI} + \dfrac{M_e l}{EI}$

（b） $y_{max} = \dfrac{5ql^4}{384EI} + \dfrac{M_e l^2}{16EI}$, $\theta_{max} = \dfrac{ql^3}{24EI} + \dfrac{M_e l}{3EI}$

12.5 （a） $y_C = \dfrac{qal^3}{24EI}$, $\theta_B = \dfrac{ql^3}{24EI}$

（b） $y_C = \dfrac{qa^3}{24EI}(4l + 3a)$, $\theta_B = \dfrac{qa^2 l}{6EI}$

12.6 （a） $y = \dfrac{Fb^4}{6EI}(3l - b) - \dfrac{M_e l^2}{2EI}$, $\theta = \dfrac{Fb^2}{2EI} - \dfrac{M_e l}{EI}$

（b） $y = \dfrac{41ql^4}{384EI}$, $\theta = \dfrac{7ql^3}{48EI}$

12.7 $y_B = \dfrac{3Pl^3}{16EI}$

12.8 $y_C = -\dfrac{97ql^4}{768EI}$, $y_B = -\dfrac{2\,399ql^4}{6\,144EI}$

12.9 $y_B = 8.21\,\text{mm}$ （↓）

12.10   在梁的自由端加集中力 $P = 6AEI$ （↑）和集中力偶矩 $m = 6AlEI(\text{N} \cdot \text{m})$

12.11 $y = \dfrac{Px^3}{3EI}$

12.12 A 点的水平位移 $x_A = \dfrac{5Pl^2}{27Ebh^2}$ （→）

12.13 $y = 12.1\,\text{mm} < [y]$ ，安全

12.14 $y = \dfrac{Px^2(l-x)^2}{3lEI}$

12.15 $y_D = -\dfrac{Pa^3}{3EI}$

12.16 $|Q|_{\max} = \dfrac{5ql}{8}$ ， $|M|_{\max} = \dfrac{ql^2}{8}$

12.17 $|Q|_{\max} = 0.625ql$ ， $|M|_{\max} = 0.125ql^2$

12.18   梁内最大正应力 $\sigma_{\max} = 156\,\text{MPa}$ ；拉杆的正应力 $\sigma_{\max} = 185\,\text{MPa}$

12.19 $P_1 = \dfrac{I_1 l_2{}^3}{I_2 l_1{}^3 + I_1 l_2{}^3}P$ ， $P_2 = \dfrac{I_2 l_1{}^3}{I_2 l_1{}^3 + I_1 l_2{}^3}P$

12.20 $Q = 82.6\,\text{N}$

第十三章

13.1 （a） $\sigma_1 = 57\,\text{MPa}$ ， $\sigma_3 = -7\,\text{MPa}$ ； $\alpha_0 = -19°20'$ ； $\tau_{\max} = 32\,\text{MPa}$

　　　（b） $\sigma_1 = 57\,\text{MPa}$ ， $\sigma_3 = -7\,\text{MPa}$ ； $\alpha_0 = -19°20'$ ； $\tau_{\max} = 32\,\text{MPa}$

　　　（c） $\sigma_1 = 25\,\text{MPa}$ ， $\sigma_3 = -25\,\text{MPa}$ ； $\alpha_0 = -45°$ ； $\tau_{\max} = 25\,\text{MPa}$

　　　（d） $\sigma_1 = 11.2\,\text{MPa}$ ， $\sigma_3 = -71.2\,\text{MPa}$ ； $\alpha_0 = -37°59'$ ； $\tau_{\max} = 41.2\,\text{MPa}$

　　　（e） $\sigma_1 = 4.7\,\text{MPa}$ ， $\sigma_3 = -84.7\,\text{MPa}$ ； $\alpha_0 = -13°37'$ ； $\tau_{\max} = 44.7\,\text{MPa}$

　　　（f） $\sigma_1 = 37\,\text{MPa}$ ， $\sigma_3 = -27\,\text{MPa}$ ； $\alpha_0 = 19°20'$ ； $\tau_{\max} = 32\,\text{MPa}$

13.2 （a） $\sigma_\alpha = -27.3\,\text{MPa}$ ， $\tau_\alpha = -27.3\,\text{MPa}$

　　　（b） $\sigma_\alpha = 52.3\,\text{MPa}$ ， $\tau_\alpha = -18.7\,\text{MPa}$

　　　（c） $\sigma_\alpha = -10\,\text{MPa}$ ， $\tau_\alpha = -30\,\text{MPa}$

　　　（d） $\sigma_\alpha = 35\,\text{MPa}$ ， $\tau_\alpha = 60.6\,\text{MPa}$

　　　（e） $\sigma_\alpha = 70\,\text{MPa}$ ， $\tau_\alpha = 0$

　　　（f） $\sigma_\alpha = 62.5\,\text{MPa}$ ， $\tau_\alpha = 21.6\,\text{MPa}$

13.3 1 点： $\sigma_1 = \sigma_2 = 0$, $\sigma_3 = -120\,\text{MPa}$

　　　2 点： $\sigma_1 = 36\,\text{MPa}$, $\sigma_2 = 0$, $\sigma_3 = -36\,\text{MPa}$

　　　3 点： $\sigma_1 = 70.3\,\text{MPa}$, $\sigma_2 = 0$, $\sigma_3 = -10.3\,\text{MPa}$

　　　4 点： $\sigma_1 = 120\,\text{MPa}$, $\sigma_2 = \sigma_3 = 0$

13.4 A 点： $\sigma_1 = \sigma_2 = 0$, $\sigma_3 = -60\,\text{MPa}$, $\alpha_0 = 90°$

B 点： $\sigma_1 = 0.167\ 8$ MPa, $\sigma_2 = 0$, $\sigma_3 = -30.2$ MPa, $\alpha_0 = 85.7°$

C 点： $\sigma_1 = 3$ MPa, $\sigma_2 = 0$, $\sigma_3 = -3$ MPa, $\alpha_0 = 45°$

13.5 （a） $\sigma_1 = 60$ MPa, $\sigma_2 = 30$ MPa, $\sigma_3 = -70$ MPa; $\tau_{max} = 65$ MPa

（b） $\sigma_1 = 50$ MPa, $\sigma_2 = 30$ MPa, $\sigma_3 = -50$ MPa; $\tau_{max} = 50$ MPa

13.6 $\sigma_1 = 56.1$ MPa, $\sigma_2 = 0$, $\sigma_3 = -16.1$ MPa, $\tau_{max} = 36.1$ MPa

13.7 $\sigma_x = 80$ MPa, $\sigma_y = 0$

13.8 $\sigma_1 = \sigma_2 = -2.5$, $\sigma_3 = -10$ MPa

13.9 $\Delta\delta = -0.001\ 886$ mm, $\Delta v = 933$ mm^3

13.10 $\sigma_{r3} = 107.4$ MPa, 满足强度条件

13.11 $\sigma_{r2} = 20.1$ MPa, 满足强度条件

13.12 $\sqrt{\left(\dfrac{4F}{\pi d^2}\right)^2 + 3\left(\dfrac{16M}{\pi d^3}\right)^2} \leqslant [\sigma]$

13.13 $[F] = \dfrac{\pi d^3 [\sigma]}{64R}$

13.14 $[F] = 4.15 \times 10^{-5} [\sigma] l^2$

13.15 证明略

第十四章

14.1 $x = 1.795$ m, $\sigma_{max} = 120.8$ MPa$>[\sigma]$, 但在5%以内, 故梁满足强度要求

14.2 $\sigma_{t\,max} = 26.9$ MPa$<[\sigma_t]$, $\sigma_{c\,max} = 32.3$ MPa$<[\sigma_c]$, 强度满足要求

14.3 $\sigma_{amax} / \sigma_{bmax} = 4/3$

14.4 $e_{max} = b/6$

14.5 （1） $\sigma_{tmax} = 8F/a^2$, $\sigma_{cmax} = 4F/a^2$; （2） $\sigma_{tmax}/\sigma_t = 8$

14.6 （1） $\sigma_{t\,max} = \dfrac{7P}{6h}$, $\sigma_{c\,max} = \dfrac{5P}{bh}$; （2） $\Delta_{AB} = \dfrac{7Pl}{bhE}$

14.7 （1） $\sigma_{r4} = 16.8$ MPa $<[\sigma]$; （2） $\delta_C = 0.306$ cm, $\delta_D = 0.316$ cm

14.8 $\delta = 2.68$ mm

14.9 $\sigma_{r3} = \sqrt{(M_y^2 + M_z^2) + T^2}/W = 50.3$ MPa $<[\sigma]$, 安全

14.10 $\sigma_{r3} = \sqrt{M^2 + T^2}/W = 104$ MPa $<[\sigma]$, 安全

第十五章

15.1 $F_{cr} = 37.8$ kN, $F_{cr} = 52.6$ kN, $F_{cr} = 459$ kN

15.2 $l = 866$ mm

15.3 $\sigma_{cr} = 55.4$ MPa; $F_{cr} = 197$ kN

15.4 $\sigma_{cr} = 7.4$ MPa

15.5 $n_w = 4.1$

15.6 $n_w = 6.30 > [n_w]$

15.7　$n_{\rm w}=1.69<[n_{\rm w}]$ ，不安全

15.8　$n_{\rm w}=8.25>[n_{\rm w}]$ ，不安全

15.9　（a）$F_{\rm cr}=2\,540$ kN ，（b）$F_{\rm cr}=2\,640$ kN ，（c）$F_{\rm cr}=3\,140$ kN

15.10　$F_{\rm cr}=402$ kN ， $\sigma_{\rm cr}=666$ MPa

15.11　$\theta=\arctan(\cot^2\beta)$

15.12　$n_{\rm w}=5.69$

15.13　$n_{\rm w,AC}=1.73<[n_{\rm w}]$ ， $n_{\rm w,BC}=1.76<[n_{\rm w}]$ ，此结构稳定性不够

15.14　$[F]=71.5$ kN

15.15　$[F]=79.9$ kN

15.16　略

15.17　$[F]=82.1$ kN

15.18　$\varphi=0.436\,8$ ， $\varphi=\dfrac{N}{\varphi A}=153.6$ MPa$<[\sigma]$ ，稳定

15.19　$\lambda=108$ ， $\varphi=0.55$ ， $\sigma_{AB}=75.4$ MPa$<[\sigma]$ ，杆 AB 稳定

第十六章

16.1　（a）$\sigma_{\rm d}=115.5$ MPa ，（b）$\sigma_{\rm d}=81.6$ MPa

16.2　$\sigma_{\rm d\,max}=4.63$ MPa

16.3　$M_{\rm d\,max}=\dfrac{Pl}{3}\left(1+\dfrac{h\omega^2}{3g}\right)$

16.4　$F_{\rm Nd}=90.6$ kN

16.5　有弹簧时 $h=384$ mm ，无弹簧时 $h=9.56$ mm

16.6　$\sigma_{\rm d\,max}=\dfrac{2Pl}{9W}\left(1+\sqrt{1+\dfrac{243EIh}{2Pl^3}}\right)$ ， $w_{\frac{1}{2}}=\dfrac{23Pl^3}{1296}\left(1+\sqrt{1+\dfrac{243EIh}{2Pl^3}}\right)$

16.7　$\varDelta_{\rm st}=\dfrac{4Pl^3}{243EI}+\dfrac{4P}{9k}$ ， $K_{\rm d}=1+\sqrt{1+\dfrac{2h}{\varDelta_{\rm st}}}$ ， $\sigma_{\rm d\,max}=K_{\rm d}\cdot\dfrac{2Pl}{9W}$ ， $w_{\frac{1}{2}}=K_{\rm d}\cdot\dfrac{2P}{3k}$

16.8　$\varDelta_{Ad}=74.3$ mm ， $\sigma_{\rm d\,max}=167.3$ MPa

16.9　$\sigma_{\rm d\,max}=162$ MPa

16.10　$\sigma_{\rm d\,max}=16.9$ MPa

参 考 文 献

[1] 哈尔滨工业大学理论力学教研室. 理论力学（Ⅰ）[M]. 6 版. 北京：高等教育出版社，2002.

[2] 郝桐生. 理论力学[M]. 3 版. 北京：高等教育出版社，2003.

[3] 同济大学理论力学教研室. 理论力学[M]. 上海：同济大学出版社，1990.

[4] 刘鸿文. 材料力学[M]. 4 版. 北京：高等教育出版社，2004.

[5] 刘鸿文. 简明材料力学[M]. 北京：高等教育出版社，1997.

[6] 孙训方，方孝淑，关来泰. 材料力学[M]. 4 版. 北京：高等教育出版社，2002.

[7] 苏翼林. 材料力学[M]. 北京：高等教育出版社，1988.

[8] 单辉祖. 材料力学[M]. 北京：高等教育出版社，2004.

[9] 范钦珊. 工程力学[M]. 北京：清华大学出版社，2005.

[10] 毕谦，程培基. 材料力学[M]. 重庆：重庆大学出版社，1994.

[11] 王义质，李叔涵. 工程力学[M]. 修订版. 重庆：重庆大学出版社，1994.

[12] 单辉祖，谢传锋. 工程力学（静力学与材料力学）[M]. 北京：高等教育出版社，2004.

[13] 武建华. 材料力学[M]. 重庆：重庆大学出版社，2022.